压力容器安全技术

（第2版）

主　编　肖　晖　刘贵东
副主编　佟　桁　侯俊国　崔英贤

黄河水利出版社
·郑州·

内 容 提 要

本书是在张兆杰主编的《压力容器安全技术》的基础上,对原书内容进行修订和补充完成的。全书共分 11 章,前 5 章是对压力容器知识的全面介绍,分别讲述了压力容器基础知识、压力容器结构、安全附件、压力容器的使用管理、压力容器事故危害及事故分析等,后 6 章是对换热器、烘筒、制冷系统、移动式压力容器、蒸压釜、空压机等的分别讲述。

本书可作为压力容器和换热器、烘筒、制冷系统、气体充装、蒸压釜、空压机等工种的操作和管理人员的培训教材和参考资料。

图书在版编目(CIP)数据

压力容器安全技术/肖晖,刘贵东主编.—2 版.—郑州:黄河水利出版社,2012.6 (2020.5 重印)
ISBN 978 - 7 - 5509 - 0289 - 3

Ⅰ.①压… Ⅱ.①肖… ②刘… Ⅲ.①压力容器安全 Ⅳ.①TH490.8

中国版本图书馆 CIP 数据核字(2012)第 125453 号

组稿编辑:王路平 电话:0371 - 66022212 E-mail:hhslwlp@126.com

出 版 社:黄河水利出版社
　　　　　地址:河南省郑州市顺河路黄委会综合楼 14 层 邮政编码:450003
发行单位:黄河水利出版社
　　　　　发行部电话:0371 - 66026940、66020550、66028024、66022620(传真)
　　　　　E-mail:hhslcbs@126.com
承印单位:河南承创印务有限公司
开本:787 mm×1 092 mm 1/16
印张:14
字数:320 千字
版次:2001 年 10 月第 1 版　　　　印次:2020 年 5 月第 3 次印刷
　　　 2012 年 6 月第 2 版
定价:36.00 元

再版前言

本书原主编张兆杰同志(原河南省特种设备协会副秘书长)自 2001 年第一次主编出版《压力容器安全技术》以来,又陆续主编并由黄河水利出版社出版发行了《锅炉操作安全技术》、《工业锅炉操作安全技术》、《锅炉水处理技术》、《气体充装安全技术》、《特种设备焊工培训教程》、《电梯操作安全技术》、《起重机械安全技术》、《锅炉安全管理人员培训教程》、《压力容器安全管理人员培训教程》、《气瓶检验充装质量手册编制指南》等一系列特种设备安全技术丛书。截至目前,各类特种设备系列丛书经多次再版重印并已累计发行 10 余万册,为我省乃至全国的特种设备设计、制造、检验、操作、安全监察、安全管理等人员的教育培训事业做出了巨大贡献。但是由于张兆杰同志多年来为特种设备事业呕心沥血,心力交瘁,不幸英年早逝,在本书再版之际,特此说明,以表深切怀念!

在本次再版编写过程中,保留了原书的主体结构和注重实用性的特色,采纳了从事压力容器设计、制造、检验、安全管理等方面的专家及一线作业人员提出的很多宝贵意见和建议,并根据 2009 年国务院第 549 号令《国务院关于修改〈特种设备安全监察条例〉的决定》、《特种设备事故报告和调查处理规定》、《固定式压力容器安全技术监察规程》、《移动式压力容器安全技术监察规程》、《压力容器》(GB 150—2011)等一系列国家及行业新颁布的标准、规范及法规,对原书的相关内容进行了修订和更新,将原书第九章"气体充装"内容删去,增加了移动式压力容器的有关内容,以满足移动式压力容器安全管理人员和作业人员的培训要求。

本书编写人员及编写分工如下:河南省锅炉压力容器安全检测研究院佟桁编写第一章、第三章,南阳市锅炉压力容器检验所宋震编写第二章,南阳市锅炉压力容器检验所侯俊国编写第四章、第五章,南阳市锅炉压力容器检验所崔英贤编写第六章、第九章,河南省锅炉压力容器安全检测研究院肖晖编写第七章、第十章、第十一章,巩义市质量技术监督局刘贵东编写第八章。本书由肖晖、刘贵东担任主编,肖晖负责全书统稿,由佟桁、侯俊国、崔英贤担任副主编。

本书的不当之处,恳请广大读者批评指正,以便作进一步修订。

编 者
2012 年 5 月

目 录

再版前言
第一章 压力容器基础知识 ……………………………………………………… (1)
    第一节 压力容器简介 ………………………………………………………… (1)
    第二节 压力容器工艺参数 …………………………………………………… (5)
    第三节 压力容器的分类 ……………………………………………………… (7)
    第四节 压力容器常用的钢材 ………………………………………………… (10)
    第五节 压力容器的应力及其对安全的影响 ………………………………… (13)
    习 题 …………………………………………………………………………… (14)
第二章 压力容器结构 …………………………………………………………… (16)
    第一节 压力容器的基本构成 ………………………………………………… (16)
    第二节 圆筒体结构 …………………………………………………………… (22)
    第三节 封 头 ………………………………………………………………… (26)
    第四节 法兰连接结构 ………………………………………………………… (29)
    第五节 密封结构 ……………………………………………………………… (33)
    第六节 支 座 ………………………………………………………………… (37)
    习 题 …………………………………………………………………………… (41)
第三章 安全附件 ………………………………………………………………… (42)
    第一节 安全阀 ………………………………………………………………… (42)
    第二节 爆破片 ………………………………………………………………… (48)
    第三节 压力表 ………………………………………………………………… (51)
    第四节 液面计 ………………………………………………………………… (52)
    第五节 温度计 ………………………………………………………………… (56)
    第六节 常用阀门 ……………………………………………………………… (58)
    习 题 …………………………………………………………………………… (61)
第四章 压力容器的使用管理 …………………………………………………… (62)
    第一节 压力容器的安全技术档案 …………………………………………… (62)
    第二节 压力容器的使用、变更登记 ………………………………………… (64)
    第三节 压力容器的安全使用管理 …………………………………………… (65)
    第四节 压力容器的操作与维护 ……………………………………………… (67)
    第五节 压力容器的检验 ……………………………………………………… (72)
    习 题 …………………………………………………………………………… (84)
第五章 压力容器事故危害及事故分析 ………………………………………… (85)
    第一节 容器的爆炸能量 ……………………………………………………… (85)

第二节　压力容器事故的危害 ……………………………………（88）

第三节　容器破裂形式 ……………………………………………（91）

第四节　事故分析 …………………………………………………（95）

习　题 ……………………………………………………………（103）

第六章　换热器 …………………………………………………（104）

第一节　概　述 …………………………………………………（104）

第二节　典型事故 ………………………………………………（120）

习　题 ……………………………………………………………（123）

第七章　烘　筒 …………………………………………………（124）

第一节　概　述 …………………………………………………（124）

第二节　典型事故 ………………………………………………（127）

习　题 ……………………………………………………………（130）

第八章　制冷系统 ………………………………………………（131）

第一节　安全技术在制冷系统中的意义 ………………………（131）

第二节　安全装置 ………………………………………………（131）

第三节　安全操作 ………………………………………………（134）

第四节　紧急救护 ………………………………………………（136）

第五节　制冷装置操作管理与维护检修 ………………………（138）

第六节　制冷事故案例分析 ……………………………………（159）

习　题 ……………………………………………………………（165）

第九章　移动式压力容器 ………………………………………（166）

第一节　概　述 …………………………………………………（166）

第二节　常温液化气体汽车罐车 ………………………………（167）

第三节　常温液化气体铁路罐车 ………………………………（175）

第四节　低温液化气体汽车罐车 ………………………………（177）

第五节　液化气体罐车的使用管理 ……………………………（180）

第六节　液化气体汽车罐车的定期检验 ………………………（182）

习　题 ……………………………………………………………（184）

第十章　蒸压釜 …………………………………………………（185）

第一节　概　述 …………………………………………………（185）

第二节　典型事故 ………………………………………………（192）

习　题 ……………………………………………………………（195）

第十一章　空压机 ………………………………………………（196）

第一节　概　述 …………………………………………………（196）

第二节　活塞式压缩机 …………………………………………（200）

第三节　空压机的使用管理 ……………………………………（213）

习　题 ……………………………………………………………（216）

附录　各章习题参考答案 ………………………………………（217）

参考文献 …………………………………………………………（218）

第一章 压力容器基础知识

压力容器是工业生产过程中不可缺少的一种设备。随着国民经济的发展和人民生活水平的提高,压力容器的使用越来越广泛,它不仅用于工农业、科研、国防、医疗卫生和文教体育等国民经济各部门,而且已深入到千家万户之中。压力容器不仅数量多,增长速度快,而且类型复杂,发生事故的可能性较大。作为压力容器操作人员,保证压力容器安全运行是自己应尽的职责。为了帮助操作人员提高理论知识和实际操作水平,本章将较详细地讲解一些与压力容器有关的基础知识。

第一节 压力容器简介

一、压力

我们把垂直作用在物体表面上的力叫做压力。当人们在烂泥路上步行时,两脚常会陷得很深,如果在路面上铺一块木板,人从木板上走,两脚就不会下陷。由此可见,是否会陷入路面不仅与路面承受的压力大小有关,而且与受力的面积有关。因此,应以单位面积上所受到的压力来进行比较。我们把单位面积上承受的力叫做压强。若用 P 表示压强,F 表示压力,S 表示受力面积,则:

$$P(压强) = F(压力)/S(受力面积) \tag{1-1}$$

力的单位用"N(牛顿)"表示;面积的单位用"m^2"和"cm^2"表示。压强的法定计量单位是"帕斯卡",简称"帕",用"Pa"表示。1 帕 = 1 牛/米^2,即 $1\ Pa = 1\ N/m^2$。它与以往所用压强单位"kgf/cm^2"的换算关系为:

$1\ kgf/cm^2 = 10\ 000\ kgf/m^2 = 9.8 \times 10^4\ Pa = 0.098\ MPa \approx 0.1\ MPa$

从上述分析可知,压力与压强是两个不同概念的物理量,但在压力容器上或一般工程技术上,人们习惯于将压强称为压力。因此,在未加说明时,本书中以后所说的压力实际上就是压强。

(一)大气压力

地球表面被一层很厚的大气包裹着。大气受地心的吸引产生重力,所以包围在地球外面的大气层对地球表面及其上的物体便产生了大气压力,即所谓的大气压。大气层越厚,压力就越大;反之,就越小。所以大气压力不是恒定不变的,高山上的大气压就比海平面上的小。为了使计算有个统一基点,以往我们将海平面上的大气压 $1.033\ kgf/cm^2$(相当于 $0.1\ MPa$,MPa 读作兆帕,1 兆 =100 万),或 760 毫米汞柱称为 1 个标准大气压,或一个物理大气压。

工程上为了计算方便,把 $1\ kgf/cm^2$($0.098\ MPa$)的压力称为 1 个工程大气压。它与标准大气压之间的换算关系为:

1 工程大气压 = 0.968 标准大气压 = 735.6 mmHg

如果以水柱高度来计算压力,其换算关系为:

$1 \ kgf/m^2(9.8 \ Pa) = 1 \ mmH_2O$

$1 \ kgf/cm^2(0.098 \ MPa) = 10 \ 000 \ mmH_2O = 10 \ mH_2O$

(二)绝对压力、表压力与负压力

容器内介质(液体或气体)的压力高于大气压时,介质处于正压状态;低于大气压时,则介质处于负压状态。容器内的实际压力称为绝对压力,用符号"Pa"表示。

当容器内介质的压力等于大气压力时,压力表的指针指在零位(见图1-1(a)),或U形管压力表内的液面高度相等(见图1-2(a))。

当容器内介质的压力大于大气压力时,压力表的指针才会转动,表上才有读数(见图1-1(b)),或U形管压力表的液面被容器内介质压向通大气的一端,形成液柱差 H(见图1-2(b))。此时压力表的读数或液柱差 H 产生的压力值就是容器内介质压力超出大气压力的部分,即表压力,简称表压。

当容器内介质的压力低于外界大气压力时,则U形管压力表的液面被大气压力压向与容器相连的一端,形成液柱差 H'(见图1-2(c)),H' 的压力值即为介质的压力低于大气压力的部分,称为负压力或真空,简称负压。

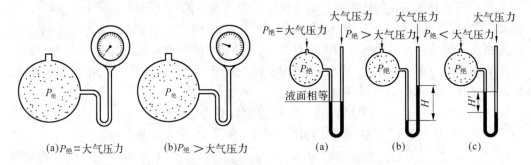

(a)$P_{绝}$ = 大气压力   (b)$P_{绝}$ > 大气压力

图 1-1 压力表读数示意

图 1-2 U形管压力表测压示意图

绝对压力、表压力及大气压力三者之间的关系为:

$$P_{绝} = P_{表} + P_{大气} \tag{1-2}$$

由上式可知,只有当表压力是负数时,绝对压力才有可能小于大气压力,而出现负压力 $P_{负}$:

$$P_{负} = P_{大气} - P_{绝} \tag{1-3}$$

人们通常所说的容器压力或介质压力均指表压力。

二、压力容器的定义

所谓容器,通常的说法是:由曲面构成用于盛装物料的空间构件。通俗地讲,就是化工、炼油、医药、食品等生产所用的各种设备外部的壳体都属于容器。不言而喻,所有承受压力的密闭容器称为压力容器,或者称为受压容器。

三、压力容器的压力源

容器所盛装的或在容器内参加反应的物质,称为工作介质。常用压力容器的工作介质是各种压缩气体或水蒸气,所以我们这里主要讲气体介质的压力来源。压力来源可以分为气体压力的产生或增大来自容器内或容器外两类。

(1)容器的气体压力产生于容器外时,其压力源一般是气体压缩机或蒸汽锅炉。气体压缩机主要有容积型(活塞式、螺杆式、转子式、滑片式等)和速度型(离心式、轴流式、混流式等)两类。容积型气体压缩机是通过缩小气体的体积,增加气体的密度来提高气体压力的。而速度型气体压缩机则是通过增加气体的流速,使气体的动能转变为势能来提高气体压力的。工作介质为压缩气体的压力容器,其可能达到的最高压力为气体压缩机出口的气体压力(当然,气体在容器内温度大幅度升高或产生其他物理化学变化使压力升高的情况除外)。

蒸汽锅炉是利用燃烧放出的热量将水加热蒸发而产生水蒸气的一种设备。由于在相同压力下水蒸气的体积是饱和水的 1 000 多倍,例如在 1 个绝对大气压力下,1 kg 饱和水的体积是 1.043 L,而变为水蒸气后的体积则是 1 725 L,约增大 1 700 倍。因为锅炉是密闭的,汽包(或锅筒)的体积有限,随着锅水不断受热蒸发,蒸汽密度不断增加,压力也随之增大。工作介质为水蒸气的压力容器,其可能达到的最高压力为锅炉出口处的蒸汽压力。

(2)容器的气体压力产生于容器内时,其原因有:容器内介质的聚集状态发生改变;气体介质在容器内受热,温度急剧升高;介质在容器内发生体积增大的化学反应等。

由于介质的聚集状态发生改变而产生或增加压力的,一般是由于液态或固态物质在容器内受热(如周围环境温度升高;容器内其他物料发生放热化学反应等),蒸发或分解为气体,体积剧烈膨胀,但因受到容器容积的限制,气体密度增加,因而在容器内产生压力或使原有的气体压力增加。例如二氧化硫,当温度低于 -10.1 ℃(标准沸点)时,它在密闭容器内的蒸汽压力低于大气压力,而当温度升高至 60 ℃时,呈液态的二氧化硫便大量蒸发,其蒸汽压力即升高到 11.25 个绝对大气压。又如高分子聚合物固态聚甲醛,受热后"角聚"变为气态,体积约增大 1 065 倍,在密闭容器内也会产生很高的气体压力。

由于气体介质在容器内受热而产生或显著增加压力的情况一般是少见的。只有因特殊原因,气体在容器内吸收了大量的热量,温度大幅度升高时,压力显著增加的情况才会发生。例如,在有些储装易于发生聚合反应的气体容器(如某些碳氢化合物储罐),在合适条件下,单分子气体可以局部发生聚合反应,产生大量的聚合热,使容器内的气体受热,温度大幅度上升,使压力剧烈增大,有时还会因此而产生容器超压爆炸事故。

由于介质在容器内发生体积增大的化学反应而使压力升高的例子较多,例如用碳化钙加水经化学反应生成乙炔气体,体积大为增加,在密闭的容器内会产生较高的压力。又如电解水制取氢和氧的反应,因为 1 m^3 的水可以分解成 1 240 m^3 的氢气和 620 m^3 的氧气,体积约增大 2 000 倍,在密闭的容器内也会产生很高的压力。

常用的压力容器中,气体压力在容器外增大的较多,在容器内增大的较少。但后者危险性较大,对压力控制的要求也更严格。

四、压力容器界限

本书讨论的压力容器,主要是指那些容易发生事故,而且事故的危害性较大,须由专门机构进行监督,并按规定的技术管理规范进行制造和使用的压力容器。也就是对压力容器划个界限,哪些按一般设备对待,哪些按特殊设备对待。本书所叙述的系指按特殊设备对待的压力容器。

(一)划分压力容器的界限应考虑的因素

划分压力容器的界限应考虑的因素,主要是事故发生的可能性与事故危害性的大小两个方面。目前,国际上对压力容器的界限范围尚无完全统一的规定。一般说来,压力容器发生爆炸事故时,其危害性大小与工作介质的状态、工作压力及容器的容积等因素有关。

工作介质是液体的压力容器,由于液体的压缩性极小,因此在容器爆炸时其膨胀功,即所释放的能量很小,危害性也小。而工作介质是气体的压力容器,因气体具有很大的压缩性,容器爆炸时膨胀功,即瞬时所释放的能量很大,危害性也就大。例如一个容积为 $10~m^3$,工作压力为 11 个绝对大气压的容器,如果盛装空气,容器爆炸时所释放的能量约为 $13.3 \times 10^6~J$。如果盛装的是水,则容器爆炸时所释放的能量仅为 $21.6 \times 10^2~J$,约为前者的1/6 200。由此可见,工作介质为液体时,即使容器爆炸,其危害性也是比较小的,所以一般都不把这类工作介质为液体的压力容器列入作为特殊设备的压力容器范围内。值得注意的是,这里所说的液体,是指常温下的液体,不包括最高工作温度高于其标准沸点(即标准大气压下的沸点)的液体和液化气体。因为这些介质虽然在容器中由于压力较高而绝大部分呈液态(实际上是气、液并存的饱和状态),但当容器爆炸时,容器内压力下降,这些饱和液体会立即汽化,体积急剧膨胀,所释放出来的能量也很大。所以,从工作介质的状态来划分压力容器的界限范围时,它应包括介质为气体、水蒸气、工作温度高于其标准沸点的饱和液体和液化气体的容器。

划分压力容器的界限,除了考虑工作介质的状态,还应考虑容器的工作压力和容积这两个因素。一般说来,工作压力越高,容积越大,容器储存的能量就越大,所以事故的危害性也就越大。但压力和容积的划分不像工作介质那样有一个比较明确的界限,都是人为地规定一个比较合适的下限值,如工作压力的下限值规定为 1 个大气压(0.098 MPa,表压)。至于压力容器的容积应如何规定才合适却很难说,所以有些国家不是单独规定容积的下限值,而是以容器的工作压力和容积的乘积达到某一规定数值作为下限条件。如有的国家规定容器的工作压力与容积的乘积等于 19.6 MPa·L 作为划分的下限值。

(二)我国压力容器的界限范围

根据 2009 年 1 月 14 日国务院第 549 号令《特种设备安全监察条例》第 99 条规定:压力容器是指盛装气体或者液体,承载一定压力的密闭设备,其适用范围规定为最高工作压力大于或者等于0.1 MPa(表压),且压力与容积的乘积大于或者等于 2.5 MPa·L 的气体、液化气体和最高工作温度高于或者等于标准沸点的液体的固定式容器和移动式容器;盛装公称工作压力大于或者等于 0.2 MPa(表压),且压力与容积的乘积大于或者等于 1.0 MPa·L 的气体、液化气体和标准沸点等于或者低于 60 ℃液体的气瓶;氧舱等。

五、压力容器在工业生产中的应用

压力容器在各个工业领域中应用广泛,如化学工业、炼油、制药、炸药、油脂、化肥、食品工业、皮鞋制造、水泥、冶金、涂料、合成树脂、合成橡胶、塑料、合成纤维、造纸、深海探测器、潜水舱、火力发电站、航空、深冷、运输储罐、原子能发电,等等。就当前来说,以石油化学工业应用的最为普遍,约占压力容器总数的50%。

石油化学工业是一个多品种、多行业的部门,与人民生活、工业、农业及国防密切相关,在国民经济中占有极重要的地位。在石油化工中,压力容器可以作为一种简单的盛装容器,用以储存有压力的气体、蒸汽或液化气体,如液氨储罐、氢气、氮气储罐等。这类容器内部一般没有其他的工艺装置,可以单独构成一台设备,或者作为其他装置的一个独立部件。压力容器也可以作为其他石油化工设备的外壳,为各种化工单元操作(如化学反应、传质、传热、分离、蒸馏等)提供必要的压力空间,并将该空间与外界大气隔离。此时压力容器不能作为一台设备独立存在,其内部必须装入某些工艺装置(俗称内件)才能构成一台完整的设备,如氨合成塔、尿素合成塔、废热锅炉、二氧化碳吸收塔、氨分离器等。

压力容器除用于工业生产外,还用于基本建设、医疗卫生、地质勘探、文教体育等国民经济各部门。

第二节　压力容器工艺参数

压力容器的工艺参数是由生产的工艺要求确定的,是进行压力容器设计和安全操作的主要依据。压力容器的主要工艺参数为压力和温度。

一、压力

这里主要讨论压力容器工作介质的压力,即压力容器工作时所承受的主要载荷。压力容器运行时的压力是用压力表来测量的,表上所显示的压力值为表压力。在各种压力容器规范中,经常出现工作压力、最高工作压力和设计压力等概念,现将其定义分述如下。

(一)工作压力

工作压力也称操作压力,是指容器顶部在正常工艺操作时的压力(即不包括液体静压力)。

(二)最高工作压力

最高工作压力是指容器顶部在工艺操作过程中可能产生的最大表压力(即不包括液体静压力)。压力超过此值时,容器上的安全装置就要动作。容器最高工作压力的确定与工作介质有关,如《固定式压力容器安全技术监察规程》对盛装液化气体的容器的最高工作压力,根据不同情况作出以下三条具体规定:

(1)盛装临界温度高于或等于50 ℃的液化气体的容器,如有可靠的保冷措施,其最高工作压力应为所盛装气体在可能达到的最高工作温度下的饱和蒸气压力;如无保冷措施,其最高工作压力不得低于50 ℃时的饱和蒸气压力。

(2)盛装临界温度低于50 ℃的液化气体的容器,如有可靠的保冷措施并能确保低温储存的,其最高工作压力不得低于试验实测的最高工作温度下的饱和蒸气压力;没有试验实测数据或没有保冷措施的容器,其最高工作压力不得低于所装介质在规定的最大充装量下为 50 ℃的气体压力。

(3)盛装混合液化石油气的容器,其 50 ℃时的饱和蒸气压力低于异丁烷在 50 ℃时的饱和蒸气压力时,取 50 ℃时异丁烷的饱和蒸气压力为最高工作压力;如高于 50 ℃时异丁烷的饱和蒸气压力时,取 50 ℃时丙烷的饱和蒸气压力为最高工作压力;如高于 50 ℃时丙烷的饱和蒸气压力时,取 50 ℃时丙烯的饱和蒸气压力为最高工作压力。

(三)设计压力

设计压力是指在相应设计温度下用以确定容器计算壁厚及其元件尺寸的压力。一般取设计压力等于或略高于最高工作压力,由于考虑问题的角度不一样,不同规范对设计压力的选取原则可能会略有差异。

《固定式压力容器安全技术监察规程》规定容器的设计压力,其值不低于工作压力。

根据 GB 150—2011《压力容器》,确定设计压力时,应考虑:

(1)容器上装有超压泄放装置时,应按《压力容器》中附录 B 的规定确定设计压力。

(2)对于盛装液化气体的容器,如果具有可靠的保冷设施,在规定的装量系数范围内,设计压力应根据工作条件下容器内介质可能达到的最高温度确定;否则,按相关法规确定。

(3)对于外压容器(如真空容器、液下容器和埋地容器),确定计算压力时应考虑在正常工作情况下可能出现的最大内外压力差。

(4)确定真空容器的壳体厚度时,设计压力按承受外压考虑;当装有安全控制装置(如真空泄放阀)时,设计压力取 1.25 倍最大内外压力差或 0.1 MPa 两者中的低值;当无安全控制装置时,取 0.1 MPa。

(5)由两个或两个以上压力室组成的容器,如夹套容器,应分别确定各压力室的设计压力;确定公用元件的计算压力时,应考虑相邻室之间的最大压力差。

二、温度

(一)介质温度

介质温度是指容器内工作介质的温度,可以用测温仪表测得。

(二)设计温度

压力容器的设计温度不同于其内部介质可能达到的温度,是容器在正常工作情况下,设定的元件金属温度(沿元件金属截面的温度平均值)。GB 150—2011《压力容器》对设计温度的确定有如下规定:

(1)设计温度不得低于元件金属在工作状态可能达到的最高温度。对于 0 ℃以下的金属温度,设计温度不得高于元件金属可能达到的最低温度。

(2)容器各部分在工作状态下的金属温度不同时,可分别设定每部分的设计温度。

(3)元件的金属温度通过以下方法确定:①传热计算求得;②在已使用的同类容器上测定;③根据容器内部介质温度并结合外部条件确定。

(4)在确定最低设计金属温度时,应当充分考虑在运行过程中,大气环境低温条件对容器壳体金属温度的影响。大气环境低温条件是指历年来月平均最低气温(指当月各天的最低气温值之和除以当月天数)的最低值。

第三节　压力容器的分类

压力容器的形式繁多,可有许多分类方法,常用的有以下几种。

一、按压力分类

按所承受压力(P)的高低,压力容器可分为低压、中压、高压、超高压四个等级。具体划分如下(压力单位为 MPa,按 1 kgf/cm² ≈ 0.1 MPa 换算):

(1)低压容器:0.1 MPa ≤ P < 1.6 MPa;

(2)中压容器:1.6 MPa ≤ P < 10 MPa;

(3)高压容器:10 MPa ≤ P < 100 MPa;

(4)超高压容器:P ≥ 100 MPa。

二、按壳体承压方式分类

按壳体承压方式不同,压力容器可分为内压(壳体内部承受介质压力)容器和外压(壳体外部承受介质压力)容器两大类。

这两类容器是截然不同的,其差别首先反映在设计原理上,内压容器壁厚是根据强度指标确定的,而外压容器设计则主要考虑稳定性问题。其次,反映在安全性上,外压容器一般较内压容器安全,因此本书将着重介绍内压容器。

三、按设计温度分类

按设计温度(t)的高低,压力容器可分低温容器(t ≤ − 20 ℃)、常温容器(− 20 ℃ < t < 450 ℃)和高温容器(t ≥ 450 ℃)。

四、从安全技术管理角度分类

按安全技术管理分类,压力容器可分为固定式容器和移动式容器两大类。

(一)固定式容器

固定式容器是指有固定的安装和使用地点,工艺条件和使用操作人员也比较固定,一般不是单独装设,而是用管道与其他设备相连接的容器。如合成塔、蒸球、管壳式余热锅炉、热交换器、分离器等。

(二)移动式容器

移动式容器是指一种储装容器,如气瓶、汽车槽车等。其主要用途是装运有压力的气体。这类容器无固定使用地点,一般也没有专职的使用操作人员,使用环境经常变迁,管理比较复杂,较易发生事故。

五、按在生产工艺过程中的作用原理分类

按在生产工艺过程中的作用原理分类,压力容器可分为反应容器、换热容器、分离容

· 7 ·

器和储存容器。

（一）反应容器（代号 R）

主要是用于完成介质的物理、化学反应的压力容器，如反应器、反应釜、分解锅、硫化罐、分解塔、聚合釜、高压釜、超高压釜、合成塔、变换炉、蒸煮锅、蒸球、蒸压釜、煤气发生炉等。

（二）换热容器（代号 E）

主要是用于完成介质的热量交换的压力容器，如管壳式余热锅炉、热交换器、冷却器、冷凝器、蒸发器、加热器、消毒锅、染色器、烘缸、蒸炒锅、预热锅、溶剂预热器、蒸锅、蒸脱机、电热蒸汽发生器、煤气发生炉水夹套等。

（三）分离容器（代号 S）

主要是用于完成介质的流体压力平衡缓冲和气体净化分离的压力容器，如分离器、过滤器、集油器、缓冲器、洗涤器、吸收塔、铜洗塔、干燥塔、汽提塔、分汽缸、除氧器等。

（四）储存容器（代号 C，其中球罐代号 B）

主要是用于储存、盛装气体、液体、液化气体等介质的压力容器，如各种形式的储罐。

在一种压力容器中，如同时具备两个以上的工艺作用原理时，应按工艺过程中的主要作用来划分品种。

六、《固定式压力容器安全技术监察规程》对压力容器的分类

为有利于安全技术管理和监督检查，根据容器的压力高低、介质的危害程度以及在生产过程中的重要作用，《固定式压力容器安全技术监察规程》将压力容器类别划分如下。

（一）介质分组

压力容器的介质分为以下两组：

（1）第一组介质，毒性程度为极度危害、高度危害的化学介质，易爆介质，液化气体。

（2）第二组介质，除第一组外的介质。

（二）介质危害性

介质危害性指压力容器在生产过程中因事故致使介质与人体大量接触，发生爆炸或者因经常泄漏引起职业性慢性危害的严重程度，用介质毒性程度和爆炸危害程度表示。

1. 毒性程度

综合考虑急性毒性、最高容许浓度和职业性慢性危害等因素，极度危害最高容许浓度小于 0.1 mg/m^3；高度危害最高容许浓度 $0.1 \text{ mg/m}^3 \sim 1.0 \text{ mg/m}^3$；中度危害最高容许浓度 $1.0 \text{ mg/m}^3 \sim 10.0 \text{ mg/m}^3$；轻度危害最高容许浓度大于或者等于 10.0 mg/m^3。

2. 易爆介质

易爆介质指气体或者液体的蒸汽、薄雾与空气混合形成的爆炸混合物，并且其爆炸下限小于 10%，或者爆炸上限和爆炸下限的差值大于或者等于 20% 的介质。

3. 介质毒性危害程度和爆炸危险程度的确定

按照 HG 20660—2000《压力容器中化学介质毒性危害和爆炸危险程度分类》确定。HG 20660 没有规定的，由压力容器设计单位参照 GB 5044—85《职业性接触毒物危害程度分级》的原则，确定介质组别。

(三)压力容器类别划分方法

1. 基本划分

压力容器类别的划分应当根据介质特性,按照以下要求选择类别划分图,再根据设计压力 P(单位 MPa)和容积 V(单位 L),标出坐标点,确定压力容器类别:

(1)第一组介质,压力容器类别的划分见图1-3;

(2)第二组介质,压力容器类别的划分见图1-4。

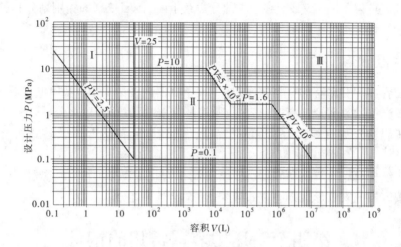

图1-3 压力容器类别划分图(第一组介质)

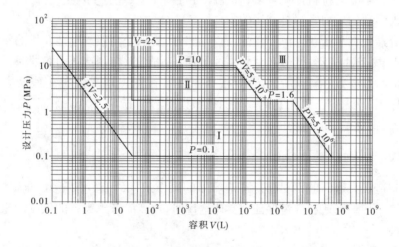

图1-4 压力容器类别划分图(第二组介质)

2. 多腔压力容器类别划分

多腔压力容器(如换热器的管程和壳程、夹套容器等)按照类别高的压力腔作为该容器的类别并且按照该类别进行使用管理。但是,应当按照每个压力腔各自的类别分别提出设计、制造技术要求。对各压力腔进行类别划分时,设计压力取本压力腔的设计压力,容积取本压力腔的几何容积。

3. 同腔多种介质压力容器类别划分

一个压力腔内有多种介质时，按照组别高的介质划分类别。

4. 介质含量极小的压力容器类别划分

当某一危害性物质在介质中含量极小时，应当根据其危害程度及其含量综合考虑，按照压力容器设计单位确定的介质组别划分类别。

5. 特殊情况的类别划分

（1）坐标点位于图1-3或者图1-4的分类线上时，按照较高的类别划分其类别；

（2）本规程1.4范围内的压力容器统一划分为第Ⅰ类压力容器。

七、其他分类方法

（1）按容器的壁厚有薄壁容器（壁厚不大于容器内径的1/10）和厚壁容器之分。

（2）按壳体的几何形状有球形容器、圆筒形容器、圆锥形容器之分。

（3）按制造方法有焊接容器、锻造容器、铆接容器、铸造容器及各式组合制造容器之分。

（4）按结构材料可有钢制容器、铸铁容器、有色金属容器和非金属容器之分。

（5）按容器的安放形式则有立式容器、卧式容器等之分。

第四节　压力容器常用的钢材

制造压力容器的材料种类较多，有金属材料和非金属材料，黑色金属和有色金属等，但目前绝大多数的压力容器是钢制的。

压力容器是在承压状态下工作的，有些同时还要承受高温或腐蚀介质的作用，因此工作条件较差，易产生变形、疲劳和受到腐蚀等损坏。此外，在制造压力容器时，为了获得所需的几何形状，钢材还需弯卷、冲压、焊接等冷热成形加工，将产生加工残余应力及缺陷。由于这些原因，压力容器要比其他一般的机械设备容易损坏。为了保证压力容器安全运行，正确选用钢材是一个重要的因素。

一、对选用钢材的要求

用来制造压力容器的钢材应能适应容器的操作条件（如温度、压力、介质特性等），并有利于容器的加工制造和质量保证。具体选用时，重点应考虑钢材的机械性能、工艺性能和耐腐蚀性。

（一）机械性能

用于压力容器的钢材主要强调其强度、塑性、韧性三个性能指标。

1. 强度

物体的原子间存在着的相互作用力称为内力，这是物体所固有的。当对物体施加外力时，在物体内部将引起附加的内力，这一附加内力会随着外力的加大而相应地增加。我们把物体单位面积上所承受的附加内力称为应力。对于某一种材料来说，所能承受的应力有一定的限度，超过这个限度，物体就会破坏，这一限度就称为强度。在此，我们也可以将物体的强度简单说成能承受外力和内力作用而不破坏的能力。

对于压力容器用钢材的强度，以常温及工作温度下的抗拉强度(R_m)和屈服极限(R_{eL})表示其短时强度性能，而以蠕变极限和持久强度来表示其长时高温强度性能。当压力容器在室温和低于50 ℃下工作时，钢材的短时强度以设计温度下的抗拉强度和屈服极限来控制；当压力容器的工作温度（或设计温度）超过某一界限（如碳钢及Q345R钢约为400 ℃），在高温下长期工作时，必须考核钢材的高温持久强度和蠕变极限。

上述强度参数都是通过试验得出的，其含义分别解释于下：

（1）抗拉强度：钢材试样在拉伸试验中，拉断前所能承受的最大应力。

（2）屈服极限（又称屈服强度）：试样在拉伸过程中，拉力不增加（甚至有所下降），还继续显著变形时的最小应力。有些钢材在拉伸试验时，无明显临界屈服点，则规定其发生0.2%残余伸长的应力为"条件屈服极限"，以"$R_{P0.2}$"表示。

（3）蠕变极限：首先应知道何谓蠕变。常温条件下金属受外力作用时，如应力小于屈服极限，仅会发生弹性变形（外力消除能恢复原状的变形）；如应力达到屈服极限时，除发生弹性变形外金属还会产生一定的塑性变形（外力消除不能恢复原状的变形），这些变形值只要受力不变就一直保持下去，不随时间而改变。但在高温条件下则不然，金属材料即使受到小于屈服极限的应力，也会随着时间的增长而缓慢地产生塑性变形，且时间愈长，累积的塑性变形量愈大，这种现象就称为蠕变。而蠕变极限，是指在一定温度和恒定拉力负荷下，试样在规定的时间间隔内的蠕变变形量或蠕变速度不超过某规定值时的最大应力。例如，在《压力容器》中采用的R_n^t是指在设计温度 t 条件下，经过10万小时时蠕变率为1%的蠕变极限。

（4）持久强度：对于压力容器来讲，失效的形式主要是破坏而不是变形，所以要有一个能更好地反映高温元件失效特点的强度指标——持久强度，即试样在给定温度下，经过规定时间发生断裂的应力。在《压力容器》中用"R_D^t"表示，即在设计温度 t 下，经过10万小时断裂的持久强度的平均值。

2. 塑性

塑性是指金属材料发生塑性变形的性能。压力容器在制造过程中要经受弯卷、冲压等成形加工，要求用于制造压力容器的钢材具有较好的塑性，以防止压力容器在使用过程中因意外超载而导致破坏，也便于加工。这是因为塑性好的钢材在破坏以前一般都会产生较明显的塑性变形，不但易于发现，且可松弛局部超应力而避免断裂。塑性指标包括伸长率（A：试样拉断后的总伸长与原长比值的百分数）和断面收缩率（Z：试样拉断后，断口面积缩减值与原截面面积比值的百分数），可由拉伸试验获得：

即 $$A = \frac{L_1 - L_0}{L_0} \times 100\% \; ; \qquad Z = \frac{F_0 - F_1}{F_0} \times 100\%$$

式中：L_1 为试样拉断后的长度，mm；L_0 为试样原始长度，mm；F_1 为试样拉断后断面面积，mm^2；F_0 为试样原始断面面积，mm^2。A 和 Z 的值愈大，则钢材的塑性愈好。

3. 韧性

为了防止或减少压力容器发生脆性破坏（在较低的应力状态下发生无显著塑性变形的破坏），要求压力容器用钢材在使用温度下有较好的韧性（α_K：一定尺寸和形状的试样在规定类型的试验机上受冲击负荷折断时,试样槽口处单位面积上所消耗的冲击功),表征材料抵抗冲击功的性能(用有缺口的冲击试样作冲击试验测得)。

$$\alpha_K = A_{KV}/F \qquad (1\text{-}4)$$

式中:A_{KV}为冲击试验机的摆锤冲断试样时所做的功,J;F为试样槽口处的初始截面面积,cm^2。一种新的表征材料韧性的参数K_{IC}为平面应变断裂韧性,表征材料抵抗脆性断裂的能力,是根据断裂力学提出的一个性能指标,目前应用较少。

(二)工艺性能

压力容器大多数是用钢板滚卷或冲压后焊接制成的,所以可以通过控制塑性指标得到保证。为了保证焊接质量,压力容器用钢需选用不发生裂纹、可焊性好的钢材。碳钢和普通低合金钢由于加入了较多的合金元素,其可焊性与含碳量和合金元素的含量有关,目前常用碳当量C_{eq}(将钢中的含碳量与合金元素含量折算成相当的含碳量的总和)作为主要指标。其计算方法国际上多采用日本焊接学会提出的计算公式和英国焊接标准中所采用的公式。

日本: $$C_{eq} = C + \frac{Si}{24} + \frac{Mn}{6} + \frac{Ni}{40} + \frac{Cr}{5} + \frac{Mo}{4} + \frac{V}{14} \quad (\%) \qquad (1\text{-}5)$$

英国: $$C_{eq} = C + \frac{Mn}{6} + \frac{Cr + Mo + V}{5} + \frac{Ni + Cu}{15} \quad (\%) \qquad (1\text{-}6)$$

一般认为,碳当量不超过0.45%的合金钢具有良好的可焊性。

(三)耐腐蚀性

耐腐蚀性指材料在使用条件下抵抗工作介质腐蚀的能力。压力容器在使用过程中接触腐蚀性介质时会受到腐蚀,其用钢要求具有良好的耐腐蚀性。金属的耐腐蚀性(一般腐蚀,或称连续腐蚀)通常按腐蚀速率(mm/a)评定。有关各种腐蚀性介质对常用材料的腐蚀速率可查阅防腐手册。

为了保证压力容器安全运行,《固定式压力容器安全技术监察规程》和《压力容器》对压力容器金属材料的选用作了明确的规定,在选用时应严格遵照执行。

二、压力容器常用钢材及其使用范围

(一)碳素钢

碳素钢是指除C外,仅含有少量的Mn、Si、S、P、O、N等元素的铁碳合金。用于焊接结构压力容器主要受压元件的碳素钢和低合金钢,其含碳量不应大于0.25%。碳素钢一般按其含碳量进行划分,$w_C \leq 0.25\%$的称低碳钢,$w_C = 0.25\% \sim 0.6\%$的称为中碳钢,$w_C \geq 0.6\%$的称高碳钢。压力容器常用的碳素钢钢板有Q245R。

(2)Q245R是列入GB 713—2008《锅炉和压力容器用钢板》的碳素钢,其冶炼和检验严于一般碳素结构钢,钢中S、P含量较低,分别控制在不大于0.015%和0.025%。对于钢板厚度为3~16 mm的Q245R,其抗拉强度(R_m)为400~520 N/mm^2,屈服强度$R_{eL} \geq$ 245 N/mm^2,伸长率$A \geq 25\%$,同时焊接性能良好。但由于强度低,一般用于制造中低压的中小型容器。

(二)低合金钢

普通碳钢添加少量合金元素即成,其机械性能和工艺性能都较好。制造压力容器常用的低合金钢是 Q345R($w_{Mn}=1.20\%\sim1.60\%$)。用这种钢板制造的容器比一般碳素钢（Q235）减轻质量 30%~40%，使用温度为 −20~425 ℃。此外，根据我国资源情况发展起来的低合金钢，如 13MnNiMoR、18MnMoNbR 等。

（三）特殊条件下使用的容器用钢

（1）低温用钢。低温（< −20 ℃）容器用钢要求在最低使用温度下仍具有较好的韧性，以防止容器在运行中产生脆性破裂。深冷容器常采用高合金钢制造，其使用温度下限为 −196 ℃。一般低温容器常用锰钢及锰钒钢制造，其下限使用温度分别为 −40 ℃ 和 −70 ℃。16MnDR 钢板用于低温时，需要作低温冲击试验，如能保证钢板在 −40 ℃下的冲击值 $\alpha_K \geqslant 34.3 \ \mathrm{J/cm^2}$，则钢板厚度为 6~60 mm 时可用到 −40 ℃ 以上。

（2）高温容器用钢。使用温度在 400~500 ℃ 范围内的容器一般可选用锰钒钢、锰钼钒钢等低合金钢；使用温度为 500~600 ℃ 时，可选用铬钼低合金钢，如 15CrMoR；使用温度为 600~700 ℃ 时，则可选用镍铬高合金钢。

（3）抗氢腐蚀用钢。根据国内外的使用经验，工作压力为 300 个大气压、介质含氢的压力容器，可以根据不同的使用温度选用下列一些钢材：低于 200 ℃ 时可用优质碳素钢；低于 350 ℃ 时可用普通低合金钢；低于 450 ℃ 时可用铬钼合金钢，在更高温度下使用时可选用含钒量 0.5% 的铬钼合金钢。

压力容器常用的钢种很多，上面所列举的钢种仅是其中用得最多的一部分。

第五节 压力容器的应力及其对安全的影响

压力容器在运行过程中，可能承受着各种形式的载荷。其中，比较常见的是压力载荷、重力载荷、温度载荷、风载荷和地震载荷等。这些载荷都会使容器壁产生整体的或局部的变形，并相应地产生各种应力。

一、各种载荷所产生的应力

（一）由压力而产生的应力

压力是压力容器最主要的载荷，受内压的容器，由于壳体在压力作用下要向外扩张，所以在器壁上总是要产生拉伸应力，这一应力又称为薄膜应力。由压力而产生的应力则是确定容器壁厚的主要因素，对大多数容器来说往往是唯一的因素。

（二）由重量而产生的应力

压力容器本体就具有一定的重量，此外，容器内的工作介质、工艺装置附件以及容器外的其他附加装置，如保温装置、扶梯、平台等也有较大的重量。所有这些重量作用在器壁上也会使器壁产生应力。如卧式容器常用的鞍式支座，壳体横卧在两个支座上，由于重量的作用而产生弯曲应力。

（三）由温度而引起的应力

压力容器在使用过程中，由于温度变化也会引起应力。热胀冷缩是物体的固有特性，如果物体的温度发生了变化，而它又受到相邻部分或其他物体的牵制约束而不能自如地热胀冷缩，则此物体内部就会产生应力。这种应力称为温度应力。例如，厚壁容器内外两面温度不一样,存在着温差,如果内壁温度高于外壁,则内壁要膨胀就会受到外壁的约束而不能自由膨胀,这样就产生温度应力(亦可称为温差应力)。又如,具有衬里或由复合钢板制成的容器,由于材料的热膨胀系数不同也会产生温度应力。

(四)由风载荷而产生的应力

安装在室外的塔容器,大多数是支承式的,在风力作用下塔体就会随风向发生弯曲变形,使迎风面产生拉伸应力,而背风面则产生压缩应力。

除上述载荷引起的应力外,地震、在容器侧旁或顶部安装的重量较大的附属装置等均会使容器壁产生相应的应力。

二、应力对容器安全的影响

不同的载荷使容器壁产生的应力,或者由同一种载荷在容器各部位引起不同类型的应力,对于容器安全的影响是不一样的。

有些应力分布在容器壁的整个截面上,它使容器发生整体变形,且随着应力增大,容器变形加剧,当这些应力达到材料的屈服极限时,容器壁即产生显著的塑性变形,若应力继续增大,容器则因过度的塑性变形而最终破裂。由容器内的压力而产生的薄膜应力就是这样一种应力。因其能直接导致容器的破坏,所以是影响容器安全的最危险的一种应力。

有些应力只产生在容器的局部区域内,也能引起容器变形,当应力值增大到材料的屈服极限时,局部地方还可能产生塑性变形,但由于相邻区域应力较低,材料处于弹性变形,使局部地方的塑性变形受到制约而不能继续发展,应力将重新分布。一般温度应力和总体结构不连续处的弯曲应力就是这样一种应力。在这种应力作用下,容器的加载与卸载循环次数不需太多,就会导致容器破坏,因此对容器的安全也构成重要影响。

有些由应力集中而产生的局部应力,只局限在一个很小的区域内,因为这种应力衰减得快,在其周围附近会很快消失,因受到相邻区域的制约,基本上不会使容器产生任何重要变形。如容器壁上的小孔或缺口附近的应力集中就是这样一种应力。这种类型的应力虽不会直接导致容器破坏,但可使韧性较差的材料发生脆性破坏,也会使容器发生疲劳破坏,故对容器安全也有一定影响。

从以上分析可知,不同应力对压力容器安全的影响虽然不同,但都可能导致容器破坏。为了防止在使用过程中压力容器早期失效或发生破裂而导致严重的破坏事故,对容器在各种载荷下可能产生的各类型的应力都必须加以控制,而且把它限制在允许范围内。要做到这一点,除设计人员精心设计外,操作人员认真操作,保持工况稳定,不超温、不超压也是十分重要的。

习 题

一、选择题

1.《特种设备安全监察条例》是由_____颁布实施的。

    A. 国务院   B. 国家质量技术监督检验检疫总局   C. 全国人大

2. 1 MPa ≈ _____ kgf/cm² (1 kgf = 9.806 65 N, 按照整数填写)。

    A. 1   B. 10   C. 0.1

3. 用于压力容器的钢材主要强调机械性能指标为_____。

    A. 强度   B. 塑性   C. 刚度   D. 韧性

4. 用于焊接容器主要受压元件的碳素钢含碳量不应大于_____%。

    A. 0.15   B. 0.45   C. 0.25

5. 管壳式废热锅炉属于_____。

    A. 压力容器   B. 锅炉

二、判断正误（正确的在括号里打√，错误的打×）

(   )1. 人们通常所说的容器压力是指表压力。

(   )2. 容器的设计压力，可以不大于容器在使用过程中的最高工作压力。

(   )3. 工作压力 $P = 1.2$ MPa 的压力容器是高压容器。

(   )4. 气瓶属于移动式压力容器。

第二章 压力容器结构

第一节 压力容器的基本构成

压力容器的结构形式是多种多样的,它是根据容器的作用、工艺要求、加工设备和制造方法等因素确定的。图2-1、图2-2所示分别是常见的圆筒形容器和球形容器。

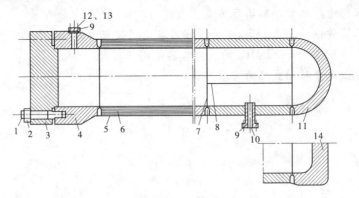

1—主螺栓;2—主螺母;3—端盖;4—筒体端部;5—内筒;6—层板层;7—环焊缝;
8—纵焊缝;9—管法兰;10—接管;11—球形封头;12—管道螺栓;13—管道螺母;14—平封头
图2-1 圆筒形容器

由图2-1可知,容器的结构是由承载压力的壳体、连接件、密封元件和支座等主要部件组成的。此外,作为一种生产工艺设备,有些压力容器,如用于化学反应、传热、分离等工艺过程的压力容器,其壳体内部还装有工艺所要求的内件。对此,本书不作专门介绍,而只介绍压力容器的其他部件。

一、壳体

壳体是压力容器最主要的组成部分,是储存物料或完成化学反应所需要的压力空间,其形状有圆筒形、球形、锥形和组合形等数种,但最常用的是圆筒形和球形两种。

(一)圆筒形壳体

圆筒形壳体形状特点是轴对称,圆筒体是一个平滑的曲面,应力分布比较均匀,承载能力较高,且

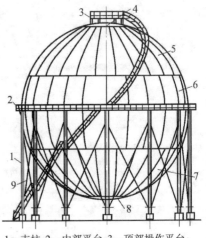

1—支柱;2—中部平台;3—顶部操作平台;
4—北极板;5—北温带;6—赤道带;
7—南温带;8—南极板;9—拉杆
图2-2 球形容器

易于制造,便于内件的设置和装拆,因而获得广泛的应用。圆筒形壳体由一个圆柱形的筒体和两端的封头或端盖组成。

1. 筒体

筒体直径较小时(一般<500 mm),可用无缝钢管制作;直径较大时,可用钢板在卷板机上先卷成圆筒,然后焊接而成。随着容器直径的增大,钢板需要拼接,因而筒体的纵焊缝条数增多。当壳体较长时,因受钢板尺寸的限制,需将两个或两个以上的筒体(此时每个筒体称为筒节)组焊成所需长度的筒体。为便于成批生产,筒体直径的大小已标准化,可按表2-1、表2-2中所示的公称直径选用(带括号的尺寸应尽量不采用)。对焊接筒体,表中公称直径(D_g)指它的内径;而用无缝钢管制作的筒体,表中公称直径则是指它的外径。

表2-1 筒体的公称直径 　　　　　　　　　　　　　　　　　　　　　（单位:mm）

300	(350)	400	(450)	500	(550)	600	(650)	700	800
900	1 000	(1 100)	1 200	(1 300)	1 400	(1 500)	1 600	(1 700)	1 800
(1 900)	2 000	(2 100)	2 200	(2 300)	2 400	2 600	2 800	3 000	3 200
3 400	3 600	3 800	4 000						

表2-2 用无缝钢管作筒体的公称直径 　　　　　　　　　　　　　　（单位:mm）

筒体公称直径	159	219	273	325	377	425
所用无缝钢管的公称直径	150	200	250	300	350	400

圆柱形筒体按其结构又可分为整体式和组合式两大类,其结构特点和应用范围见本章第二节。

2. 封头与端盖

凡与筒体焊接连接而不可拆的,称为封头(见图2-1中的11、14);与筒体以法兰等连接而可拆的则称为端盖(见图2-1中的3)。根据几何形状不同,封头可分为半球形、椭圆形、碟形、有折边锥形、无折边锥形和平板形头(亦称平盖)等数种。对于组装后不再需要开启的容器,如无内件或虽有内件而不需要更换、检修的容器,封头和筒体采用焊接连接形式,能有效地保证密封,且节省钢材和减少制造加工量。对需要开启的容器,封头(端盖)和筒体的连接应采用可拆式的,此时在封头和筒体之间必须装置密封件。

各类封头的特点和应用范围详见本章第三节。

(二)球形壳体

容器壳体呈球形,又称球罐。其形状特点是中心对称,具有以下优点:受力均匀;在相同的壁厚条件下,球形壳体的承载能力最高,即在同样的内压下,球形壳体所需要的壁厚最薄,仅为同直径、同材料圆筒形壳体壁厚的1/2(不计腐蚀裕度);在相同容积条件下,球形壳体的表面积最小。壳壁薄和表面积小,制造时可以节省钢材,如制造容积相同的容器,球形的要比圆筒形的节省30%～40%的钢材。此外,表面积小,对于用做需要与周围环境隔热的容器,还可以节省隔热材料或减少热的传导。所以,从受力状态和节约用材来说,球形是压力容器最理想的外形。但是,球形壳体也存在某些不足:一是制造比较困难,工时成本较高,往往要采用冷压或热压成形法。对于小型球形壳体,可先冲压成两个半球,然后再组焊成一个整球,由于半球的冲压深度大,钢材变形量大,不仅需要大型的冲压设备,而且容易产生冲压裂纹和过大的局部壳壁减薄;对于大型球形壳体,往往需要先压制成若干个球瓣,然后再将众多的球瓣组对焊成一个整球,球瓣的成形和组焊都是比较困难的,容易发生过大的角变形和焊接残余应力,有的还会产生焊接裂纹;对于超大型的球形壳体,由于运输等原因,要先在制造厂压好球瓣,然后运到使用现场组装,由于施工条件差,质量更不易保证。二是球形壳体用于反应、传质或传热容器时,既不便于在内部安装工艺内件,也不便于内部相互作用的介质的流动。由于球形壳体存在上述不足,所以其使用受到一定的限制,一般只用于中、低压的储装容器,如液化石油气储罐、液氨储罐等。此外,有些用蒸汽直接加热的容器,为了减少热损失,有时也采用球形壳体,如造纸工艺中用于蒸煮纸浆的"蒸球"等。

其他形状的壳体,如锥形壳体,因为用得较少,故不作介绍。

二、连接件

压力容器中的反应、换热、分离等容器,由于生产工艺和安装检修的需要,封头和筒体需采用可拆连接结构时就要使用连接件。此外,容器的接管与外部管道连接也需要连接件。所以,连接件是容器及管道中起连接作用的部件,一般采用法兰螺栓连接结构,如图2-1中的1、4、9。

法兰通过螺栓起连接作用,并通过拧紧螺栓使垫片压紧而保证密封。用于管道连接和密封的法兰叫管法兰;用于容器端盖和筒体连接后的密封的法兰叫容器法兰。在高压容器中,用于端盖与筒体连接,并和筒体焊在一起的容器法兰又称为筒体端部。容器法兰按其结构分为整体式、活套式和任意式三种,其结构特点和应用范围,见本章第四节。

三、密封元件

密封元件是可拆连接结构的容器中起密封作用的元件。它放在两个法兰或封头与筒体端部的接触面之间,借助于螺栓等连接件的压紧力而起密封作用。根据所用材料不同,密封元件分为非金属密封元件(如石棉橡胶板、橡胶O形环、塑料垫、尼龙垫等)、金属密封元件(如紫铜垫、不锈钢垫、铝垫等)和组合式密封元件(如铁皮包石棉垫、钢丝缠绕石棉垫等)。按截面形状的不同又可分为平垫片、三角形与八角形垫片、透镜式垫片等。

不同的密封元件和不同的连接件相配合,就构成了不同的密封结构。用于压力容器的密封结构主要有:平垫密封、双锥密封、伍德密封、卡扎里密封、楔形环密封、C形环密封、O形环密封、B形环密封等,是压力容器的一个相当重要的组成部分。其完善与否不但影响到整个容器的结构、重量和制造成本,而且关系到容器投产后能否正常运行。各种密封结构的密封机理、应用场合详见本章第五节。

四、接管、开孔及其补强结构

(一)接管

接管是压力容器与介质输送管道或仪表、安全附件管道等进行连接的附件。常用的接管有三种形式,即螺纹短管式、法兰短管式与平法兰式(见图2-3)。

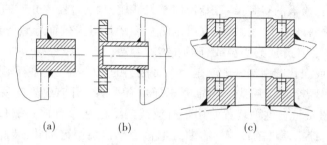

图2-3　接管形式示意图

螺纹短管式接管是一段带有内螺纹或外螺纹的短管。短管插入并焊接在容器的器壁上,如图2-3(a)所示。短管螺纹用来与外部管件连接。这种形式的接管一般用于连接直径较小的管道,如接装测量仪表等。

法兰短管式接管一端焊有管法兰,一端插入并焊接在容器的器壁上,如图2-3(b)所示。法兰用以与外部管件连接。这种形式的接管在容器外面的一段短管要求有一定的长度,以便短管法兰与外部管件连接时能够顺利地穿进螺栓和上紧螺帽,这段短管的长度一般不小于100 mm。当容器外面有保温层时,或接管靠近容器本体法兰安装时,短管的长度要求更长一些。法兰短管式多用于直径稍大的接管。

平法兰式接管是法兰短管式接管除掉了短管的一种特殊形式。它实际上就是直接焊在容器开孔上的一个管法兰。不过它的螺孔与一般管法兰的孔不同,是一种带有内螺纹的不穿透孔。这种接管与容器的连接有贴合式和插入式两种形式,如图2-3(c)所示贴合式接管有一面加工成圆柱状(或球状),使与容器的外壁贴合,并焊接在容器开孔的外壁上,因而容器的孔可以开得小一些,但圆柱形的法兰面加工比较困难。插入式法兰接管两面都是平面,它插入到容器壁内表面并进行两面焊接。插入式接管加工比较简单,但不适宜用于容器内装有大直径部件(如塔板)的容器上。平法兰式接管的优点是它既可以作接口管与外部管件连接,又可以作补强圈,对器壁的开孔起补强作用,容器开孔不需另外再补强;缺点是装在法兰螺孔内的螺栓容易被碰撞而折断,而且一旦折断后要取出来则相当困难。

(二)开孔

为了便于检查、清理容器的内部,装卸、修理工艺内件及满足工艺的需要,一般压力容器都开设有手孔和人孔。手孔的大小要使人的手能自由通过,并考虑手上还可能握有装拆工具和供安装的零件。一般手孔的直径不小于150 mm。对于内径≥1 000 mm的容器,如不能利用其他可拆装置进行内部检验和清洗时,应开设人孔,人孔的大小应使人能够钻入。手孔和人孔的尺寸应符合有关标准的规定。手孔和人孔有圆形和椭圆形两种。椭圆孔的优点是容器壁上的开孔面积可以小一些,而且其短径可以放在容器的轴向上。

这就减小了开孔对容器强度的削弱。对于立式圆筒形容器来讲,椭圆形人孔也适宜于人的进出。

手孔和人孔的封闭形式有内闭式和外闭式两种。内闭式的手孔或人孔,孔盖放在孔壁里面,用两个螺栓(手孔则为一个螺栓)把压马紧压在孔外放置并支承在孔边的横杆上(见图2-4)。这种形式多采用椭圆孔和带有沟柄的孔盖,因为这样便于放置垫片和安装孔盖。内闭式人孔盖板的安装虽较困难,但密封性能较好,容器内介质的压力可以帮助压紧孔盖,有自紧密封的效用。特别是它可以防止因垫片等失效而导致容器内介质的大量喷出,因而适用于工作介质为高温或有毒气体的容器。

外闭式手孔或人孔的结构一般就是一个带法兰的短管和一个平板形盖或稍压弯的不折边的球形盖,用螺栓或双夹螺栓坚固,盖上还焊有手柄。开启次数较多的人孔常采用铰接的回转盖(见图2-5)。这种装置使用带有铰链的螺栓和带有缺口螺孔的法兰,孔盖用销钉与短管铰接,拧松螺母翻转螺栓后即可把整个孔盖绕销钉翻转,装卸都较为方便,更适宜于装在高处的人孔结构。

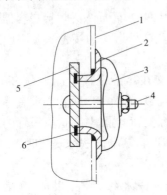

1—器壁;2—人孔圈;3—压马;
4—螺栓;5—人孔盖;6—垫片

图2-4　内闭式人孔

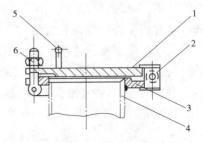

1—盖;2—铰接结构;3—法兰;
4—短管;5—手柄;6—螺栓

图2-5　带回转盖的外闭式人孔

(三)开孔补强结构

容器的筒体或封头开孔后,不但减小了容器壁的受力面积,而且还因为开孔造成结构不连续而引起应力集中,使开孔边缘处的应力大大增加,孔边的最大应力要比器壁上的平均应力大几倍,对容器的安全运行极为不利。为了补偿开孔处的薄弱部位,就需进行补强措施。开孔补强方法有整体补强和局部补强两种。前者采用增加容器整体壁厚的方式来提高承载能力,这显然不合理;后者则采用在孔边增加补强结构来提高承载能力。容器上的开孔补强一般用局部补强法,其原理是等面积补强,即使补强结构在有效补强范围内(其计算请参看有关资料)所增加的截面面积大于或等于开孔所减少的截面面积,局部补强常用的结构有补强圈、厚壁短管和整体锻造补强等数种。

1. 补强圈补强结构

补强圈补强结构(见图2-6)是在开孔的边缘焊一个加强圈,其材料与容器材料相同,厚度一般也与容器的壁厚相同,其外径约为孔径的2倍。加强圈一般贴合在容器外壁上,与壳体及接管焊接在一起,圈上开一带螺纹的小孔,备作补强圈周围焊缝的气密性试验之用。

2. 厚壁短管补强结构

厚壁短管补强结构(见图2-7)是把与开孔连接的生产接管的一段管壁加厚,使这段接管除承受管内压力所需的厚度外,还有很大一部分剩余厚度用来加强孔边。厚壁短管插入孔内,并高出容器壁的内表面,与容器壁内外表面焊接。厚壁短管的壁厚一般等于或稍大于器壁的厚度,插入长度一般为壁厚的3~5倍。这种补强结构的补强效果较好,因为用以补强的金属都集中在孔边的局部应力最大的区域内,而且制造容易,用料也较省,因而被广泛采用。特别是一些对应力集中比较敏感的低合金高强度钢制造的容器,开孔补强更适宜用厚壁短管补强结构。但这种补强方式只适宜于开孔尺寸较小的容器。

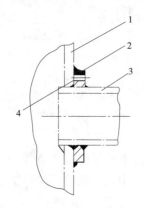 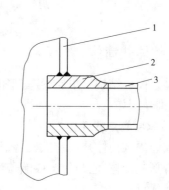

1—容器壁;2—补强圈;3—短管;4—小孔

图2-6 补强圈结构

1—容器壁;2—厚壁短管;3—连接管

图2-7 厚壁短管补强结构

3. 整体锻造补强结构

整体锻造补强结构见图2-8。近年来在球形容器制造中采用的结构(见图2-8(a))是先把开孔与部分球壳锻造成一个整体,再车制成形后与壳体进行焊接。这种补强结构合理,使焊缝避开了孔边应力集中的地方,因而受力情况较好。但制造困难,成本较高,多用于高压或某些重要的容器上。

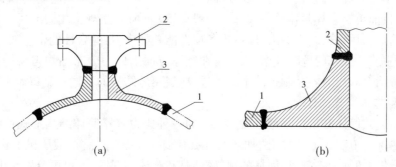

(a)   (b)

1—壳体;2—法兰或接管;3—补强元件

图2-8 整体锻造补强结构

上述三种补强结构均用于需开孔补强的容器,但容器上有些开孔是不需要补强的,这是因为容器在设计时存在某些加强因素,如:考虑钢板规格、焊缝系数而使容器壁厚加大;考虑接管的金属在一定范围内也有加强作用等。所以,当开孔较小,削弱程度不大,孔边应力集中程度在允许范围以内时,开孔处可以不另行补强。具体规定参阅《压力容器》。

五、支座

支座对压力容器起支承和固定作用。用于圆筒形容器的支座,因圆筒形容器安装位置不同,有立式容器支座和卧式容器支座两类。此外,还有用于球形容器的支座。各种支座的结构形式和应用范围将在本章第六节介绍。

第二节　圆筒体结构

一、整体式筒体

整体式筒体结构有单层卷焊、整体锻造、锻焊、铸－锻－焊以及电渣重熔等五种结构形式,分别介绍如下。

(一)单层卷焊式筒体

单层卷焊式筒体是用卷板机将钢板卷成圆筒,然后焊上纵焊缝制成筒节,再将若干个筒节组焊形成筒体,它与封头或端盖组装成容器。这是应用最广泛的一种容器结构,具有如下一些优点:

(1)结构成熟,使用经验丰富,理论较完善;

(2)制造工艺成熟,工艺流程较简单,材料利用率高;

(3)便于利用调质(淬火加回火)处理等热处理方法,提高材料的性能;

(4)开孔、接管及内件的装设容易处理;

(5)零件少,生产及管理均方便;

(6)使用温度无限制,可作为热容器及低温容器。

但是,单层卷焊式筒体也存在某些缺陷,一是其壁厚往往受到钢材轧制和卷制能力的限制,我国目前单层卷焊筒体的最大壁厚一般≤120 mm;二是规格相同的压力容器产品,单层卷焊筒体所用钢板厚度最大,厚钢板各项性能差异大,且综合性能也不如薄板和中厚板,因此产生脆性破坏的危险性增大;三是在壁厚方向上应力分布不均匀,材料利用不够合理。随着冶金和压力容器制造技术的改进,单层卷焊结构的上述不足将逐步得到克服。

(二)整体锻造式筒体

整体锻造式筒体是最早采用且沿用至今的一种压力容器筒体结构形式:在钢坯上采用钻孔或热冲孔方法先开一个孔,加热后在孔中穿一心轴,然后在锻压机上进行锻压成形,最后再经过切削加工制成,筒体的顶、底部可和筒体一起锻出,也可分别锻出后用螺纹连接在筒体上,是没有焊缝的全锻制结构。如容器较长,也可将筒体分几节锻出,中间用法兰连接。

整体锻造式筒体常用于超高压等场合,它具有质量好、使用温度无限制的优点。因制造时钻孔在钢锭心部的比较疏松的部位,剩余部分经锻压加工后组织密实,故质量可靠。但制造存在一些缺点,如制造时需要有锻压、切削加工和起重设备等一整套大型设备;材料利用率较低；在结构上存在着与单层卷焊式筒体相同的缺点。因此，这种筒体结构一般只用于内径为 300～500 mm 的小型容器上。

（三）锻焊式筒体

锻焊式筒体是在整体锻造式筒体的基础上，随着焊接技术的进步而发展起来的，是由若干个锻制的筒节和端部法兰组焊而成，所以只有环焊缝而没有纵焊缝。与整体锻造式相比，无需大型锻造设备，故容器规格可以增大，保持了整体锻造式筒体材质密实、质量好、使用温度没有限制等主要优点。因而常用于直径较大的化工高压容器，且在核容器上也获得了广泛的应用。

（四）铸－锻－焊式筒体

铸－锻－焊式筒体是随着铸造、锻造技术的提高和焊接工艺的发展而出现的一种新型的筒体。制造时，根据容器的尺寸，在特制的钢模中直接浇铸成一个空心八角形铸锭，钢模中心设有一活动式激冷柱塞，在钢水凝固过程中，可以更换柱塞以控制激冷速度，使晶粒细化。浇铸后切除冒口及两端，锻造成筒节，经机加工和热处理后组焊成容器。这种制造工艺可大大降低金属消耗量，但制造工序较复杂。

（五）电渣重熔式筒体

电渣重熔式筒体（或称电渣焊成形筒体）是近年发展起来的一种制造过程高度机械化、自动化的筒体结构形式。制造时，将一个很短的圆筒（称为母筒）夹在特制机床的卡盘上，利用电渣焊在母筒上连续不断地堆焊，直到所需长度。熔化的金属形成一圈圈的螺圈条，经过冷却凝固而成为一体，其内外表面同时进行切削加工，以获得所要求的尺寸和光洁度。这种筒体的制造无需大型工装设备，工时少，造价低，器壁内各部分材质比较均匀，无夹渣与分层等缺陷。这是一种很有前途的制造高压容器的工艺。

二、组合式筒体

组合式筒体结构又可分为多层板式结构和绕制式结构两大类。

（一）多层板式筒体结构

多层板式筒体结构包括多层包扎、多层热套、多层绕板、螺旋包扎等数种。这种筒体由数层或数十层紧密贴合的薄金属板构成，具有以下一些优点：一是可以通过制造工艺过程在层板间产生预应力，使壳壁上的应力沿壁厚分布比较均匀，壳体材料可以得到较充分的利用，所以壁厚可以稍薄；二是当容器的介质具有腐蚀性时，可以采用耐腐蚀的合金钢作内筒，而用碳钢或其他强度较高的低合金钢作层板，能充分发挥不同材料的长处，节省贵重金属；三是当壳壁材料中存在有裂纹等严重缺陷时，缺陷一般不易扩展到其他各层；四是由于使用的是薄板，具有较好的抗裂性能，所以脆性破坏的可能性较小；五是在制造上不需要大型锻压设备。其缺点是：多层板厚壁筒体与锻制的端部法兰或封头的连接焊缝，常因两连接件的热传导情况差别较大而产生焊接缺陷，有时还会因此而发生脆断。由于多层板式筒体在结构上和制造上都具有较多的优点，所以近年来制造的高压容器，特别是大型高压容器多采用这种结构，而且制造方法也在不断发展。现分述如下。

1. 多层包扎式筒体

多层包扎式筒体是美国斯密思（A. O. Smith）公司于 1931 年首创的一种筒体结构形

式,现已为许多国家所采用,是一种目前使用最广泛、制造和使用经验最为成熟的组合式筒体结构。其制造工艺是先用 15 ~ 25 mm 厚的钢板卷焊成内筒,然后再将 6 ~ 12 mm 厚的层板压卷成两块半圆形或三瓦片形,用钢丝绳或其他装置扎紧并点焊固定在内筒上,焊好纵缝并把其外表面修磨光滑,依次继续直到达到设计厚度为止。层板间的纵焊缝要相互错开一定角度,使其分布在筒节圆周的不同方位上。此外筒节上开有一个穿透各层层板(不包括内筒)的小孔(称为信号孔、泄漏孔),用以及时发现内筒破裂泄漏,防止缺陷扩大。筒体的端部法兰过去多用锻制,近年来也开始采用多层包扎焊接结构。和其他结构形式相比,多层包扎式筒体生产周期长、制造中手工操作量大。但这些不足会随着技术的进步而不断得到改善。

2. 多层热套式筒体

多层热套式筒体最早用于制造超高压反应容器和炮筒上。它由几个用中等厚度(一般为 20 ~ 50 mm)的钢板卷焊成的圆筒套装而成,每个外层筒的内径均略小于套入的内层筒的外径,将外层筒加热膨胀后把内层筒套入,这样将各层筒依次套入,直到达到设计厚度为止。再将若干个筒节和端部法兰(端部法兰也可采用多层热套结构)组焊成筒体。早期制作这种筒体在设计中均应考虑套合预应力因素,以确保层间的计算过盈量(内筒外径大于外筒内径的数量),这就需要对每一层套合面进行精密加工,增加了加工上的困难。近年来工艺改进后对过盈量的控制要求较宽,套合面只需进行粗加工或喷砂(或喷丸)处理而不经机加工,大大简化了加工工艺。筒体组焊成后进行退火热处理,以消除套合应力和焊接残余应力。多层热套式筒体兼有整体式和组合式筒体两者的优点,材料利用率较高,制造方便,无需其他专门工艺装备,发展应用较快。当然,多层热套式筒体也有弱点,因其层数较少,使用的是中厚板,所以在防脆断能力方面要差于多层包扎式。

3. 多层绕板式筒体

多层绕板式筒体是在多层包扎式筒体的基础上发展而来的。它由内筒、绕板层、楔形板和外筒四部分组成。内筒一般用 10 ~ 40 mm 厚的钢板卷焊而成;绕板层则是用厚 3 ~ 5 mm 的成卷钢板构成,首先将成卷钢板的端部搭焊在内筒上,然后用专用的绕板机床将绕板连续地缠绕在内筒上,直到达到所需厚度为止。起保护作用的外筒厚度一般为 10 ~ 12 mm,是两块半圆形壳体,用机械方法紧包在绕板外面,然后纵向焊接。由于绕板层是螺旋状的,因此在绕板层与内、外筒之间均出现了一个底边高等于绕板厚度的三角形空隙区,为此在绕板层的始端与末端都得事先焊上一段较长的楔形板以填补空隙(见图 2-9)。故筒体只有内外筒有纵焊缝,绕板层基本上没有纵焊缝,省却需逐层修磨纵焊缝的工作,其材料利用率和生产自动化程度均高于多层包扎式结构。但受限于卷板宽度,筒节不能做得很长(目前最长的为 2.2 m),且长筒的环焊缝较多。我国于 1966 年就研制成多层绕板式容器,但由于受绕板机床能力和卷板宽度的制约,目前只能绕制外径为 400 ~ 1 000 mm 的筒节,且最大长度仅为 1 600 mm。

4. 螺旋包扎式筒体

螺旋包扎式筒体是多层包扎式结构的改进型。多层包扎式筒体的层板层为同心圆,随着半径的增加,每层层板的展开长度不同,因此要求准确下料以保证装配焊接间隙,这不仅费时而且费料。螺旋包扎式结构则有所改进,后者采用楔形板和填补板作为包扎的第一层(见图2-10)。楔形板一端厚度为层板厚度的两倍,然后逐渐减薄至层板厚度,这样第一层就形成一个与层板厚度相等的台阶,使以后各层呈螺旋形逐层包扎。包扎至最后一层,可用与第一层楔形板方向相反的楔形板收尾,使整个筒节仍呈圆形。这种结构比多层包扎式下料工作量要少,并且材料利用率也有所提高。

(二)绕制式筒体结构

绕制式筒体结构形式包括型槽绕带式和扁平钢带式两种。这种筒体由一个用钢板卷焊而成的内筒和在其外面缠绕的多层钢带构成。它具有多层板式筒体的一些优点,而且可以直接缠绕成所需长度的筒体,因而可以避免多层板筒体那样深而窄的环焊缝。

1. 型槽绕带式筒体

型槽绕带式筒体制造时先用18～50 mm厚的钢板卷焊一个内筒并将内筒的外表面加工成可以与型槽钢带相互啮合的沟槽,然后缠绕上数层型槽钢带至所需厚度。钢带的始端和末端用焊接固定。由于型槽钢带的两面都带有凹凸槽(见图2-11),缠绕时钢带层之间及其和内筒之间均能互相啮合,使筒体能承受一定的轴向力。此外,在缠绕时一面用电加热钢带,一面拉紧钢带,并用辊子压紧和定向,缠绕后用空气和水冷却,使钢带收缩而对内层产生预应力。筒体的端部法兰也可以用同样方法绕成,并将外表面加工成圆柱形,然后在其外面热套上法兰箍。

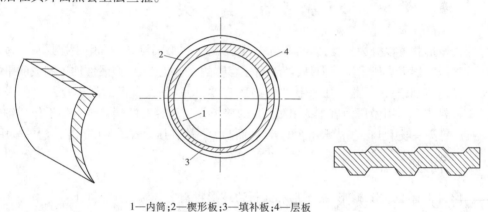

1—内筒;2—楔形板;3—填补板;4—层板

图2-9　楔形板形状　　　图2-10　螺旋包扎示意图　　　图2-11　型槽钢带截面形状

型槽绕带容器适用于大型高压容器,此种结构一般用于直径600 mm以上,温度350 ℃以下,压力19.6 MPa以上的工况。

这类产品制造时机械化程度、生产效率和材料利用率均较高,经长期使用证明,质量良好,安全可靠。但由于钢带形状复杂,尺寸公差要求很严,从而给轧钢厂的轧辊制造带来很大困难,若变换钢带材料就必须重新设计、制造轧辊。况且钢带之间的啮合需要几个面同时贴紧,质量难以保证,带层之间总有局部啮合不良现象。筒壁开孔和搬运都比较困难,要小心避免外层钢带损坏。

2. 扁平钢带式筒体

扁平钢带式筒体属我国首创,其全称应为扁平钢带倾角错绕式筒体,由内筒、绕带层和筒体端部三部分组成。内筒为单层卷焊,其厚度一般为筒体总厚度的20%～25%,筒体端部一般为锻件,其上有30°锥面以便与钢带的始末端相焊。扁平钢带以倾角(钢带缠绕方向与筒体横断面之间的夹角,一般为26°~31°)错绕的方式缠绕于内筒上,如图2-12所示。这样带层不仅加强了筒体的周向强度,同时也加强了轴向强度,克服了型槽绕带式筒体轴向强度不足的弱点。相邻钢带交替

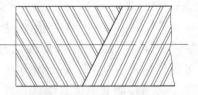

图2-12 扁平钢带错绕示意图

采用左、右旋螺纹方向缠绕,使筒体中产生附加扭矩的问题得以消除,改善了受力状态。

这种筒体避免了深度焊缝,并且具有先漏后破、破坏时无碎片、事故危害性较小等优点。加之材料来源广泛(一般为70 mm×4 mm断面的扁平钢带)、制造设备和制造工艺简易、生产周期短等特点,因而已在小型化肥厂中广为应用。

扁平钢带式筒体也存在某些不足之处,如钢带之间的间隙在绕制过程中很难均匀;每条钢带距缠绕终端300 mm轴向长度;由于结构的原因无法施加预应力而只能浮贴于内筒或里层钢带上。经多次爆破试验证实,这种结构的爆破压力低于其他形式的容器。故目前扁平钢带式容器用于直径<1 000 mm,压力<31.36 MPa,温度<200 ℃的工况条件。

压力容器的筒体结构还有套箍式、绕丝式等形式,在此不一一介绍了。

第三节 封 头

封头按形状可以分为三类,即凸形封头、锥形封头和平板封头。其中平板封头在过去制造的高压容器上有所采用。但是,随着高压容器的大型化,用大型锻件加工制成的平板封头就显得特别笨重,因此近年来制造的高压容器,特别是大直径的高压容器很少采用了。平板封头主要用做压力容器人孔、手孔的盖板和高压容器的端盖。本书不作详细介绍。锥形封头一般用于某些特殊用途的容器,而凸形封头在压力容器中得到了广泛的采用。

一、凸形封头

凸形封头有半球形、碟形、椭圆形和无折边球形封头之分。现介绍如下。

(一)半球形封头

半球形封头实际上就是一个半球体,直径较小的半球形封头可整体压制成形,而直径较大的则由于其深度太大,整体压制困难,故采用数块大小相同的梯形球面板和顶部中心的一块圆形球面板(球冠)组焊而成(见图2-13)。球冠的作用是把梯形球面板之间的焊缝间隔开,以保持一定的距离,避免应力集中。根据强度计算,半球形封头的壁厚都小于筒体壁厚,为了减少其连接处由于几何形状不连续而产生的局部应力,半球形封头与筒体的连接采用了如图2-14所示的三种形式。

图2-14(a)所示连接形式为:半球形封头的上部为等厚球缺(不足半个球体,整体或由多块球面板组焊而成);下部为一个锻制的,厚度逐渐减薄的窄球带。图2-14(b)所示连接形式为:封头做成一个等厚球缺,而将筒体与封头连接的端部加工成一圈窄球带,与封头构成半球形。图2-14(c)所示连接形式为:半球形封头内径与筒体内径相同,在焊完封头与筒体的环缝后,再在封头外壁堆焊金属,使连接处平滑过渡。在实际使用中,常取

半球形封头的厚度与圆筒体相同。从节省材料的观点和受力状态而言,在直径和承受压力相同的条件下,所需的厚度最小;封头容积相同时表面积最小,受力也最均匀,故半球形封头是最好的一种形式。但是由于其深度太大,加工制造困难,除用于压力较高、直径较大的储罐或其他特殊需要外,一般较少采用。

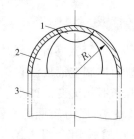

1—球冠;2—梯形球面板;3—筒体

图 2-13　半球形封头

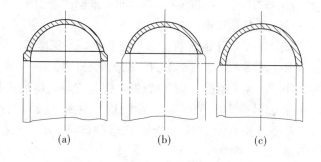

图 2-14　半球形封头与筒体连接示意图

(二)碟形封头

碟形封头又称为带折边的球形封头(见图 2-15),由半径为 R_c 的球面,高度为 L 的圆筒形直边,半径为 r 的连接球面与直边的过渡区三部分组成。过渡区的存在是为了避免边缘应力叠加在封头与筒体的连接环焊缝上。碟形封头的深度 h 与 R_c 和 r 有关,h 值的大小直接影响到封头的制造难易和壁的厚薄:小的 h 虽较易加工制造,但过渡区的 r 变小,形状突变严重,因此而产生的局部应力导致封头壁厚也随之增大;反之,h 大些使 r 变大,形状突变平缓,因而产生的局部应力与封头壁厚随之减小,但加工制造较困难。故《压力容器》就合理选用 r 和 R_c 作了如下规定性限制:

(1)碟形封头球面部分的内半径应不大于封头的内直径,通常取 $R_c = 0.9D_g$;

(2)碟形封头过渡区半径应不小于封头内直径的10%和封头厚度的3倍;

(3)封头壁厚(不包括壁厚附加量)应不小于封头内直径的0.30%。

(三)椭圆形封头

椭圆形封头是由半椭球体和圆筒体两部分组成,如图 2-16 所示。高度为 L 的圆筒部分有如碟形封头的圆筒体,在于避免边缘应力叠加在封头与筒体的连接环焊缝上。由于封头的曲率半径是连续而均匀变化的,所以封头上的应力分布也是连续而均匀变化的,受力状态比碟形封头好,但不如半球形封头。

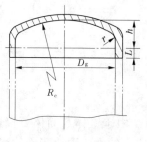

图 2-15　碟形封头

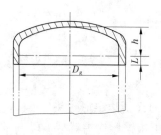

图 2-16　椭圆形封头

椭圆形封头的深度 h 取决于椭圆形的长、短轴之比,即封头的内直径与封头两倍深度之比($D_g/2h$):其比值越小,封头深度就越大,受力较好,需要的壁厚也小,但加工制造困难;比值越大,虽易于加工制造,但封头深度越小,受力状态变坏,需要的壁厚增大。一般 $D_g/2h$ 之值以不大于 2.6 为宜。$D_g/2h = L$ 的椭圆形封头我们称为标准椭圆形封头,是压力容器中常用的一种封头;否则为非标准椭圆形封头。

(四)无折边球形封头

如图 2-17 所示的无折边球形封头是一块深度很小的球面体(球冠),实际上就是为了减小深度而将半球形或碟形封头的大部分除掉,只以其上的球面体制造而成。它结构简单,深度浅,容易制造,成本也较低。但是它与筒体的连接处由于形状突变而产生较大的局部应力,故受力状况不良。因此,这种封头一般只用在直径较小,压力较低的容器上。为了保证封头和筒体连接处不致遭到破坏,要求连接处角焊缝采用全焊透结构(见图 2-18)。

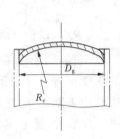

图 2-17　无折边球形封头

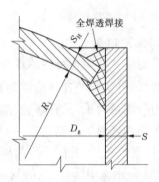

图 2-18　全焊透结构示意图

二、锥形封头

如图 2-19 所示为无折边锥形封头和折边锥形封头。

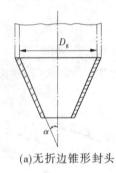

(a)无折边锥形封头　　　　(b)折边锥形封头

图 2-19　锥形封头

(一)无折边锥形封头

无折边锥形封头就是一段圆锥体(见图 2-19(a))。由于锥体与筒体直接连接,连接处壳体形状突变而不连续,产生较大的局部应力,这一应力的大小取决于锥体半顶角 α 的

大小,α角越大应力越大;反之则小。《压力容器》对无折边封头做了如下三点限制:

(1)无折边锥形封头只适用于锥体半顶角 $\alpha \leqslant 30°$的情况;

(2)当 $\alpha > 30°$时适用;

(3)无折边锥形封头连接处的对接焊缝必须采用全焊透结构。

压力容器上采用无折边锥形封头时,多采用局部加强结构,加强结构的形式较多,既可以在锥形封头与筒体连接处附近焊加强圈,也可在封头与筒体连接处局部加大壁厚。

(二)折边锥形封头

折边锥形封头包括圆锥体、折边和圆筒体三个部分(见图 2-19(b)),多用于锥体半顶角 $\alpha > 30°$,α越大,锥体应力越大,所需壁厚也越大,加工就越困难。所以,除非特殊需要,带折边锥形封头的半顶角一般不大于 $45°$。折边内半径 r越大,封头受力状态越好,因此《压力容器》作出如下限制:折边内半径 r应不小于锥体大端内径 D_g的10%及锥体厚度的3倍。

就受力状态而言,锥形封头较半球形、碟形、椭圆形封头都差,但是锥形封头由于其形状有利于流体流速的改变和均匀分布,有利于物料的排出,所以在压力容器上仍得到应用,一般用于直径较小、压力较低的容器上。

第四节 法兰连接结构

一、法兰的连接与密封作用原理

法兰在容器与管道中起连接与密封作用,下面以螺栓连接的法兰为例说明其结构特点。法兰实际上就是套在管道和容器端部的圆环,上面开有若干螺栓孔,一对相组配的法兰之间装有垫片,用螺栓连接在一起,通过拧紧螺栓来连接一对法兰,并压紧垫片,使垫片表面产生塑性变形,从而阻塞了容器内介质向外流的通道,起到密封作用。这就是法兰的密封原理。

二、法兰与筒体的连接形式

在第一节曾提及,根据法兰与筒体的连接形式不同,容器法兰分为整体法兰、活套法兰和任意式法兰三种,下面具体介绍其连接形式。

(一)整体法兰

法兰与法兰颈部为一整体或法兰与容器的连接可视为相当于整体结构的法兰,称为整体法兰。根据它与筒体的连接形式又可分为平焊法兰(见图 2-20)和对焊法兰(见图 2-21,亦称长颈法兰)两类,平焊法兰是将法兰环套在筒体外面,用填角焊与筒体连接的法兰。这种法兰因其结构简单、制造容易而使用广泛。但是其刚性差,受力后容易产生变形和泄漏,有时还导致筒体弯曲,所以一般只用于直径较小,压力、温度较低的低压容器上。对焊法兰是通过锥颈与筒体对焊连接的法兰。这种法兰因根部带有较厚的锥颈圈,不仅刚性较好,不易变形,而且法兰环通过锥颈与筒体对接,局部应力较平焊法兰大大降低,而强度增加。但这种法兰制造比较困难,所以仅在中压容器上采用。

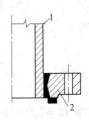

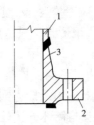

1—筒体;2—法兰环

图 2-20　平焊法兰

1—接管;2—法兰环;3—锥颈

图 2-21　对焊法兰

（二）活套法兰

法兰环套在筒体外面但不与筒壁固定成整体的法兰,称为活套法兰(图 2-22 示出这种法兰的四种常见形式)。图 2-22(a)是套在翻边筒体上的活套法兰,多用于压力很低的有色金属制造的容器;图 2-22(b)是套在筒体焊接环上的活套法兰,常用于钢制搪瓷容器;图 2-22(c)是套在一个由两个半圈组成的套环上的活套法兰,装卸法兰较方便;图 2-22(d)是用螺纹与筒体连接的活套法兰,因加工螺纹比较麻烦,所以只用于管式容器上。

这类法兰拆卸、维修或更换均较方便,不会使筒壁产生附加应力,可用于不同材料的筒体制造。但其强度较低,对直径与压力相同的容器,活套法兰所需的厚度要比整体法兰大得多,所以一般只用于搪瓷或有色金属制造的低压容器上。

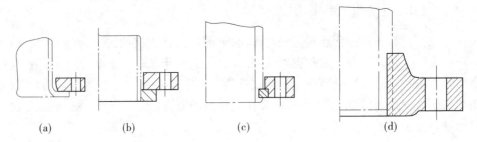

(a)　　　　(b)　　　　(c)　　　　(d)

图 2-22　活套法兰

（三）任意式法兰

将法兰环开好坡口并先镶在筒体上,然后再焊在一起的法兰称为任意式法兰,其结构类似整体法兰中的平焊法兰,但与筒体连接处未采用全焊透结构,故强度比后者差,常见的结构形式如图 2-23 所示,只用于直径较小的低压容器上。

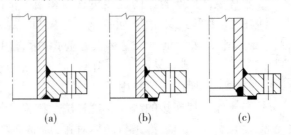

(a)　　　　(b)　　　　(c)

图 2-23　任意式法兰

三、法兰密封面及垫片

法兰连接很少是因强度不足而遭破坏的,但常由于密封不好而导致泄漏。因此,密封问题已成为法兰连接中的主要问题,而法兰密封面与垫片又直接影响到法兰的密封,有必要专门加以介绍。

(一)法兰密封面

法兰密封面即法兰接触面,简称法兰面。一般需经过比较精密的加工,以保证足够的精度和光洁度,才能达到预期的密封效果。常用的法兰密封面有平面型、凹凸型、榫槽型、自紧式等数种。

平面型密封面只有一个光滑的平面,见图2-24(a),为改善密封性能,常在密封面上车制出几道宽约1 mm、深约0.5 mm的同心圆沟槽,如同锯齿。这种密封面结构简单,容易加工,但安装时垫片不易装正,紧螺栓时也易挤出,一般用于低压、无毒介质的容器上。

凹凸型密封面(见图2-24(b))是一对法兰的密封面分别为凹凸面,且凸面高度略大于凹面深度。安装时把垫片放在凹面上,因此容易装正,且紧螺栓时也不会挤出。其密封性能优于平面型,但加工较困难,一般用于中压容器。

榫槽型密封面(见图2-24(c))是在一对法兰的密封面上,将其中一个加工出一圈宽度较小的榫头,将另一个加工出与榫头相配合的榫槽,安装时垫片放在榫槽内。这种密封面因垫片被固定在榫槽内,不可能向两边挤出,所以密封性能更好。且垫片较窄,减轻了压紧螺栓的负荷。但这种密封面结构复杂,加工困难,且更换垫片比较费事,榫头也容易损坏。所以,一般只用于易燃或有毒的工作介质或工作压力较高的中压容器上。因其在氨生产设备上用得较多,所以又称为氨气密封。

自紧式密封面(见图2-25)是将密封面和垫片加工成特殊形状,承受内压后,垫片会自动紧压在密封面上确保密封效果,所以称为自紧式密封面。这种密封面的接触面积小,垫片在内压作用下有自紧能力,密封性能好,减少了螺栓的紧固力,也就减小了螺栓和法兰的尺寸。这种密封面结构适用于高压及压力、温度经常波动的容器上。

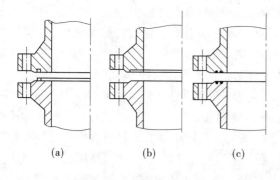
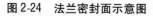

图2-24　法兰密封面示意图

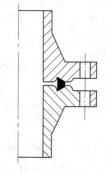

图2-25　自紧式密封面示意图

(a)　　　　　(b)　　　　　(c)

(二)垫片

法兰密封面即使经过精密的加工,法兰面之间也会存在微小的间隙,而成为介质泄漏的通道。垫片的作用就是在螺栓的紧固力作用下产生塑性变形,以填充法兰密封面之间存在的微小间隙,堵塞介质泄漏通道,从而达到密封的目的。

容器法兰连接所用的垫片有非金属软垫片、缠绕垫片、金属包垫片和金属垫片等数种。非金属软垫片是用弹性较好的板材按法兰密封面的直径及宽度剪成一个圆环。所用材料主要有橡胶板、石棉橡胶板和石棉板等,根据容器的工作压力、温度以及介质的腐蚀性来选用。一般低压、常温($\leq 100 \ ℃$)和无腐蚀性的介质容器多用橡胶板(经强硫化处理的硬橡胶工作温度可达200 ℃);介质温度较高(对水蒸气 <450 ℃,对油类 <350 ℃)的中、低压容器通常用石棉橡胶板或耐油石棉橡胶板;一般的腐蚀性介质的低压容器常采用耐酸石棉板;压力较高时则用聚乙烯板或聚四氟乙烯板。

缠绕垫片用石棉带与薄金属带(低碳钢带或合金钢带)相间缠绕制成。因为薄金属带有一定的弹性,而且是多道密封,所以密封性能较好。用于压力或温度波动较大,特别是直径较大的低压容器上最为适宜,因为这种垫片直径再大也可以没有接口。

金属包垫片又称包合式垫片,是用薄金属板(一般是用白铁皮,介质有腐蚀性的用薄不锈钢板或铝板)内包石棉材料等卷制而成的圈环。这种垫片耐高温、弹性好,防腐能力强,有较好的密封性能。但制造较为费事,一般只用于直径较大、压力较高的低压容器或中压容器上。

四、法兰连接的紧固形式

法兰连接的紧固形式有螺栓紧固(见图2-26)、带铰链的螺栓紧固(见图2-27)和"快开式"法兰紧固(见图2-28)等数种。螺栓紧固结构简单、安全可靠,法兰通常都广泛采用这种紧固形式,但也存在拆装费时的弱点。所以,这种紧固形式只用于一些不经常拆卸的法兰连接。若容器端盖常须开启,则用带铰链的螺栓紧固。因螺栓带有铰链,法兰上螺孔开有缺口,用这种紧固形式拆卸时不用从螺栓上卸下螺母,只要拧松后螺栓就可绕铰链轴从法兰边翻转下来。为了便于拆卸,螺母制成特殊的带有蝶形或环状的肩部。这种法兰紧固形式虽装卸方便省时,但法兰较厚时,若螺栓安放稍有不正,在容器运行时可能发生螺栓滑脱飞出的意外事故,故其常只用于压力较低、直径较小的容器法兰连接,多见于染料、制药等化工容器。"快开式"法兰紧固是一种不用螺栓紧固的法兰连接结构,用于端盖需要频繁开闭的压力容器。这种紧固形式具有一对形状比较特殊的法兰,与容器筒体连接的法兰较厚,中间有一条环形槽,槽外端部圈环内侧开有若干个齿形缺口;焊在端盖上的法兰较薄,其厚度略小于筒体法兰上环形槽的宽度,其外径略小于环形槽的内径。法兰外侧开有齿形缺口,节距与筒形法兰上齿形缺口节距相同。装配时把端盖法兰的缺口对齐筒体法兰上的齿,并放入环形槽内,然后转动端盖约一个槽齿的距离,使两者的齿相对齐,两个法兰即连接完毕。它的密封装置一般是在筒体法兰的密封面上加工出一条环形密封槽,装入整体式垫片,在密封槽的底部通入蒸汽或压缩空气,垫片即被压紧在端盖法兰的密封面上,达到密封的目的。直径较大的端盖,装配时要用机械传动减速装置来转动。这种法兰紧固形式可以减轻劳动强度,节省装卸时间,密封性能也较好。但使用时要注意安全,开盖前必须将容器内的压力泄尽,最好能装设连锁装置来保证开盖前容器内泄失压力。

容器法兰及管法兰、螺栓及垫片等连接件的规格均已标准化,国家及有关部门均制定了有关标准,选用时可以查阅。

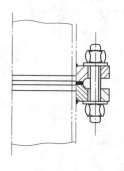 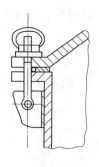 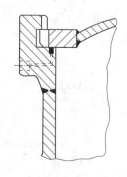

图 2-26　螺栓紧固　　　　图 2-27　带铰链的螺栓　　　图 2-28　"快开式"法兰
　　　示意图　　　　　　　　紧固示意图　　　　　　　紧固示意图

第五节　密封结构

一、密封结构分类

　　各国对压力容器的密封结构作了许多试验研究工作,取得了不少的成果,密封结构的形式越来越多,按照其密封机理的不同,密封结构可分为强制密封和自紧密封两大类。前者是通过紧固端盖与筒体端部的螺栓等连接件强制将密封面压紧来达到密封的(主要有平垫密封、卡扎里密封、八角垫密封等)目的;后者是利用容器内介质的压力使密封面产生压紧力来达到密封(主要有 O 形环密封、双锥面密封、伍德密封、C 形环密封、B 形环密封、平垫自紧密封等)目的。

二、几种常用的密封结构

(一)平垫密封

　　平垫密封分强制式和自紧式两种,强制式平垫密封(下称平垫密封)的结构与一般法兰连接密封相同,由于工作压力较高,密封面一般都采用凹凸型或榫槽型,也有在密封面上加工几道同心圆密封沟槽(见图 2-29)。

　　平垫密封结构简单,使用时间较长,经验比较成熟,垫片及密封面加工容易,多用于温度不高、直径较小、压力较低的容器上。当压力容器的压力升高、直径变大时,端盖和筒体法兰均需相应地增厚加大,从而变得笨重,连接螺栓的规格亦需加大,数量增多,造成加工和装配都不方便。所以,在大直径的高压容器上不宜采用平垫密封。此外,在温度较高(200 ℃以上)和压力、温度波动较大的工况条件下,平垫密封也不可靠。其推荐使用范围可查阅《压力容器》;平垫密封所使用的垫片可选用退火铝、退火紫铜和 10 号钢制作。

　　平垫密封虽然结构简单,但需要有较大的紧固力,所以端盖和连接螺栓的尺寸都较大,为了减轻端盖与筒体端部连接螺栓的载荷,有些高压容器采用了带压紧环的平垫密封结构(见图 2-30)。这种密封是在平垫圈的上面装有一个压紧环和若干个压紧螺栓,垫圈下面装有托板。容器的密封是通过拧、压紧螺栓加力于压紧环而压紧平垫来实现的，从而具有端盖与筒体端部的连接螺栓，可不承受垫圈的压紧力及垫圈易于预紧等优点。

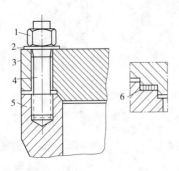
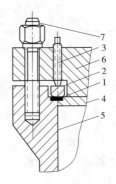

1—主螺母；2—垫圈；3—端盖；
4—主螺栓；5—筒体端部；6—平垫

图2-29　平垫密封结构

1—平垫；2—压紧环；3—压紧螺栓；4—托板；
5—筒体端部；6—端盖；7—连接螺栓

图2-30　带压紧环的平垫密封结构

自紧式平垫密封是依靠容器介质的压力作用在顶盖上压紧平垫片来实现的，其结构如图2-31所示。它减少了笨重而复杂的法兰螺栓连接结构，顶盖与筒体端部以螺纹连接，密封可靠。由于顶盖可以在一定范围内移动，所以在温度、压力波动时仍能保持良好的密封性能。这种结构的缺点是拆卸较困难，对大直径容器拧紧其螺纹套筒也有困难，所以不宜用于大直径的高压容器。

（二）卡扎里密封

这是一种强制式密封，有外螺纹卡扎里密封、内螺纹卡扎里密封和改良卡扎里密封三种形式。其中外螺纹卡扎里密封（见图2-32）用得最多，它的垫片是一个横断面呈三角形的软金属垫，由铜或铝制成。容器的筒体法兰与端盖用螺纹套筒连接，通过拧紧压紧螺栓加力于压紧环而压紧垫片来实现密封。这种结构的优点是省去了筒体端部与端盖的连接螺栓，拆卸方便，属于快拆结构；垫片的面积也可较小，因而所需压紧力及压紧螺栓的直径也较小；密封可靠，适用于温度波动较大的容器。但结构复杂，密封零件多，且精度要求高，加工困难。这种密封结构常用于大直径、高压，需经常装拆和要求快开的压力容器。

内螺纹卡扎里密封（见图2-33）的作用原理与外螺纹的基本相同，只是将带螺纹的端盖直接旋入带有内螺纹的筒体端部内。密封垫片置于端盖与筒体端部连接交界处，其上有压紧环，通过压紧螺栓使密封垫片的内侧面和底面分别与端盖侧面和筒体端部面紧密贴合实现密封。它比外螺纹卡扎里密封省略一个较难加工的螺纹套筒，结构简单了一些，但它的端盖需加厚，占据了较多的压力空间，螺纹易受介质腐蚀，装卸也不方便，工作条件差。一般只用于小直径的高压容器上。

改良卡扎里密封结构（见图2-34）不用螺纹套筒连接端盖与筒体，而改用螺栓连接，其他均与外螺纹卡扎里密封相同。无甚显著的优点，所以很少采用。

（三）双锥密封

双锥密封如图2-35所示。

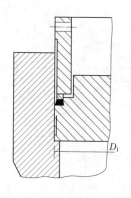 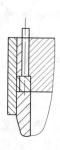 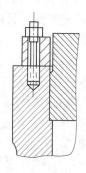

图 2-31　自紧式平垫密封　　　图 2-32　外螺纹卡扎里密封　　图 2-33　内螺纹卡扎里密封

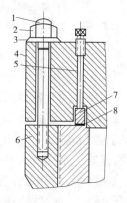 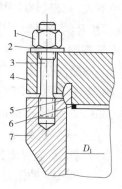

1—主螺栓;2—主螺母;3—垫圈;4—端盖;　　　　1—主螺母;2—垫圈;3—主螺栓;4—端盖;
5—预紧螺栓;6—筒体法兰;7—压紧环;8—密封垫片　　5—双锥环;6—软金属垫;7—筒体端部

图 2-34　改良卡扎里密封　　　　　　图 2-35　双锥密封

　　双锥环套在端盖的突台上,双锥面和端盖、筒体端部的密封面之间放置有软金属垫。为了改善密封性能,在双锥面上还加工了两三道半圆形沟槽。此外,端盖突台的侧面(即与双锥环的套合面)铣有几条较宽的轴向槽,以便容器内介质的压力通过这些槽作用于双锥环的内侧表面。其密封的实现:一是通过拧紧主螺栓产生的压紧力,压紧双锥面与筒体法兰和端盖的密封面;二是容器内介质的压力(自紧力)通过端盖突台侧面的轴向槽作用于双锥环的内侧,也使双锥面与筒体法兰和端盖的密封面压紧。所以,也有人将这种密封形式称为半自紧式密封。由于其结构简单、加工容易、密封性能良好及拆装较方便,在我国高压容器上获得了广泛的采用,是国内最为成熟的高压密封结构。缺点是端盖和连接螺栓尺寸较大。

(四)伍德密封

　　这是一种属于自紧式密封的组合式密封(见图 2-36)。其结构由浮动端盖、四合环压垫和筒体端部四大部分组成。

　　密封时首先拧紧牵制螺栓,靠牵制环的支承使浮动端盖上移,同时调整拉紧螺栓将压垫预紧而形成预密封,随着容器内介质压力的上升,浮动端盖逐渐向上移动,端盖与压垫之间,以及压垫与筒体端部之间的压紧力也逐渐增加,从而达到密封目的。压垫的外侧开有 1~2 道环形沟槽,使压垫具有弹性,能随着浮动端盖的上下移动而伸缩,使密封更加可靠。为便于从筒体内取出,四合环是由四块元件组成的圆环,又称压紧环。这种密封结构的密封性能良好,不受温度与压力波动的影响,且装卸方便,适用于要求快开的压力容器,端盖与筒体端部不用螺栓连接,所以用料较少,重量较轻。但结构复杂,零件多而加工精度及组装要求均很高,浮动端盖占据高压空间太多等,以往多用于氮肥工业,因为存在上述不足,现已逐渐被其他密封所取代,但在一些直径不大,对密封有特殊要求(如压力、温度波动大)且要求快开的高压容器中仍有采用。

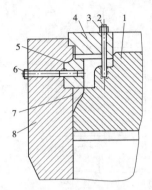

1—浮动端盖;2—牵制螺栓;3—螺母;
4—牵制环;5—四合环;6—拉紧螺栓;
7—压垫;8—筒体端部

图 2-36　伍德密封结构示意图

(五)O 形环密封

密封垫圈的横断面呈"O"形而得名,O 形环有金属 O 形环和橡胶 O 形环两大类,用得多的是金属 O 形环密封。橡胶 O 形环因材料性能的限制,目前只用于常温或温度不高的场合。其结构如图 2-37 所示,有非自紧式 O 形环、充气 O 形环、双金属 O 形环三种。非自紧式 O 形环就是一个横断面为 O 形的金属环形管,属于强制式密封,适用于压力较低的容器,可以密封真空及盛有腐蚀性的液体或气体介质的容器。充气 O 形环是在环内充有压力为 3.92~4.9 MPa 的惰性气体,以防止 O 形环在高温下失去金属弹性,高温下环内的惰性气体压力会随着温度的上升而增加 O 形环的回弹能力。此结构属于强制式密封,适用于高温高压场合。自紧式 O 形环的内侧钻有若干个小孔,由于环内具有与容器内介质相同的压力,因而会向外扩大形成轴向自紧力,故属自紧式密封结构,适用于高压、超高压的压力容器。双道金属 O 形环则主要用于密封性能要求较高的场合,漏过第一道 O 形环的介质会被第二道 O 形环挡住,并可由两道 O 形环之间的通道导出(见图 2-38),可以防止有害介质漏入大气,核容器多采用这种密封结构。

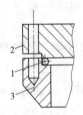

1—O 形环;2—端盖;3—筒体端部

图 2-37　O 形环密封结构

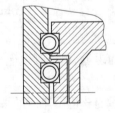

图 2-38　双道 O 形环密封结构

压力容器的密封结构形式众多,以上只是介绍了其中使用得较多的几种,其他密封结构的密封原理基本相同,不另赘述。有兴趣的读者可自行查阅有关资料。

第六节　支　座

一、立式容器支座

在直立状态下工作的容器称为立式容器。其支座主要有悬挂式、支承式及裙式三类。

(一)悬挂式支座

悬挂式支座俗称耳架,适用于中小型容器,在立式容器中应用广泛。其结构如图2-39所示。它是由两块筋板及一块底板焊接而成的,通过筋板与容器筒体焊在一起。底板用地脚螺栓搁置并固定在基础上,为了加大支座的反力分布在壳体上的面积,以避免因局部应力过大使壳壁凹陷,必要时应在筋板和壳体之间放置加强垫板(见图2-39(b))。悬挂式支座的形式、结构、尺寸、材料及安装要求详见 JB 1165《悬挂式支座》标准。

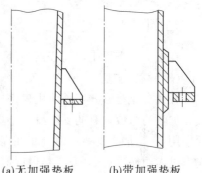

(a)无加强垫板　　　(b)带加强垫板

图2-39　悬挂式支座

(二)支承式支座

支承式支座一般由两块竖板及一块底板焊接而成(见图2-40)。竖板的上部加工成和被支承物外形相同的弧度,并焊于被支承物上。底板搁在基础上并用地脚螺栓固定(见图2-40)。当荷重>4 t时,还要在两块竖板端部加一块倾斜支承板。支承式支座的形式、结构、尺寸、材料及安装要求详见 JB 1166—81《支承式支座》标准。

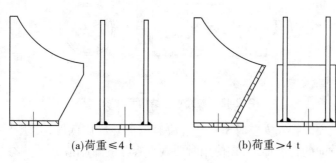

(a)荷重≤4 t　　　　　　(b)荷重>4 t

图2-40　支承式支座

(三)裙式支座

裙式支座由裙座、基础环、盖板和加强筋组成,有圆筒形和圆锥形两种形式(见图2-41)。常用于高大的立式容器。裙座上端与容器壁焊接,下端与搁在基础上的基础环焊接,用地脚螺栓加以固定。为便于装拆,基础环装设地脚螺栓处开成缺口,而不用圆形孔,盖板在容器装好后焊卜,加强筋在盖板与基础环之间。为避免应力集中,裙座上端一般应焊在容器封头的直边部分,而不应焊在封头转折处,因此裙座内径应和容器外径相同。

·37·

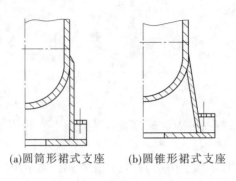

(a)圆筒形裙式支座　　　(b)圆锥形裙式支座

图 2-41　裙式支座

二、卧式容器支座

在水平状态下工作的容器为卧式容器。其支座主要有鞍式、圈座及支承式三类。

(一)鞍式支座

鞍式支座是卧式容器使用最多的一种支座形式(见图 2-42)。一般由腹板、底板、垫板和加强筋组成。有的支座没有垫板,腹板则直接与容器壁连接。若带垫板则作为加强板使用,一是加大支座反力分布在壳体上的面积,对于大型薄壁卧式容器可以避免因局部应力过大而使壳壁凹陷;二是可以避免因支座与壳体材料差别大时进行异钢种焊接;三是对于壳体材料需进行焊后热处理的容器,可先将加强垫板焊在壳体上,在制造厂同时进行热处理,而在施工现场再将支座焊在加强垫板上,从而解决支座与壳体在使用现场焊接后难以进行热处理的矛盾。因此,加强垫板的材料应与容器壳体的材料相同。

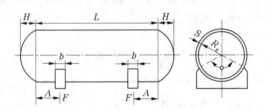

图 2-42　鞍式支座结构示意图

此外,在设计、安装鞍式支座时要注意解决容器的热膨胀问题,要求支座的设置不能影响容器在长度方向的自由伸缩;在使用时要观察容器的膨胀情况。

(二)圈座

圈座的结构比较简单(见图 2-43)。对于大直径薄壁容器,真空下操作的容器和需要两个以上支承的容器,一般均采用圈座支承。压力容器采用圈座做支座时,除常温状态下操作的容器外,亦应考虑容器的膨胀问题。

(三)支承式支座

支承式支座结构也较简单(见图 2-44)。因支承式支座在与容器壳体连接处会造成较大的局部应力,所以只适用于小型卧式容器。

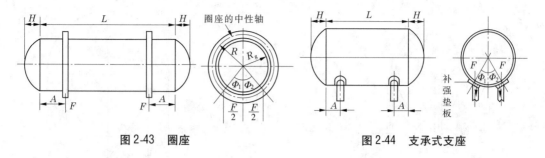

图 2-43 圈座   图 2-44 支承式支座

三、球形容器支座

一般球形容器都设置在室外,会受到各种自然环境(如风载荷、地震载荷及环境温度变化)的影响,且重量较大(如容积 8 250 m³ 的球形液氨储罐,基本体重 463 t,最大操作重量为 4 753 t,水压试验时的重量为 8 713 t),外形又呈圆球状,因而支座的结构设计和强度计算比较复杂。为了满足不同的使用要求,应有多种球形容器支座结构与之适应。但总括起来可分为柱式支承和裙式支承两大类。其中柱式支承又可分为赤道正切柱式支承、V 形柱式支承和三柱合一型柱式支承等三种主要类型。裙式支座则包括圆筒形裙式支座锥形支承、钢筋混凝土连续基础支承、半埋式支承、锥底支承等多种。在上述各种支座中,以赤道正切柱式支承使用最为普遍。因此,下面重点介绍赤道正切柱式支承,而其他形式的支座只作简略介绍。

(一)赤道正切柱式支承

赤道正切柱式支承的结构特点是由多根圆柱状的支柱,在球壳的赤道带部位等距离分布,支柱的上端加工成与球壳相切或近似的形状并与球壳焊在一起,如图 2-45 所示。为了保证球壳的稳定性,必要时在支柱之间加设松紧可调的连接拉杆(见图 2-46)。支柱与球壳连接结构如图 2-45(b)所示。支柱上端的盖板有半球式和平板式两种,目前大多采用半球式盖板。支柱和球壳的连接又可分为有加强垫板和无加强垫板两种结构。加强垫板虽可增加球壳连接处的刚性,但由于加强垫板和球壳之间采用搭接焊,不仅增加了探伤的困难,而且当球壳采用低合金高强度钢时,在加强垫板与球壳焊接过程中易产生裂纹。因此,《球形储罐设计规定》采用无垫板结构。支柱与球壳连接的下部结构可分为直接连接和托板连接两种,《球形储罐设计规定》中规定采用托板连接结构(见图 2-45(b)),它有利于改善支承的焊接条件。

支柱有整体和分段之别。整体支柱主要用于常温球罐以及采用无焊接裂纹敏感性材料做壳体的球罐。支柱上端在制造厂加工成与球壳外形相吻合的圆弧状,下端与底板焊好,然后运到现场和球壳焊接在一起。分段支柱由上、下两段支柱组成,其结构如图 2-47 所示。其上段与球壳赤道板的连接焊缝应在制造厂焊好并进行焊后热处理,上段支柱长度一般为支柱总长度的 1/2。分段支柱适用于低温球罐以及采用具有焊接裂纹敏感性材料做壳体的球罐。在常温球罐中,当希望改善支柱与球壳连接部位的应力状态时,也可采用分段支柱。

对丁储存易燃、易爆及液化石油气物料的球罐,每个支柱应设置易熔塞排气口及防火隔热层(见图 2-48)。

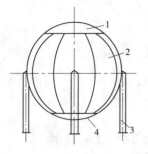
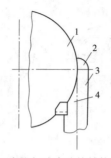

(a)赤道正切柱式支座　　(b)支柱与球壳连接结构

1—顶极板;2—球瓣;3—支座;4—底极板

图2-45　球形容器支座

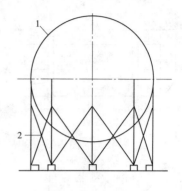

1—球壳;2—拉杆

图2-46　拉杆结构示意图

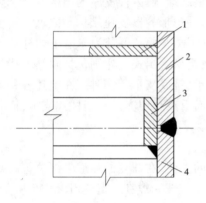

1—加强环;2—上段支柱;3—导环;4—下段支柱

图2-47　分段式支柱

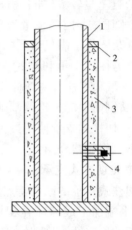

1—支柱;2—隔热层挡板;3—防火隔热层;4—易熔塞排气口

图2-48　支柱排气及防火结构

对需进行现场整体热处理的球形容器,因热处理时球壳受热膨胀,将引起支柱的移动,因此要求支柱与基础之间应有相应的移动措施。支柱可采用无缝钢管或卷制焊接钢管制造。

(二)其他类型的支座

由于支座种类繁多,在此只简略介绍V形柱式、圆筒形裙式及钢筋混凝土连续基础支承三种。

(1)V形柱式支座的结构特点是每两根支柱呈V形设置,且等距离与赤道带相连,故柱间无须设置拉杆。这种支座比较稳定,适用于承受热膨胀变形的工况。

(2)圆筒形裙式支座是用钢板卷焊成的圆筒形裙架,通过圆环形垫板固定在基础上,一般适用于小型球形容器。其特点是支座低而省料,稳定性较好,但低支座造成容器底部配管困难,工艺操作、施工与检修也不方便。

(3)钢筋混凝土连续基础支承,是将支座与基础设计成一个整体,即用钢筋混凝土制成圆筒形的连续基础,该基础的直径一般近似地等于球壳的半径。这种支座的特点是球壳重心低,支承稳定;支座与球壳接触面积大,荷重较大;但制造时对形状公差要求较严。

习 题

一、选择题

1. 压力容器开孔补强有_____两种形式。
   A. 整体补强　　　　B. 局部补强　　　　C. 厚壁短管补强

2. 用无缝钢管制作的筒体,钢管的公称直径是指钢管的_____。
   A. 内径　　　　B. 外径

3. 一般用于接装测量仪表的接管是_____式接管。
   A. 螺纹短管　　　B. 法兰短管　　　C. 平法兰

4. 对于内径大于_____mm 的容器,如不能利用其他可拆卸装置进行内部检验,
   应最少开设人孔 1 个或手孔 2 个。
   A. 1 000　　　　B. 500　　　　C. 1 200

5. _____筒体常适用于超高压容器的制作。
   A. 单层卷焊式　　B. 整体锻造式

二、判断正误(正确的在括号里打√,错误的打×)

( )1. 平垫密封宜用于大直径的高压容器。

( )2. 支撑式支座适用于大型卧式容器。

( )3. 半球形封头是一种在直径和承受压力相同的情况下所需厚度最小的封头。

( )4. 凡与筒体焊接连接而不可拆的称为封头,与筒体以法兰等连接而可拆的则称
为端盖。

( )5. 制造容积相同的情况下,球形容器要比圆筒形的浪费 30% ~40% 的钢材。

第三章　安全附件

安全阀、爆破片、压力表、液位计、温度计等是压力容器的主要安全附件，这些安全附件的灵敏可靠是压力容器安全工作的重要保证。

制造安全阀、爆破片装置的单位应当持有相应的特种设备制造许可证；安全阀、爆破片、紧急切断阀等需要型式试验的安全附件，应当经过国家质检总局核准的型式试验机构进行型式试验并且取得型式试验证明文件；安全附件的设计、制造，应当符合相关安全技术规范的规定；出厂时应当随带产品质量证明，并且在产品上装设牢固的金属铭牌；安全附件实行定期检验制度，安全附件的定期检验按照《压力容器定期检验规则》与相关安全技术规范的规定进行。

安全附件的装设应遵守以下要求：

(1)本规程适用范围内的压力容器，应当根据设计要求装设超压泄放装置(安全阀或者爆破片装置)。当压力源来自压力容器外部，并且得到可靠控制时，超压泄放装置可以不直接安装在压力容器上。

(2)采用爆破片装置与安全阀装置组合结构时，应当符合 GB 150 的有关规定，凡串联在组合结构中的爆破片在动作时不允许产生碎片。

(3)对易爆介质或者毒性程度为极度、高度或者中度危害介质的压力容器，应当在安全阀或者爆破片的排出口装设导管，将排放介质引至安全地点，并且进行妥善处理，不得直接排入大气。

(4)压力容器工作压力低于压力源压力时，在通向压力容器进口的管道上应当装设减压阀，如因介质条件减压阀无法保证可靠工作时，可用调节阀代替减压阀，在减压阀或者调节阀的低压侧，应当装设安全阀和压力表。

第一节　安全阀

安全阀是压力容器上最常用的安全泄压装置。它通过阀的自动开启排出介质来降低容器内的过高压力。其优点是：只排出压力容器内高于规定值的部分压力，当容器内的压力降到正常压力值时则自动关闭，使压力容器和安全阀重新工作，从而不会使压力容器一旦超压就得把全部介质排出而造成浪费和生产中断；安全阀的结构特点使其安装和调整比较容易。它的缺点是密封性较差，即使是比较好的安全阀其在正常的工作压力作用下也难免会轻微地泄漏；由于弹簧等惯性作用，阀门的开启有滞后现象，因而泄压反应较慢；当介质不洁净时，阀芯和阀座会粘连，使安全阀达到开启压力而打不开或使安全阀不严密，没达到开启压力就已泄露。同时，安全阀对压力容器的介质有选择性，它适用于比较洁净的介质如空气、水蒸气、水等，不宜用于有毒性的介质，更不适用于有可能发生剧烈化学反应而使容器压力急剧升高的介质。

一、安全阀工作原理

安全阀主要由三部分组成:阀座、阀瓣和加载机构。阀座和座体有的是一个整体,有的组装在一起,与容器连通。阀瓣通常连带有阀杆,紧扣在阀座上。阀瓣上面是加载机构,用来调节载荷的大小。当容器内的压力在规定的工作压力范围之内时,容器内介质作用于阀瓣上的压力小于加载机构施加在它上面的力,两者之差构成阀瓣与阀座之间的密封力,使阀瓣紧压着阀座,容器内气体无法排出;当器内压力超过规定的工作压力并达到安全阀的开启压力时,介质作用于阀瓣的力大于加载机构加在它上面的力,于是阀瓣离开阀座,安全阀开启,容器内气体通过阀座排出。如果容器的安全泄放量小于安全阀的排量,器内压力逐渐下降,很快降回到正常工作压力,此时介质作用于阀瓣上的力又小于加载机构施加在它上面的力,阀瓣又紧压阀座,气体停止排出,容器保持正常的工作压力继续工作。安全阀通过作用在阀瓣上的两个力的不平衡作用,使其启闭,以达到自动控制压力容器超压的目的。

二、安全阀的类型

(一)按加载机构分类

1. 重锤杠杆式安全阀

重锤杠杆式安全阀是利用重锤和杠杆来平衡作用在阀瓣上的力,其结构如图 3-1 所示,通过调整重锤在杠杆上的位置或改变重锤的质量来调整校正安全阀的开启压力。

重锤杠杆式安全阀的特点是结构简单、调整容易且比较准确,所加载荷不会随阀瓣的升高而显著增大,动作与性能不太受高温的影响,但其结构比较笨重,重锤与阀体的尺寸不相称,阀的密封性能对震动较敏感,阀瓣回座时容易偏斜,回座压力比较低,有的甚至要降到正常工作压力的70%才能保持密封,这对压力容器的持续正常运行是不利的。重锤杠杆式安全阀宜用于高温场合下,特别是锅炉和高温容器上。

2. 弹簧式安全阀

弹簧式安全阀是利用弹簧被压缩的弹力来平衡作用在阀瓣上的力,其结构如图 3-2

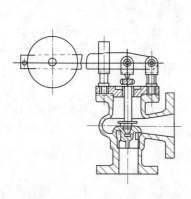

图 3-1　重锤杠杆式安全阀

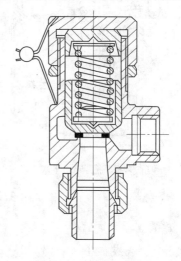

图 3-2　弹簧式安全阀

所示,通过调整螺母来调整安全阀的开启(整定)压力。

弹簧式安全阀的特点是结构轻便紧凑、灵敏度比较高、安置方位不受限制、对震动不敏感,但其所加的载荷会随着阀的开启而发生变化、阀上的弹簧会由于长期受高温的影响而弹力减低。宜用于移动设备和介质压力脉动的固定式设备。

(二)按阀瓣开启高度分类

根据阀瓣开启高度的不同,安全阀分为全启式和微启式。

1. 全启式安全阀

如图 3-3 所示,安全阀开启时阀瓣开启高度 $h \geq d/4$(d 为流道最小直径)。阀瓣开启高度已经使其帘面积(阀瓣升起时,在其密封面之间形成的圆柱或圆锥形通道面积)大于或等于流道面积(阀进口端到密封面间流道的最小截面面积)。为增加阀瓣的开启高度,装设上、下调节圈。装在阀瓣外面的上调节圈和阀座上的下调节圈在密封面周围形成一个很窄的缝隙,当开启高度不大时,气流两次冲击阀瓣,使它继续升高,开启高度增大后,上调节圈又迫使气流方向转弯向下,反作用力使阀瓣进一步开启。这种形式的安全阀灵敏度较高,调节圈位置很难调节适当。近年来制造的全启式安全阀普遍采用反冲盘的结构,与阀瓣活动连接。

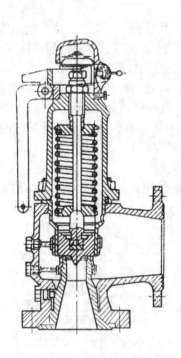 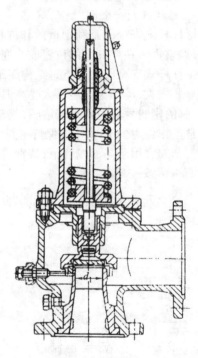

(a)有提升把手及上下调节圈　　　　　(b)无提升把手,有反冲盘及下调节圈

图 3-3　全启式安全阀

2. 微启式安全阀

阀瓣开启高度很小,$h = (1/40 \sim 1/20)d$。为了增加阀瓣开启高度,一般在阀座上装设一个调节圈(见图 3-4)。微启式安全阀的制造、维修、试验和调节比较方便,宜用于排

气量不大、要求不高的场合。

（三）按气体排放方式分类

安全阀按照气体排放的方式不同可以分为全封闭式、半封闭式和开放式。

1. 全封闭式安全阀

排气侧要求密封严密,阀所排出的气体全部通过排气管排放,介质不能向外泄漏。主要用于介质为有毒、易燃气体的容器。

2. 半封闭式安全阀

排气侧不要求做气密试验,阀所排出的气体大部分通过排气管排放,一部分从阀道与阀杆之间的间隙中漏出。适用于介质为不会污染环境的气体容器上。

3. 开放式安全阀

阀盖敞开,弹簧内室与大气相通,有利于降低弹簧的温度。主要适用于介质为空气,以及对大气不造成污染的高温气体容器。

三、安全阀的型号规格及主要性能参数

（一）安全阀的型号规格

根据阀门型号编制方法的规定,安全阀的型号由六个单元组成,其排列方式如下:

安全阀的类型代号:用汉语拼音字母表示,弹簧式安全阀的代号为A;杠杆重锤式安全阀的代号则为GA。

连接形式代号:用阿拉伯数字表示,1代表内螺纹连接;2代表外螺纹连接;4代表法兰连接。

结构形式代号:用阿拉伯数字表示,0代表散热

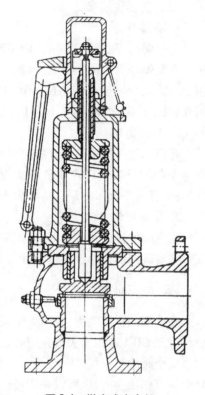

图3-4 微启式安全阀

片、全启式封闭型;1代表微启式封闭型;2代表全启式封闭型;3代表扳手、双联弹簧微启式开放型;4代表扳手、全启式封闭型;7代表扳手、微启式开放型;8代表扳手、全启式开放型;9代表先导式(脉冲式)安全阀。

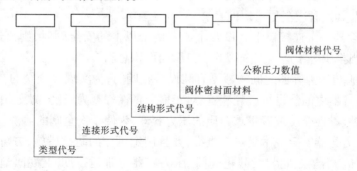

阀体材料代号

公称压力数值

阀体密封面材料

结构形式代号

连接形式代号

类型代号

阀体密封面材料代号:用汉语拼音表示,Y 代表硬质合金;H 代表合金钢;T 代表铜合金;B 代表巴氏合金;F 代表氟塑料;W 代表阀体直接加工成密封面。

公称压力:单位为 MPa。

阀体材料代号:用汉语拼音表示,Z 代表灰铸铁;C 代表铸钢;I 代表铬钼钢;P 代表不锈钢(铬、镍、钛钢)等($P_n \leqslant 1.6$ MPa 的灰铸铁阀体和 $P_n \geqslant 2.5$ MPa 的碳素钢阀体省略本代码)。

(二)主要性能参数

1. 公称压力

安全阀与容器的工作压力应相匹配。因为弹簧的刚度不同而使安全阀规范化、系列化。安全阀分为几种工作压力级别,例如低压用安全阀常按压力范围分为 5 级,公称压力用 Pg 表示,分别为 Pg4、Pg6、Pg10、Pg13、Pg16。向制造厂定货时,除应注明产品型号、适用介质、工作温度外,还应注明工作压力级别。

2. 开启高度

开启高度是指安全阀开启时,阀芯离开阀座的最大高度。根据阀芯提升高度的不同,可将安全阀分为微启式和全启式两种:微启式安全阀的开启高度为阀座喉径的 1/40 ~ 1/20;全启式安全阀的开启高度为阀座喉径的 1/4 以上。

3. 安全阀的排放量

安全阀的排放量一般都标记在它的铭牌上,要求排放量不小于容器的安全泄放量。该数据由阀门制造单位通过设计计算与实际测试确定。

四、对安全阀的要求

安全阀的排放能力,应当大于或者等于压力容器的安全泄放量。排放能力和安全泄放量按照 GB 150 的有关规定进行计算。

安全阀的整定压力一般不大于该压力容器的设计压力。设计图样或者铭牌上标有最高允许工作压力的,也可以采用最高允许工作压力确定安全阀的整定压力。

安全阀安装应符合以下几点要求:

(1)安全阀应当铅直安装在压力容器液面以上的气相空间部分,或者装设在压力容器气相空间相连的管道上。

(2)压力容器与安全阀之间的连接管和管件的通孔,其截面面积不得小于安全阀的进口截面面积,其接管应当尽量短而直。

(3)压力容器一个连接口上装设两个或者两个以上的安全阀时,则该连接口入口的截面面积,应当至少等于这些安全阀的进口截面面积总和。

(4)安全阀与压力容器之间一般不宜装设截止阀门;为实现安全阀的在线校验,可在安全阀与压力容器之间装设爆破片装置;对于盛装毒性程度为极度、高度、中度危害介质,易爆介质,腐蚀、黏性介质或者贵重介质的压力容器,为便于安全阀的清洗与更换,经过使用单位主管压力容器安全技术负责人批准,并且制定可靠的防范措施,方可在安全阀(爆破片装置)与压力容器之间装设截止阀门,压力容器正常运行期间截止阀门必须保证全开(加铅封或者锁定),截止阀门的结构和通径不得妨碍安全阀的安全泄放。

（5）新安全阀应当校验合格后才能安装使用。

杠杆式安全阀应当有防止重锤自由移动的装置和限制杠杆越出的导架,弹簧式安全阀应当有防止随便拧动调整螺钉的铅封装置,静重式安全阀应当有防止重片飞脱的装置。

安全阀一般每年至少应校验一次,拆卸进行校验有困难的应采用现场校验（在线校验）。安全阀校验单位应当具有与校验工作相适应的校验技术人员、校验装置、仪器和场地,并且建立必要的规章制度。校验人员应当取得安全阀维修作业人员资格。校验合格后,校验单位应当出具校验报告书并且对校验合格的安全阀加装铅封。

安全阀有下列情况之一时,应停止使用并更换:

（1）选型错误;

（2）超过校验有效期;

（3）铅封损坏;

（4）安全阀泄漏。

五、安全阀常见故障及其排除方法

安全阀出现故障时应及时排除,以确保其灵敏可靠。

安全阀常见的故障有以下几种。

（一）阀门泄漏

即设备在正常压力下,阀瓣与阀座密封面间发生超过允许程度的渗漏。其原因和排除方法为:

（1）脏物落在密封面上。可使用提升扳手将阀门开启几次,把脏物冲去。

（2）密封面损伤。应根据损伤程度,采用研磨或车削后研磨的方法加以修复。

（3）由于装配不当或管道载荷等原因使零件的同心度遭到破坏。应重新装配或排除管道附加的载荷。

（4）整定压力降低,与设备正常工作压力太接近,以致密封面比压力过低。应根据设备强度条件对整定压力进行适当的调整。

（5）弹簧松弛从而使整定压力降低。可能是由于高温或腐蚀等原因所造成的,应根据原因采取更换弹簧,甚至调换阀门等措施。如果由于调整不当所引起,则必须把调整螺杆适当拧紧。

（二）阀门震荡

阀门震荡即阀瓣频繁启闭。其可能原因及排除方法为:

（1）安全阀排放功能过大。应当选择额定排量尽可能接近设备必须排放量的安全阀或限制阀瓣开启高度。

（2）由于进口管道太小或阻力太大致使安全阀排量不足,从而引起震荡。应使进口管内径不小于阀门进口通径或减少进口管道阻力。

（3）排放管道阻力过大,造成排放时过大的背压。应降低管道阻力。

（4）弹簧刚度过大。应改用刚度较小的弹簧。

（5）调节圈调节不当,使回座压力过高。应重新调整调节圈位置。

（6）安全阀型号选择不当。应更换安全阀。

（三）安全阀启闭不灵活

（1）调节圈调整不当，致使安全阀开启过程拖长或回座迟缓。应重新加以调整。

（2）内部运动零件卡阻，可能是由于装配不当、脏物混入或零件腐蚀等原因造成的。应查明原因清除之。

（3）排放管道阻力过大产生较大的背压。应减小排放管道的阻力。

（四）安全阀不在规定的初始整定压力下开启

安全阀调整好以后，其实际开启压力相对于整定值有一定的偏差。整定压力偏差：当整定压力小于 0.5 MPa 时，为 ±0.014 MPa；当整定压力大于或等于 0.5 MPa 时，为 ±3% 整定压力。超出这个范围为不正常。造成开启压力值变化的原因有：

（1）由于工作温度变化引起的，例如安全阀在常温下调整而用于高温时，开启压力常常有所降低，可以通过适当旋紧螺杆来调节。如果是属于选型不当致使弹簧腔室温度过高，则应调换适当型号（例如带散热器）的安全阀。

（2）由于弹簧腐蚀所引起的，应调换弹簧。

（3）由于背压变动而引起的，当背压变化较大时，应选用背压平衡式波纹管安全阀。

（4）由于内部活动零件卡阻，应检查消除之。

（五）安全阀不能保证完全开启

（1）弹簧刚度太大。应装设刚度较小的弹簧。

（2）阀座和阀瓣上协助阀瓣开启的机构设置不当，或者调节圈调整得不正确。应重新调整之，或者必要时更换其他结构形式的安全阀。

（3）阀瓣在导向套中的摩擦增加。检查同轴度与间隙。

（六）排放管道震动

若排放管道震动，应减少管道弯头或紧固管道。

第二节　爆破片

爆破片又称防爆膜、防爆片，是一种断裂型的泄压装置，它利用膜片的断裂来泄压。泄压后，爆破片不能继续有效使用，压力容器也被迫停止运行。

一、爆破片的特点

与安全阀相比，爆破片有以下特点：

（1）适于浆状、有黏性、腐蚀性工艺介质，这种情况下安全阀不可靠。

（2）惯性小，可对急剧升高的压力迅速作出反应。

（3）在发生火灾或其他意外时，在主泄压装置打开后，可用爆破片作为附加泄压装置。

（4）严密无泄漏，适用于盛装昂贵或有毒介质的压力容器。

（5）规格型号多，可用各种材料制造，适应性强。

（6）便于维护、更换。

但爆破片作为泄压装置也有其局限性，主要表现在：

（1）当爆破片爆破时，工艺介质损失较大，所以常与安全阀串联使用以减少工艺介质的损失。

（2）不宜用于经常超压的场合。

（3）爆破特性受温度及腐蚀介质的影响。

（4）一般拉伸型爆破片的工作压力不宜接近其规定的爆破压力,当承受的压力为循环压力时尤甚。

二、爆破片的结构形式

爆破片主要由一副夹盘和一块很薄的膜片组成。夹盘用埋头螺钉将膜片夹紧,然后装在容器的接口法兰上。通常所说的爆破片已经包括了夹盘等部件,所以也称为爆破片组合件。常见的爆破片组合件有以下三种:

（1）膜片预拱成形,并预先装在夹盘上的拉伸型爆破片如图 3-5(a)所示。这种爆破片特点是爆破压力较稳定,并且可以在很大的压力范围内使用。

（2）利用透镜垫和锥形夹盘形式的爆破片(见图 3-5(b))可适用于高压场合。

（3）螺纹接头夹盘(见图 3-5(c))是通过螺纹套管和垫圈将膜片压紧,但膜片容易偏置,因而使用可靠性差。

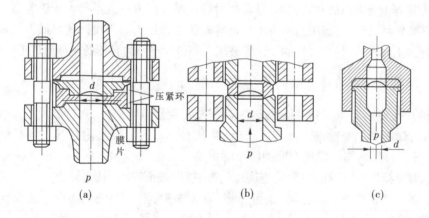

图 3-5 爆破片组合件形式

三、爆破片的适用场所

由于爆破片的自身特点,在一些情况下应优先选用爆破片作为泄压装置。

（一）工作介质为不洁净气体的压力容器

在石油化工生产过程中,有些气体往往混杂有黏性(如煤焦油)或粉状的物质,或者容易产生结晶体,对于这样的一些气体,如果采用安全阀作为安全泄压装置,则这些杂质或结晶体就会在长期的运行过程中积聚在阀瓣上,使阀座产生较大的黏结力,或者堵塞阀的通道,减少气体对阀瓣的作用面积,使安全阀不能按规定的压力开启,失去安全阀泄压装置应有的作用。在这种情况下,安全泄压装置应采用爆破片。

（二）由于物料的化学反应可能使压力迅速上升的压力容器

有些反应容器由于容器内的物料发生化学反应产生大量气体,使容器内的压力升高。

这样的压力容器常常由于操作不当,例如投料的数量有误,原料不纯,反应速度控制不当等,因而发生压力骤增。这种情况下,如果采用安全阀作为安全泄压装置,一般是难以及时泄放压力的,容器内的压力将急剧增加。这种容器的安全泄压装置就必须采用爆破片。

(三)工作介质为剧毒气体的压力容器

盛装剧毒气体的压力容器,其安全泄压装置也应该采用爆破片,而不宜用安全阀,以免污染环境。

(四)介质为强腐蚀介质的压力容器

盛装强腐蚀介质的压力容器的安全泄漏装置亦选用爆破片。若选用安全阀,由于介质的腐蚀作用,使阀瓣与阀座关闭不严,产生泄漏,或使阀瓣与阀座黏结,不能及时打开,使容器爆破。

四、对爆破片的要求

爆破片的排放能力,应当大于或者等于压力容器的安全泄放量。排放能力和安全泄放量按照 GB 150 的有关规定进行计算。对于充装处于饱和状态或者过热状态的气液混合介质的压力容器,设计爆破片装置应当计算泄放口径,确保不产生空间爆炸。

压力容器上装有爆破片装置时,爆破片的设计爆破压力一般不得大于该容器的设计压力,并且爆破片的最小爆破压力不得小于该容器的工作压力。当设计图样或者铭牌上标注有最高允许工作压力时,爆破片的设计爆破压力不得大于压力容器的最高允许工作压力。

五、爆破片的维护

爆破片在使用期间不需要特殊维护,但需要定期检查爆破片、夹持器及泄放管道。

(1)对爆破片主要检查表面有无伤痕、腐蚀、变形,有无异物附在其上。必要时可用溶剂和水进行清洗,如果发现有腐蚀应及时更换。

(2)对夹持器、真空托架,要检查腐蚀情况,接触表面有无损伤、异物。

(3)对泄放管道的检查包括:是否通畅,有无腐蚀,固定处是否牢固。还要检查拦截爆破片碎片装置的情况。

(4)所有爆破片都有一定的工作期限(寿命)。许多因素都会影响爆破片的寿命,如容器工作压力与爆破压力之比、工作温度、压力的波动情况、爆破片的材料、工艺介质的腐蚀性、大气温度等。目前,爆破片的使用寿命还不能用公式计算,只有根据各自的使用条件来决定。在设备运转一定时间后,取出爆破片,重新作爆破试验,这样积累相当数据后,根据情况决定使用期限。

(5)由于物理、化学因素的作用,爆破片的爆破压力会逐渐降低,因此在正常使用条件下,即使不破裂,也应定期(一般是一年一次)予以更换。对于超压未爆的爆破片应立即更换。

(6)工厂应储存一定数量的备件,以便在定期检查时能及时更换。在库房中保管备件时,要注意防腐蚀、防变形,避免高温、低温、高湿的影响。

第三节　压力表

压力表是一种测量压力大小的仪表,可用来测量容器的实际压力值。操作人员可以根据压力表指示的压力对容器进行操作,将压力控制在允许的范围内。

一、压力表的结构和原理

锅炉上普遍使用的压力表,主要是弹簧式压力表,它由表盘、弹簧弯管、连杆、扇形齿轮、小齿轮、中心轴、指针等零件组成,如图3-6所示。

弹簧是由金属管制成的,管子截面呈扁平圆形,它的一端固定在支撑座上,与管接头相通;另一端是封闭的自由端,与连杆连接。连杆的另一端连接扇形齿轮,扇形齿轮又与中心轴上的小齿轮相衔接。压力表的指针固定在中心轴上。

当被测介质的压力作用于弹簧弯管的内壁时,弹簧弯管扁平圆形截面就有膨胀成圆形的趋势,从而由固定端开始向外伸张,也就是使自由端向外移动,再经过连杆带动扇形齿轮与小齿轮转动,使指针向顺时针方向偏转一个角度。这时指针在压力表盘上指示的刻度值,就是锅炉内压力值。锅炉压力越大,指针偏转角度也越大。当压力降低时,弹簧弯管力图恢复原状,加上游丝的牵制,使指针返回到相应的位置。

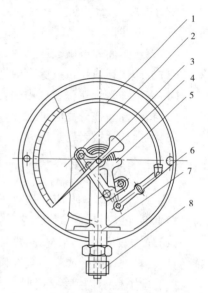

1—弹簧弯管;2—表盘;3—指针;
4—中心轴;5—扇形齿轮;6—连杆;
7—支承座;8—管接头

图3-6　弹簧管式压力表

当压力消失后,弹簧弯管恢复到原来的形状,指针也就回到始点(零位)。

二、对压力表的要求

(一)压力表的选用

(1)选用的压力表,应当与压力容器内的介质相适应。

(2)设计压力小于1.6 MPa压力容器使用的压力表的精度不得低于2.5级,设计压力大于或者等于1.6 MPa压力容器使用的压力表的精度不得低于1.6级。

(3)压力表盘刻度极限值应当为工作压力的1.5～3.0倍。

(二)压力表的校验

压力表的校验应符合国家计量部门的有关规定。压力表安装前应进行校验,在刻度盘上应划出指示工作压力的红线,注明下次校验日期。压力表校验后应加铅封。

(三)压力表的安装要求

(1)装设位置应当便于操作人员观察和清洗,并且应当避免受到辐射热、冻结或者震动等不利影响。

(2)压力表与压力容器之间,应当装设三通旋塞或者针形阀(三通旋塞或者针形阀上应当有开启标记和锁紧装置),并且不得连接其他用途的任何配件或者接管。

(3)用于水蒸气介质的压力表,在压力表与压力容器之间应当装有存水弯管。

(4)用于具有腐蚀性或者高黏度介质的压力表,在压力表与压力容器之间应当装设能隔离介质的缓冲装置。

(四)压力表的更换

压力表有下列情况之一时,应停止使用并更换:

(1)选型错误。

(2)表盘封面玻璃破裂或表盘刻度模糊不清。

(3)封印损坏或超过校验有效期限。

(4)表内弹簧管泄漏或压力表指针松动。

(5)指针断裂或外壳腐蚀严重。

(6)三通旋塞或者针形阀开启标记不清或者锁紧装置损坏。

三、压力表的维护

在压力容器运行中,应加强对压力表的维护和检查。压力容器的操作人员对压力表的维护应做好以下几点工作:

(1)压力表应保持洁净,表盘上的玻璃要明亮清晰,使表盘内指针指示的压力值能清楚易见,表盘玻璃破碎或表盘刻度模糊不清的压力表应停止使用。

(2)压力表的连接管要定期吹洗,以免堵塞,特别是对用于较多的油垢或其他黏性物质气体的压力表连接管,要经常检查压力表指针的转动与波动是否正常,检查连接管上的旋塞是否处于全开状态。

(3)压力表必须定期校验,校验周期按计量部门要求进行。校验完毕应认真填写校验记录和校验合格证并加铅封。如果在容器正常运行中发现压力表指针不正常或其他可疑迹象,应立即检验校正。

第四节 液面计

液面计是用来测量液态介质液位的一种计量仪表。压力容器操作人员可根据液面计所指示的液面高低来调节或控制液体介质的量,从而保证压力容器内介质的液位始终在设计的正常范围内,不至于发生因超装过量而导致的事故或由于投料过量而造成物料反应不平衡等现象。

一、液面计的形式和结构

(一)玻璃管式液面计

玻璃管式液面计的结构简单,由上阀体、下阀体、玻璃管和放水阀等构件组成(如图3-7所示)。安装维修方便,通常在工作压力0.6 MPa和介质为非易燃易爆或无毒的容器中。

用于容器上的玻璃管式液面计有定型产品,玻璃管的公称通径为 $\Phi15$ mm 和

$\Phi25$ mm两种。玻璃管直径过小易产生毛细管现象,液位显示会与实际液位稍有偏差。液面计玻璃管的中心线与上、下阀体的垂直中心线应互相重合,否则在安装和使用过程中玻璃管容易损坏。液面计应有防护罩,防止玻璃管损坏时介质外溢造成事故。防护罩最好用较厚的耐温钢化玻璃板制成,将玻璃管罩住,但不影响观察液位。防护罩也有用铁皮制作的,为了便于观察液位,在防护罩的前面应开有宽度大于 12 mm、长度与玻璃管可见长度相等的缝隙,并在防护罩后面留有较宽的缝隙,以便光线射入,使压力容器操作人员清晰地看到液位。

(二)玻璃板式液面计

玻璃板式液面计见图 3-8 所示。

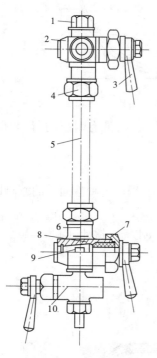
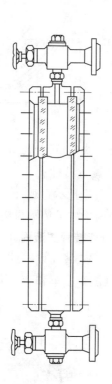

1—玻璃管盖;2—上阀体;3—手柄;4—玻璃管螺母;5—玻璃管;

6—下阀体;7—封口螺母;8—填料;9—塞子;10—放水阀

图 3-7　玻璃管式液面计　　　　　图 3-8　玻璃板式液面计

玻璃板式液面计主要由上阀体、下阀体、框盒、平板玻璃等构件组成。具有读数直观,结构简单,价格便宜的优点。由于要求其耐压,故不能做得太长。大型储罐安装液面计时,就需要把几段玻璃板连接起来使用,安装检修不太方便。但由于板式液面计比管式液面计耐高压,安全可靠性好,所以凡介质是易燃、剧毒、有毒、压力和温度较高的容器,采用板式液面计比较安全。

(三)浮球液面计

浮球液面计又称浮球磁力式液面计(见图 3-9)。其工作原理是当容器内液位升降时,以浮球为感受元件,带动连杆结构通过一对齿轮使互为隔绝的一组门形磁钢转动,并带动指针使得刻度盘上指示出容器内的充装量。多安装在各类液化气体汽车槽车和油品

汽车槽车上。它具有以下优点:

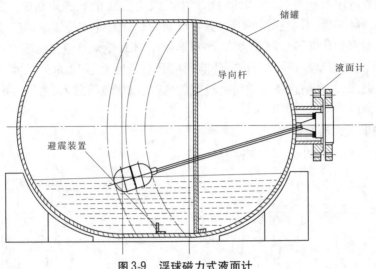

图3-9　浮球磁力式液面计

(1)结构简单、动作可靠、精度较高、安装维护方便,具有耐震动、耐磨损、耐压、耐高温和耐腐蚀等特性。

(2)表盘指示直观,读数清晰、准确可靠。

(3)由于内部传动机构与表盘及指针互为隔绝,因而这种液面计的密封性能极好。

(四)旋转管式液面计

旋转管式液面计(见图3-10)主要由旋转管、刻度盘、指针、阀芯等组成,一般用于液化石油气汽车槽车和活动罐上。

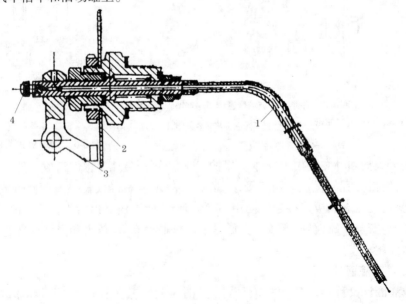

1—旋转管;2—刻度盘;3—指针;4—阀芯

图3-10　旋转管式液面计

(五)滑管式液面计

滑管式液面计(见图3-11)主要由套管、带刻度的滑管、阀门和护罩等组成,一般用于液化石油气汽车槽车、火车槽车和地下储罐。测量液位时,将带有刻度的滑管拔出,当有液态液化石油气流出时,即知液位高度。

二、对液面计的要求

(一)液面计的选用

压力容器用液面计应符合有关标准的规定,并符合下列要求:

(1)根据压力容器的介质、最高允许工作压力(或者设计压力)和设计温度选用。

(2)在安装使用前,设计压力小于10 MPa的压力容器用液位计,以1.5倍的液位计公称压力进行液压试验,设计压力大于或者等于10 MPa的压力容器用液位计,以1.25倍的液位计公称压力进行液压试验。

(3)储存0 ℃以下介质的压力容器,选用防霜液位计。

(4)寒冷地区室外使用的液位计,选用夹套型或者保温型结构的液位计。

(5)用于易爆、毒性程度为极度或者高度危害介质、液化气体压力容器上的液位计,有防止泄漏的保护装置。

(6)要求液面指示平稳的,不允许采用浮子(标)式液位计。

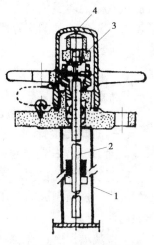

1—套管;2—带刻度的滑管;
3—阀门;4—护罩

图3-11　滑管式液面计

(二)液面计的安装

液面计应安装在便于观察的位置,如液面计的安装位置不便于观察,则应增加其他辅助设施。大型压力容器还应有集中控制的设施和报警装置。液面计上最高和最低安全液位,应作出明显的标志。

(三)液面计的维护管理

压力容器运行操作人员,应加强对液面计的维护管理,保持完好和清晰。使用单位应对液面计实行定期检修制度,可根据实际情况,规定检修周期,但不应超过压力容器内外部检修周期。

(四)液面计的更换

液面计有下列情况之一时,应停止使用并更换:

(1)超过规定的检修周期。

(2)玻璃板(管)有裂纹、破碎。

(3)阀件固死。

(4)出现假液位。

(5)液面计指示模糊不清。

(6)选型错误。

(7)防止泄漏的保护装置损坏。

第五节　温度计

温度计是用来测定压力容器内温度高低的仪表。需要控制壁温的压力容器,应当装设测试壁温的测温仪表(或者温度计)。压力容器操作人员可通过温度计,观测到容器内的温度。正确地观测到容器内的温度并把它调整到正常范围内,对压力容器的安全和正常工作非常重要。

一、温度仪表的形式与结构

压力容器上常用的温度计有玻璃温度计、压力式温度计、热电偶温度计等。

(一)玻璃温度计

1. 玻璃温度计的原理与结构

玻璃温度计是根据水银、酒精、甲苯等工作液体具有热胀冷缩的物理性质制成的。在工业锅炉中使用最多的是水银玻璃温度计。

水银玻璃温度计,由测温包、毛细管和分度标尺等部分组成,一般有内标式和外标式两种。内标式水银温度计的标尺分格刻在置于膨胀毛细管后面的乳白色玻璃板上。该板与测温包一起封在玻璃保护外壳内,根据安装位置的需要,具有细而直或弯成90°或135°的尾部,工程用温度计的尾端长度一般是85 ~ 1 000 mm,直径是7 ~ 10 mm,装入标尺的玻璃套管的标准长度和直径分别等于220 mm 和18 mm,见图3-12。

2. 玻璃温度计的优缺点

水银玻璃管温度计的优点是测量范围大(– 30 ~ 500 ℃),精度较高,结构简单,价格便宜等。缺点是易破碎,示值不够明显,不能远距离观察。

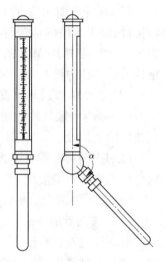

图 3-12　工业用水银温度计

(二)压力式温度计

1. 压力式温度计的原理与结构

压力式温度计是根据测温包里的气体或液体,因受热而改变压力的性质制成的。一般分为指示式与记录式两种。前者可直接从表盘上读出当时的温度数值,后者有自动记录装置,可记录出不同时间的温度数值。主要由表头、金属软管和测温包等构件组成,如图3-13所示,测温包内装有易挥发的碳氢化合物液体。测量温度时,测温包内的液体受热蒸发,并且沿着金属软管内的毛细管传到表头。表头的构造和弹簧管式压力表相同,表头上的指针发生偏转的角度大小与被测介质的温度高低成正比,即指针在刻度盘上的读数等于被测介质的温度值。

2. 压力式温度计的适用范围及优缺点

压力式温度计适用于远距离测量非腐蚀性气体、蒸汽或液体的温度,被测介质压力不超过6.0 MPa,温度不超过400 ℃。它的优点是温度指示部分可以离开测点,使用方便。

缺点是精度较低,金属软管容易损坏。

(三)热电偶温度计

1. 热电偶温度计的原理与结构

热电偶温度计是利用两种不同金属导体的接点,受热后产生热电势的原理制成的测量温度的仪表。主要由热电偶、补偿导线和电器测量仪表(检流计)三部分组成,如图3-14所示。用两根不同的导体或半导体(热电极)ab 和 ac 的一端互相焊接,形成热电偶的工作端(热端)a,用它插入被测介质中以测量温度,热电偶的自由端(冷端)b、c 分别通过导线与测量仪表相连接。当热电偶的工作端与自由端存在温度差时,则 b、c 两点之间产生了热电势,因而补偿导线上就有电流通过,而且温差越大,所产生的热电势和导线上的电流也越大。通过观察测量仪表上指针偏转的角度,就可直接读出所测介质的温度值。常用的普通铂铑 – 铑热电偶(WRLL 型)最高测量温度为 1 600 ℃,普通铂铑 – 铂热电偶(WRLB 型)最高测量温度为 1 400 ℃,普通镍铬 – 镍硅热电偶(WREU 型)最高测量温度为 1 100 ℃。

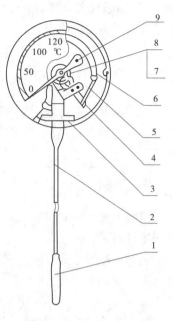

1—测温包;2—毛细管;3—支承座;
4—扇形齿轮;5—连杆;6—弹簧管;
7—小齿轮;8—游丝;9—指针

图3-13　压力式温度计

热电偶温度计的优点是灵敏度高,测量范围大,无须外接电源,便于远距离测量和自动记录等。缺点是需要补偿导线,安装费用较贵。

2. 对温度计的要求

(1)应选择合适的测温点,使测温点的情况有代表性,并尽可能减少外界因素(如辐射、散热等)的影响。其安装要便于操作人员观察,并配备防爆照明。

(2)温度计的测温包应尽量深入压力容器或紧贴于容器器壁上,同时露出容器的部分应尽可能短些,确保能测准容器内介质的温度。用于测量蒸汽和物料为液体的温度时,测温包的插入深度不应小于 150 mm,用于测量空气或液化气体的温度时,插入深度不应小于 250 mm。

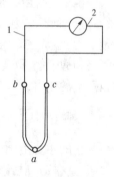

1—补偿导线;2—测量仪表

**图3-14　热电偶温度计
示意图**

(3)对于压力容器内介质的温度变化剧烈的情况,进行温度测量时应考虑到滞后效应。即温度计的读数来不及反映容器内温度变化的真实情况。为此除选择合适的温度计型号外,还应注意安装的要求。如用导热性强的材料作温度计保护套管,在水银温度计套管中注油,在电阻式温度计套管中填充金属屑等,以减少传热的阻力。

(4)温度计应安装在便于工作、不受碰撞、减少震动的地点。安装内标式玻璃温度计时,应有金属保护套,保护套的连接要求端正。对于充液体的压力式温度计,安装时其测温包与指示部位应在同一水平面上,以减少由于液体静压力引起的误差。

(5)测温仪表应定期进行校验,误差应在允许的范围内。在测量温度时不易突然将其直接置于高温介质中。

第六节　常用阀门

阀门是安装在容器及其管路上用以切断、调节介质流量或改变介质流动方向的重要附件。压力容器常用的,除前面介绍过的安全阀外,还有截止阀、闸阀、止回阀和减压阀等。

一、闸阀

闸阀主要由手轮、填料、压盖、阀杆、闸板、阀体等零件组成。

闸阀按闸板形式可分为楔式和平行式两类。楔式大多制成单闸板,两侧密封面成楔形。平行式大多制成双闸板,两侧密封面是平行的。图3-15所示为楔式单闸板闸阀,闸板在阀体内的位置与介质流动方向垂直,闸板升降即是阀门启闭。

闸阀的优点是:介质通过阀门为直线流动,阻力小,流势平稳,阀体较短,安装紧凑。缺点是:在阀门关闭后,闸板一面受力较大,容易磨损,而另一面不受力,故开启和关闭需用较大的力量。为此,常在高压或大型闸阀的一侧加装旁通管路和旁通阀,既起预热作用又可减少主阀门闸板两侧的压力差,使开启阀门省力。

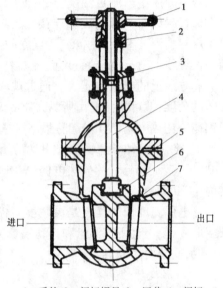

1—手轮;2—阀杆螺母;3—压盖;4—阀杆;
5—阀体;6—闸板;7—密封面
图3-15　楔式单闸板闸阀

二、截止阀

截止阀主要由阀杆、阀体、阀芯和阀座等零件组成,如图3-16所示。

截止阀按介质流动方向可分为标准式、流线式、直流式和角式等数种,如图3-17所示。

截止阀阀芯与阀座之间的密封形式,通常有平行和锥形两种。平行密封面启闭时擦伤少,容易研磨,但启闭力大,多用在大口径阀门中。锥形密封面结构紧密,启闭力小,但启闭时容易擦伤,研磨需要专门工具,多用在小口径阀门中。

安装截止阀时,必须使介质由下向上流过阀芯与阀座之间的间隙,如图3-17中箭头所示方向,以减小阻力,便于开启。并且要在阀门关闭后,填料与阀杆不与介质接触,不受压力和温度的影响,防止气、水侵蚀而损坏。

截止阀的优点是:结构简单,密封性能好,制造和维护方便,广泛用于截断流体和调节流量的场合。缺点是:流体阻力大,阀体较长,占地较大。

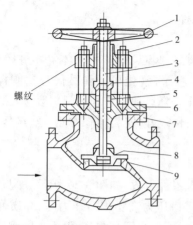

螺纹

1—手轮;2—阀杆螺母;3—阀杆;4—填料压盖;
5—填料;6—阀盖;7—阀体;8—阀芯;9—阀座

图 3-16　截止阀

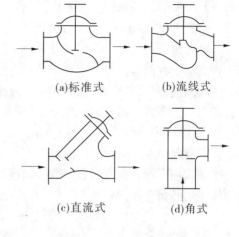

(a)标准式　　(b)流线式

(c)直流式　　(d)角式

图 3-17　截止阀通道形式

三、节流阀

节流阀又名针形阀,主要由手轮、阀杆、阀体、阀芯和阀座等零件组成,如图 3-18 所示。

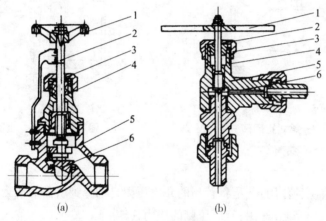

(a)　　　　　　　(b)

1—手轮;2—阀杆;3—填料盖;4—填料;5—阀体;6—阀芯

图 3-18　节流阀

阀芯直径较小,呈针形或椭圆形,通过阀芯与阀座之间间隙的细微改变,能精细地调节流量,或进行节流调节压力。

节流阀的优点是:外形尺寸小,重量轻,密封性能好。缺点是:制造精度高,加工较困难。

四、止回阀

止回阀又称逆止阀或单向阀,是依靠阀前、阀后流体的压力差而自动启闭,以防介质倒流的一种阀门。止回阀阀体上标有箭头,安装时必须使箭头的指示方向与介质流动的方向一致。

止回阀按阀芯的动作,分为升降式和摆动式两种。

（一）升降式止回阀

升降式止回阀又称为截门式止回阀,主要由阀盖、阀芯、阀杆和阀体等零件组成,如图3-19所示。在阀体内有一个圆形的阀芯,阀芯连着阀杆(也可用弹簧代替),阀杆不穿通上面的阀盖,并留有空隙,使阀芯能垂直于阀体作升降运动。这种阀门一般应安装在水平管道上。升降式止回阀的优点是:结构简单,密封性较好,安装维修方便。缺点是:阀芯容易被卡住。

（二）摆动式止回阀

摆动式止回阀主要有阀盖、阀芯、阀座和阀体等零件组成,如图3-20所示。阀芯的上端与阀体用插销连接,整个阀芯可以自由摆动,当进口压力高于出口压力时,介质便顶开阀芯进入容器。当进口压力低于出口压力时,容器内压力便压紧阀芯,阻止介质倒流。摆动式止回阀的优点是:结构简单,流动阻力较小。缺点是:噪声较大,密封性差。

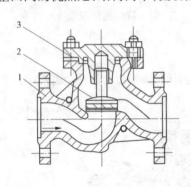

1—阀体;2—阀芯;3—阀盖

图3-19　升降式止回阀

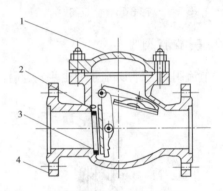

1—阀盖;2—阀芯;3—阀座;4—阀体

图3-20　摆动式止回阀

五、减压阀

减压阀主要有两种作用:一是将较高的介质压力自动降到所需的压力;二是当高压侧的压力波动时,起自动调节作用,使低压侧的压力稳定。

减压阀的作用原理,主要依靠膜片、弹簧等敏感元件来改变阀芯与阀座之间的间隙,使流体通过时产生节流,从而达到对压力自动调节的目的。

弹簧薄膜式减压阀是较为常用的减压阀,其主要由弹簧、薄膜、阀杆、阀芯、阀体等零件组成,如图3-21所示。当薄膜上侧的压力高于薄膜下侧的弹簧压力时,薄膜向下移动,压缩弹簧,阀杆随即带动阀芯向下移动,使阀芯的开启度减小,由高压端通过的介质流量随之减少,从而使出口压力降低到规定的范围内。当薄膜上侧的介质压力小于下侧的弹簧压力时,弹簧自由伸长,顶着薄膜向上移动,阀杆随即带动阀芯向上移动,使阀芯的开启高度增大,由高压端通过的

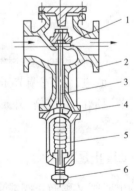

1—阀芯;2—阀体;3—阀杆;
4—薄膜;5—弹簧;6—手轮

图3-21　弹簧薄膜式减压阀

介质流量随之增多,从而使出口处的压力升高到规定的范围内。

　　弹簧薄膜式减压阀的灵敏度比较高,而且调节比较方便,只需旋转手调轮,调整弹簧的松紧度即可。但是,如果薄膜行程大时,橡胶薄膜容易损坏,同时承受压力和温度亦不能太高。因此,弹簧薄膜式减压阀较普遍地使用在温度和压力不太高的水和空气介质管道中。

习　题

一、选择题

1. 下列属于压力容器的主要安全附件的有_____。
　　A. 安全阀　　　B. 液位计　　　C. 压力表　　　D. 爆破片　　　E. 温度计
2. 用于介质为有毒、易燃气体的是_____式安全阀。
　　A. 全封闭　　　B. 半封闭　　　C. 开放式
3. 压力表刻度极限值应为最高工作压力的_____倍。
　　A. 1~2　　　B. 1.5~3.0　　　C. 3~5
4. 低压容器使用的压力表精度不低于_____级。中压及高压容器使用的压力表精度不低于_____级。
　　A. 0.4　　　　B. 1.0　　　　C. 1.5　　　　D. 2.5
5. 压力表出现_____的情况时,应停止使用并更换。
　　A. 超过检验有效期限　　　　B. 表盘封面玻璃破裂　　　　C. 指针松动

二、判断正误(正确的在括号里打√,错误的打×)

(　　)1. 安全阀通过阀的自动开启排出介质来降低容器内的过高压力。
(　　)2. 根据阀瓣直径大小的不同,安全阀可分为全启式和微启式两种。
(　　)3. 爆破片是一种可重复使用的泄压装置。
(　　)4. 安全阀与容器之间严禁安装截止阀。
(　　)5. 移动式压力容器不得使用玻璃板式液面计。

第四章 压力容器的使用管理

第一节 压力容器的安全技术档案

安全技术档案是压力容器设计、制造、使用和检修全过程的文字记载，它向人们提供各过程的具体情况，通过它可以使压力容器的管理部门和操作人员全面掌握设备的技术状况，了解其运行规律。完整的技术档案是正确、合理使用压力容器的主要依据。因此，逐台建立压力容器的安全技术档案是安全技术管理工作的一个重要依据。

一、压力容器的生产技术资料

压力容器的生产技术资料包括压力容器的设计文件、制造单位、产品质量合格证明、使用维护说明以及安装技术文件和资料。

(一)压力容器的设计文件

压力容器的设计文件，包括设计图样、技术条件、强度计算书，必要时还应包括设计或安装、使用说明书。

(1)压力容器的设计单位，应向压力容器的使用单位或压力容器制造单位提供设计说明书、设计图样和技术条件。

(2)用户需要时，压力容器设计或制造单位还应向压力容器的使用单位提供安装、使用说明书。

(3)对移动式压力容器、高压容器、第三类中压反应容器和储存容器，设计单位应向使用单位提供强度计算书。

(4)按 JB 4732 设计时，设计单位应向使用单位提供应力分析报告。

强度计算书的内容，至少应包括设计条件、所用规范和标准、材料、腐蚀裕量、计算厚度、名义厚度、计算应力等。

装设安全阀、爆破片装置的压力容器，设计单位应向使用单位提供压力容器安全泄放量、安全阀排量和爆破片泄放面积的计算书。无法计算时，应征求使用单位的意见，协商选用安全泄放装置。

在工艺参数、所用材料、制造技术、热处理、检验等方面有特殊要求的，应在合同中注明。

(二)压力容器的制造单位应向用户提供的技术文件和资料

压力容器出厂时，制造单位应向用户至少提供以下技术文件和资料：

(1)竣工图样。竣工图样上应有设计单位资格印章(复印印章无效)。若制造中发生了材料代用、无损检测方法改变、加工尺寸变更等，制造单位应按照设计修改通知单的要求在竣工图样上直接标注。标注处应有修改人和审核人的签字及修改日期。竣工图样上应加盖竣工图章,竣工图章上应有制造单位名称、制造许可证编号和"竣工图"字样。

（2）产品质量证明书及产品铭牌的拓印件。

（3）压力容器产品安全质量监督检验证书(未实施监督检验的产品除外)。

（4）移动式压力容器还应提供产品使用说明书(含安全附件使用说明书)、随车工具及安全附件清单、底盘使用说明书等。

（5）本节一（一）中要求提供的强度计算书。

压力容器受压元件(封头、锻件)等的制造单位,应按照受压元件产品质量证明书的有关内容,分别向压力容器制造单位和压力容器用户提供受压元件的质量证明书。

现场组焊的压力容器竣工并经验收后,施工单位除按规定提供上述技术文件和资料外,还应将组焊和质量检验的技术资料提供给用户。

（三）安装技术资料

（1）压力容器安装告知书(复印件)；

（2）压力容器安装证件的复印件；

（3）压力容器的安装工艺及相关安装现场记录；

（4）压力容器安装质量证明书。

二、压力容器的使用情况记录资料

压力容器使用后,应按时记录使用情况并存入容器技术档案,使用情况记录包括定期检验和定期自行检查的记录、日常使用状况记录、特种设备运行故障和事故记录。

（一）定期检验和定期自行检查的记录

主要记录定期检验或修理日期、内容,检验中发现的缺陷及缺陷消除情况和检验结论,容器耐压试验及试验评定结论,容器受压元件的修理或更换情况。

特种设备使用单位应当对在用特种设备进行经常性日常维护保养,并定期自行检查。特种设备使用单位对在用特种设备应当至少每月进行一次自行检查,并作出记录。特种设备使用单位在对在用特种设备进行自行检查和日常维护保养时发现异常情况的,应当及时处理。

（二）日常使用状况记录

主要记录容器开始使用日期、每次开车和停车时间、实际操作压力、操作温度及其波动范围和次数。操作条件变更时,应记下变更日期及变更后的实际操作条件。

（三）特种设备运行故障和事故记录

主要记录特种设备运行中出现的故障及事故情况,如内容、发生时间、原因、处理结果、整改内容、预防措施等情况。

三、安全装置日常维护保养记录

特种设备使用单位应当对在用特种设备的安全附件、安全保护装置、测量调控装置及有关附属仪器仪表进行定期校验、检修,并作出记录。

（一）安全装置技术说明书

技术说明书应有安全装置的名称、形式、规格、结构图、技术条件及装置的适用范围等。技术说明书应由安全装置的制造单位提供。

（二）安全装置检验或更换记录

内容包括装置校验日期、试验或调整结果、下次校验日期、更换日期和更换记录等。校验或更换资料由容器专管人员如实填写。

第二节　压力容器的使用、变更登记

压力容器的使用、变更登记,主要依据《特种设备安全监察条例》和《锅炉压力容器使用登记管理办法》来进行。压力容器在投入使用前或者投入使用后 30 日内,使用单位应当向直辖市或者设区的市级特种设备安全监督管理部门登记,领取使用登记证。登记标志应当置于或者附着于该特种设备的显著位置。

一、使用登记

（一）使用单位提交有关文件

使用单位申请办理使用登记,应当填写《压力容器登记卡》(以下简称登记卡)一式两份,并同时提交压力容器及其安全阀、爆破片和紧急切断阀等安全附件的有关文件,交于登记机关。

(1)安全技术规范要求的设计文件,产品质量合格证明,安装及使用维修说明,制造、安装过程监督检验证明;

(2)进口压力容器安全性能监督检验报告;

(3)压力容器安装质量证明书;

(4)水处理方法及水质指标;

(5)移动式压力容器车辆行走部分和承压附件的质量证明书或者产品质量合格证以及强制性产品认证证书;

(6)压力容器使用安全管理的有关规章制度。

办理机器设备附属的且与机器设备为一体的压力容器,只需提交前条第(1)、(2)项文件。

（二）登记机关审核、办理

登记机关接到使用单位提交的文件和填写的登记卡(以下统称登记文件),应当按照下列规定及时审核、办理使用登记:

(1)能够当场审核的,应当当场审核。登记文件符合本办法规定的,当场办理使用登记证;不符合规定的,应当出具不予受理通知书,书面说明理由。

(2)当场不能审核的,登记机关应当向使用单位出具登记文件受理凭证。使用单位按照通知时间凭登记文件受理凭证领取使用登记证或不予受理通知书。

(3)对于 1 次申请登记数量在 10 台以下的,应当自受理文件之日起 5 个工作日内完成审核发证工作,或者书面说明不予登记理由;对于 1 次申请登记数量在 10 台以上 50 台以下的,应当自受理文件之日起 15 个工作日内完成审核发证工作,或者书面说明不予登记理由;1 次申请登记数量超过 50 台的,应当自受理文件之日起 30 个工作日内完成审核发证工作,或者书面说明不予登记理由。

登记机关向使用单位发证时应当退还提交的文件和填写的登记卡。

二、变更登记

压力容器安全状况发生下列变化的,使用单位应当在变化后 30 日内持有关文件向登记机关申请变更登记:

(1)压力容器经过重大修理改造或者压力容器改变用途、介质的,应当提交压力容器的技术档案资料、修理改造图纸和重大修理改造监督检验报告;

(2)压力容器安全状况等级发生变化的,应当提交压力容器登记卡、压力容器的技术档案资料和定期检验报告。

压力容器拟停用 1 年以上的,使用单位应当封存压力容器,在封存后 30 日内向登记机关申请报停,并将使用登记证交回登记机关保存。重新启用应当经过定期检验,经检验合格的持定期检验报告向登记机关申请启用,领取使用登记证。

第三节 压力容器的安全使用管理

一、压力容器的安全使用管理工作

为保证压力容器的安全和可靠运行,正确和合理地使用压力容器至关重要。国务院颁布的《特种设备安全监察条例》、国家质量技术监督局颁发的《固定式压力容器安全技术监察规程》、《压力容器定期检验规则》等一系列法规,对压力容器安全使用管理提出了明确和严格的要求。归纳起来,压力容器的安全使用管理工作主要包括以下内容:

(1)贯彻执行本规程和压力容器有关的安全技术规范;

(2)建立健全压力容器安全管理制度,制定压力容器安全操作规程;

(3)办理压力容器使用登记,建立压力容器技术档案;

(4)负责压力容器的设计、采购、安装、使用、改造、维修、报废等全过程的管理;

(5)组织开展压力容器安全检查,至少每月进行一次自行检查,并且作出记录;

(6)实施年度检查并且出具检查报告;

(7)编制压力容器的年度定期检验计划,督促安排落实特种设备定期检验和事故隐患的整治;

(8)向主管部门和当地质量技术监督部门报送当年压力容器数量和变更情况的统计报表,压力容器定期检验计划的实施情况,存在的主要问题及处理情况;

(9)按照规定报告压力容器事故,组织参加压力容器事故的救援、协助调查和善后处理;

(10)组织开展压力容器作业人员的教育培训;

(11)制订事故救援预案,并且组织演练。

二、压力容器的安全管理制度

建立和完善压力容器安全使用管理的各项规章制度,并有效地执行和落实,是确保压力容器使用安全的基本条件。压力容器的使用单位,应在容器管理和操作两方面,制定相应的规章制度。

(一)容器管理责任制

容器使用单位除由主要技术负责人(厂长或总工程师)对容器的安全技术管理负责外,还应根据本单位所使用容器的具体情况,设专职或兼职人员,负责容器的安全技术管理工作。容器的专职负责人员应在技术总负责人的领导下认真履行下列职责:

(1)具体负责压力容器的安全技术管理工作,贯彻执行国家有关压力容器的管理规范和安全技术规定。

(2)参加新建容器的验收和试运行工作。

(3)编制压力容器的安全管理制度和安全操作规程。

(4)负责压力容器的登记、建档及技术资料的管理和统计上报工作。

(5)监督检查压力容器的操作、维修和检验情况。

(6)根据检验周期,组织编制压力容器年度检验计划,并负责组织实施。定期向有关部门报送压力容器的定期检验计划和执行情况以及压力容器存在的缺陷等情况。

(7)负责组织制订压力容器的检修方案,审查压力容器的改造、修理、检验及报废等工作的技术资料。

(8)组织压力容器事故调查,并按规定上报。

(9)负责组织对压力容器的检验人员、焊接人员、操作人员进行安全技术培训和技术考核。

(二)容器操作责任制

每台压力容器都应有专职的操作人员。压力容器专职操作人员应具有保证压力容器安全运行所必需的知识和技能,并经过技术考试合格,取得相应的上岗证件。压力容器操作人员应履行以下职责:

(1)按照安全操作规程的规定,正确操作压力容器。

(2)认真填写操作记录、生产工艺记录或运行记录。

(3)做好压力容器的维护保养工作(包括停用期间对容器的维护),使压力容器经常保持良好的技术状态。

(4)经常对压力容器的运行情况进行检查,发现操作条件不正常时及时进行调整,遇紧急情况应按规定采取紧急处理措施并及时向上级报告。

(5)对任何有害压力容器安全运行的违章指挥,应拒绝执行。

(6)努力学习业务知识,不断提高操作技能。

(三)容器管理规章制度

容器管理规章制度一般应包括以下几项内容:

(1)压力容器使用登记制度。

(2)压力容器的定期检验制度。

（3）压力容器修理、改造、检验、报废的技术审查和报批制度。

（4）压力容器安装、改装、移装的竣工验收制度和停用保养制度。

（5）安全附件的校验、修理制度。

（6）容器的统计上报和技术档案的管理制度。

（7）容器操作、检验、焊接及管理人员的技术培训和考核制度。

（8）容器使用中出现紧急情况的处理规定。

（9）压力容器事故报告制度。

（10）接受压力容器安全监察部门监督检验的规定。

（四）容器安全操作规程

为了保证压力容器的正确使用，防止因盲目操作而发生事故，压力容器的使用单位应根据生产工艺要求和容器的技术性能制定容器安全操作规程。安全操作规程至少应包括以下内容：

（1）容器的操作工艺参数，包括工作压力、最高或最低工作温度、压力及温度波动幅度的控制值、介质成分特别是有腐蚀性的成分控制值等；

（2）压力容器的岗位操作方法（含开、停车的操作程序和注意事项）；

（3）运行中重点检查的项目和部位，运行中可能出现的异常现象和防止措施，以及紧急情况的处置和报告程序。

第四节 压力容器的操作与维护

一、压力容器的安全操作

压力容器的合理使用对安全的影响极大。容器的使用单位除应建立和健全安全管理制度外，还应当对压力容器作业人员定期进行安全教育与专业培训并且做好记录，保证作业人员具备必要的压力容器安全作业知识、作业技能，及时进行知识更新，确保作业人员掌握操作规程及事故应急措施，按章作业。

（一）容器安全操作的一般要求

尽管各种压力容器的技术性能、使用情况不尽一致，但其操作却有共同的要点，操作人员必须按规定的程序和要求进行操作。压力容器的安全操作要求主要有：

（1）压力容器操作人员必须取得相应的特种设备作业人员证后，方可独立承担压力容器的操作。

（2）压力容器操作人员要熟悉本岗位的工艺流程，有关容器的结构、类别、主要技术参数和技术性能，严格按操作规程操作。掌握处理一般事故的方法，认真填写有关记录。

（3）压力容器要平稳操作。容器开始加压时，速度不易过快，要防止压力的突然上升。高温容器或工作温度低于 0 ℃的容器，加热或冷却都应缓慢进行。尽量避免操作中压力的频繁和大幅度波动，避免运行中容器温度的突然变化。

（4）压力容器严禁超温、超压运行。实行压力容器安全操作挂牌制度或装设连锁装置防止误操作。应密切注意减压装置的工作情况。装料时避免过急过量，液化气体严禁超量装载,并防止意外受热。随时检查安全附件的运行情况,保证其灵敏可靠。

(5)严禁带压拆卸压紧螺栓。

(6)坚持容器运行期间的巡回检查,及时发现操作中或设备上出现的不正常状态,并采取相应的措施进行调整或消除。检查内容应包括工艺条件、设备状况及安全装置等方面。

(7)正确处理紧急情况。

(二)压力容器的运行操作

压力容器应严格按照操作规程的规定进行操作。容器投用前应做好各项准备工作;容器运行中要加强对工艺参数的控制;容器停止运行时应正确合理地操作。

1. 压力容器的投用

(1)做好容器投用前的准备工作,对容器顺利投入运行,保证整个生产过程安全有重要的意义。

压力容器投用前要做好如下准备工作:对容器及其装置进行全面检查验收,检查容器及其装置的设计、制造、安装、检修等质量是否符合国家有关技术法规和标准的要求,检查容器技术改造后的运行是否能保证预定的工艺要求,检查安全装置是否齐全、灵敏、可靠以及操作环境是否符合安全运行的要求;编制压力容器的开工方案,呈请有关部门批准;操作人员了解设备,熟悉工艺流程和工艺条件,认真检查本岗位压力容器及安全附件的完善情况,在确认容器能投入正常运行后,才能开工。

(2)压力容器的开工和试运行。开工过程中,要严格按工艺卡片的要求和操作规程操作。在吹扫贯通试运行时,操作人员应与检修人员密切配合,检查整个系统畅通情况和严密性,检查压力容器、机泵、阀门及安全附件是否处于良好状态;当升温到规定温度时,应对容器及其管道、阀门、附件等进行恒温热紧。

(3)压力容器进料。压力容器及其装置在进料前要关闭所有的放空阀门。在进料过程中,操作人员要沿工艺流程线路跟随物料进程进行检查,防止物料泄露或走错流向。在调整工况阶段,应注意检查阀门的开启度是否合适,并密切注意运行的细微变化。

2. 运行中工艺参数的控制

每台容器都有特定的设计参数,如果超设计参数运行,容器就会因承受能力不足而可能出现事故。同时,容器在长期运行中,由于压力、温度、介质腐蚀等复杂因素的综合作用,容器上的缺陷可能进一步发展并形成新的缺陷。为能使缺陷发生和发展被控制在一定限度之内,运行中对工艺参数的安全控制,是压力容器正确使用的主要内容。

(1)使用压力和使用温度的控制。压力和温度是压力容器使用过程中的两个主要工艺参数。使用压力和使用温度即是选定容器设计压力和设计温度,并进行容器设计选材及确定制造工艺的基础,又是制定容器安全操作控制指标的依据。使用压力的控制要点主要是控制其不超过最高工作压力;使用温度的控制要点主要是控制其极端的工作温度,高温下使用的压力容器,主要控制其最高工作温度;低温下使用的压力容器,主要控制其最低工作温度。因此,要按照容器安全操作规程中规定的操作压力和操作温度进行操作,严禁盲目提高工作压力;采用连锁装置、实行安全操作挂牌制度,以防止操作失误。对于反应容器,必须严格按照规定的工艺要求进行投料、升温、升压和控制反应速度,注意投料顺序,严格控制反应物料的配比,并按照规定的顺序进行降温、卸料和出料。盛装液化气体的压力容器,应严格按规定的充装量进行充装,以保证在设计温度下容器内部存在气相空间;充装所用的全部仪表量具如压力表、磅秤等都应按规定的量程和精度选用;容器还应防止意外受热。储装易于发生聚合反应的碳氢化合物的容器,为防止物料发生聚合反应而使容器内气体急剧升温而压力升高,应该在物料中加入相应的阻聚剂,同时限定这类物料的储存时间。

(2)介质腐蚀性的控制。要防止介质对容器的腐蚀,首先应在设计时根据介质的腐蚀性及容器的使用温度、使用压力等条件,选用合适的材料。同时也应该看到,在操作过程中介质的工艺条件对容器的腐蚀有很大的影响,因此必须严格控制介质的成分、流速、温度、水分及 pH 值等工艺指标,以减小腐蚀速度,延长使用寿命。

(3)交变载荷的控制。压力容器在反复变化的载荷作用下会产生疲劳破坏,疲劳破坏往往发生在容器开孔焊接、焊缝、转角及其他几何形状突变的高压力区域。为了防止容器发生疲劳破坏,除在容器设计时尽可能地减少应力集中,或根据需要作容器疲劳分析设计外,就容器使用过程中工艺参数而言,对工艺上要求间断操作的容器,应尽量做到压力、温度的升降平稳,尽量避免突然停车,同时应当尽量避免不必要的频繁加压和泄压。对要求压力、温度稳定的工艺过程,则要防止压力的急剧升降,使操作工艺指标稳定。对于高温压力容器和低温压力容器,应尽可能减缓温度的突变,以降低热应力。

3. 压力容器的停止运行

容器的停止运行有正常停止运行和紧急停止运行两种情况。

(1)正常停止运行。由于容器及设备按生产规程要进行定期检验、检修、技术改造,或因原料、能源供应不及时,或因容器本身要求采用间歇式操作工艺的方法等正常原因而停止运行,均属正常停止运行。

压力容器及其设备的停工过程是一个变操作参数过程,在较短的时间内容器的操作压力、操作温度、液位等不断发生变化,需要进行切断物料、返出物料、容器及设备吹扫、置换等大量工作。为保证停工过程中操作人员能安全合理地操作,保证容器设备、管线、仪表等不受损坏,首先应编制停工方案。停工方案应包括的内容有:停工周期(包括停工时间和开工时间);停工操作的程序和步骤;停工过程中控制工艺变化幅度的具体要求;容器及设备内剩余物料的处理、置换清洗及必须动火的范围;停工检修的内容、要求、组织措施及有关制度。停工方案报主管领导审批通过后,操作人员必须严格执行。

容器停止运行过程中,操作人员应严格按照停工方案进行操作。同时要注意:对于高温下工作的压力容器,应控制降温速度,因为急剧降温会使容器壳壁产生疲劳现象和较大的收缩应力,严重时会使容器产生裂纹、变形、零件松脱、连接部位发生泄漏等现象,以致造成重大事故;对于储存液化气体的容器,由于容器内的压力取决于温度,所以必须先降温,才能实施降压;停工阶段的操作应更加严格、准确无误;如开关阀门操作动作要缓慢、操作顺序要正确;应清除干净容器内的残留物料,对残留物料的排放与处理应采取相应的措施,特别是可燃物、有毒气体应排至安全区域;停工操作期间,容器周围应杜绝一切火源。

(2)紧急情况下的停止运行。压力容器在运行过程中,如果突然发生故障,严重威胁设备和人身安全时,操作人员应立即采取紧急措施,停止容器运行,并按规定的报告程序,及时向有关部门报告。压力容器运行中遇到下列情况时应立即停止运行:容器的工作压力、介质温度或器壁温度超过许用值,采取措施仍不能得到有效控制;容器的主要承压部件出现裂缝、鼓包、变形、泄漏、衬里层失效等危及安全的现象;容器的安全附件失灵、损坏等不能起到安全保护的情况;连接管、紧固件损坏,难以保证安全运行;发生火灾直接威胁到容器的安全运行;过量充装,容器液位异常,采取措施仍不能得到有效控制;压力容器与管道发生严重振动,危及安全运行;真空绝热压力容器外壁局部存在严重结冰、介质压力和温度明显上升;其他异常情况。

压力容器运行过程中出现异常现象,经判断需紧急停止运行时,操作人员应立即采取紧急措施。首先,迅速切断电源,使向容器内输送物料的运转设备停止运行,同时联系有关岗位停止向容器内输送物料;然后迅速打开出口阀,泄放容器内的气体或其他物料,使容器压力下降,必要时打开放空阀,把气体排入大气中;对于系统性连接生产的压力容器,紧急停止运行时必须与前后有关岗位相联系,以便更有效地控制险情,避免发生更大的事故。

(三)容器运行期间的检查

压力容器在运行过程中,压力、温度、介质腐蚀性等的变化及操作人员的操作情况随时影响着容器的安全运行,这就要求操作人员在容器运行期间经常对容器进行检查,及时发现操作中或设备上出现的不正常状态。检查的内容包括工艺条件、设备状况以及安全装置等方面。

1. 工艺条件等方面的检查

主要检查操作条件,检查操作压力、操作温度、液位是否在安全操作规程规定的范围内;检查工作介质的化学成分,特别是那些影响容器安全(如产生腐蚀,使压力、温度升高等)的成分是否符合要求。

2. 设备状况方面的检查

主要检查压力容器各连接部位有无泄漏、渗漏现象;容器有无明显的变形、鼓包;容器有无腐蚀以及其他缺陷或可疑迹象;容器及其连接管道有无振动、磨损等现象;基础和支座是否松动,基础有无下沉不均匀现象,地脚螺栓有无腐蚀等。

3. 安全装置方面的检查

主要检查安全装置以及与安全有关的器具(如温度计、计量用的衡器及流量计等)是否保持完好状态。检查内容有:压力表的取压管有无泄漏或堵塞现象;弹簧式安全阀是否有锈蚀、被油污黏结等情况,杠杆式安全阀的重锤有无移动的迹象,以及冬季气温过低时,装置在室外露天的安全阀有无冻结的迹象等;安全装置和计量器具是否在规定的使用期限内,其精确度是否符合要求。

二、压力容器的维护保养

压力容器的使用安全与其维护保养工作密切相关。维护保养的目的在于提高设备的完好率,使容器能保持在完好状态下运行,提高使用效率,延长使用寿命。

压力容器使用单位应当对压力容器及其安全附件、安全保护装置、测量调控装置、附属仪器仪表进行日常维护保养,对发现的异常情况,应当及时处理并且记录。

(一)压力容器设备的完好标准

压力容器设备是否处于完好状态,主要从下列两个方面进行衡量。

1. 容器运行正常,效能良好

其具体标志为:

(1)容器的各项操作性能指标符合设计要求,能满足正常生产要求。

(2)使用中运转正常,易于平稳地控制各项参数。

(3)密封性能良好,无泄漏现象。

(4)带搅拌装置的容器,其搅拌装置运转正常,无异常的震动和杂音。

(5)带夹套的容器,加热或冷却其内部介质的功能良好。

(6)换热器无严重结垢。管列式换热器的胀口和焊口、板式换热器的板间、各种换热器的法兰连接处均能密封良好,无泄漏及渗漏。

2. 各种装备及附件完整,质量良好

一般包括以下几项内容:

(1)零部件、安全装置、附属装置、仪器仪表完整,质量符合设计要求。

(2)容器本体整洁,油漆、保温层完整,无严重锈蚀和机械损伤。

(3)有衬里的容器,衬里完好,无渗漏及鼓包。

(4)阀门及各类可拆连接处无"跑、冒、滴、漏"现象。

(5)基础牢固,支座无严重锈蚀,外管道情况正常。

(6)容器所属安全装置、指示及控制装置齐全、灵敏、可靠,紧急放空设备齐全、畅通。

(7)各类技术资料齐全、准确,有完整的设备技术档案。

(8)容器在规定期限内进行了定期检查,安全附件定期进行了调校和更换。

(二)容器运行期间的维护和保养

加强容器日常维护保养工作,才能使容器在稳定的完好状态下运行。容器运行期间的维护保养工作主要包括以下几个方面的内容:

1. 保持完好的防腐层

由于腐蚀是压力容器一大危害,所以做好容器的防蚀工作是容器日常维护保养的一项重要内容。常采用防腐层来防止介质对器壁的腐蚀,如涂漆、喷镀或电镀、衬里等。如果这些防腐层损坏,工作介质将直接接触器壁而产生腐蚀,所以必须使防腐涂层或衬里保持完好。这就要求容器在使用中注意以下几点:

(1)要经常检查防腐层有无自行脱落,检查衬里是否开裂或焊缝处是否有渗漏现象。发现防腐层损坏时,即使是局部的,也应该经过修补等妥善处理后才能继续使用。

(2)装入固体物料或安装内部附件时应注意避免刮落或碰坏防腐层。

(3)带搅拌器的容器应防止搅拌器叶片与器壁碰撞。

(4)内装填料的容器,填料环应布防均匀,防止流体介质运动的偏流磨损。

2. 消灭容器的"跑、冒、滴、漏"

"跑、冒、滴、漏"不仅浪费原料和能源,污染环境,恶化操作条件,还常常造成设备的腐蚀,严重时还会引起容器的破坏事故。因此,应经常检查容器的紧固件和紧密封状况,保持完好,防止产生"跑、冒、滴、漏"。

3. 维护保养好安全装置

应使它们始终保持灵敏准确、使用可靠状态。应定期进行检查、实验和校正,发现不准确或不灵敏时,应及时检修和更换。容器上安全装置不得任意拆卸或封闭不用。没有按规定装设安全装置的容器不能使用。

4. 减少与消除压力容器的震动

容器在使用中风载荷的冲击或机械震动的传递,有时会引起容器的震动,这对容器的抗疲劳性是不利的。因此,当发现容器存在较大震动时,应采取适当的措施,如割断震源、加强支撑装置等,以消除或减轻容器的震动。

(三)容器停用期间的维护保养

对于长期停用或临时停用的压力容器,也应加强维护保养工作。停用期间保养不善的容器甚至比正常使用的容器损坏得更快,有些容器恰恰是忽略了停用期间的维护而造成了日后的事故。停用容器的维护保养措施主要有以下几条:

(1)停止运行尤其是长期停用的容器,一定要将其内部介质排除干净,特别是腐蚀性介质,要经过排放、置换、清洗、吹干等技术处理。要注意防止容器的"死角"内积存腐蚀性介质。

(2)要经常保持容器的干燥和清洁。为防止大气腐蚀,要经常把散落在上面的灰尘、灰渣及其他污垢擦洗干净,并保持容器及周围环境的干燥。

(3)要保持容器外表面的防腐油漆等完整无损,发现油漆脱落或刮落时,要及时补涂。要注意保温层下和支座处的防腐。

第五节　压力容器的检验

为确保压力容器的正常运行,压力容器要定期检验。压力容器的定期检验是指在容器的设计使用期限内,每隔一定的时间,即采用适当有效的方法,对它的承压部件和安全装置进行检查或作必要的检验。

一、压力容器定期检验的目的

压力容器在使用过程中,由于长期承受压力和其他载荷,有的还要受到腐蚀性介质的腐蚀,或在高温、深冷的工艺条件下工作,容器的承压部件难以避免地会产生各式各样的缺陷,有的是运行中产生的,有的是原材料或制造中的微型缺陷发展而成的。如果不能及早发现并采取一定的措施消除这些缺陷,任其发展扩大,必将在继续使用过程中发生断裂破坏,导致严重的爆炸事故。

实行定期检验,是及早发现缺陷、消除隐患、保证压力容器安全运行的一项行之有效的措施。通过定期检验,能达到以下三个方面的目的:

(1)了解压力容器的安全状况,及时发现问题,及时修理和消除检验中发现的缺陷,或采取适当措施进行特殊监护,从而防止压力容器事故的发生,保证压力容器在检验周期内连续地安全运行。

（2）检查验证压力容器设计的结构形式是否合理,制造、安装质量是否可靠,以及缺陷扩展情况等。

（3）及时发现运行管理中的问题,以便改进管理和操作。

因此,为了防止事故的发生,确保压力容器安全经济运行,压力容器的使用单位,必须认真安排压力容器的定期检验工作,并将压力容器年度检验计划报主管部门和当地锅炉压力容器安全监察机构。主管部门负责督促落实,锅炉压力容器安全监察机构负责监督检查。

二、压力容器检验周期

压力容器检验周期应根据容器的技术情况、使用条件和有关规定来确定,《压力容器定期检验规则》将压力容器的检验分为年度检查和定期检验两种。

（一）年度检查

年度检查指为了确保压力容器在检验周期内的安全而实施的运行过程中的在线检查,每年至少一次。

（二）定期检验

压力容器定期检验工作包括全面检验和耐压试验。

全面检验是指压力容器停机时的检验。全面检验应当由检验机构进行。其检验周期为:安全状况等级为 1、2 级的,一般每 6 年一次;安全状况等级为 3 级的,一般 3~6 年一次;安全状况等级为 4 级的,其检验周期由检验机构确定。

耐压试验是指压力容器全面检验合格后,所进行的超过最高工作压力的液压试验或者气压试验。每两次全面检验期间,原则上应当进行一次耐压试验。

当全面检验、耐压试验和年度检查在同一年度进行时,应当依次进行全面检验、耐压试验和年度检查,其中全面检验已经进行的项目,年度检查时不再重复进行。

对无法进行或者无法按期进行全面检验、耐压试验的压力容器,按照《固定式压力容器安全技术监察规程》的有关规定执行。

压力容器一般应当于投用满 3 年时进行首次全面检验。下次的全面检验周期,由检验机构根据本次全面检验结果按照《压力容器定期检验规则》的有关规定确定。安全状况等级为 4 级的压力容器,其累计监控使用的时间不得超过 3 年。在监控使用期间,应当对缺陷进行处理,以提高其安全状况等级,否则不得继续使用。

对于已经达到设计使用年限的压力容器,或者未规定设计使用年限,但是使用超过 20 年的压力容器,如果要继续使用,使用单位应当委托有资格的特种设备检验检测机构对其进行检验(必要时按《固定式压力容器安全技术监察规程》的要求进行合于使用评价),经过使用单位主要负责人批准后,方可继续使用。

有以下情况之一的压力容器,全面检验周期应当适当缩短:①介质对压力容器材料的腐蚀情况不明或者介质对材料的腐蚀速率大于0.25 mm/a,以及设计者所确定的腐蚀数据与实际不符的;②材料表面质量差或者内部有缺陷的;③使用条件恶劣或在使用中发现应力腐蚀现象的;④使用超过 20 年,经过技术鉴定或者由检验人员确认按正常检验周期不能保证安全使用的;⑤停止使用时间超过 2 年的;⑥改变使用介质并且可能造成腐蚀现象恶化的;⑦设计图样注明无法进行耐压试验的;⑧检验中对其他影响安全的因素有怀疑的;⑨介质为液化石油气且有应力腐蚀现象的,每年或根据需要进行全面检验;⑩采用"亚铵法"造纸工艺,且无防腐措施的蒸球根据需要每年至少进行一次全面检验;⑪球形储罐(使用标准抗拉强度下限 $\sigma_b \geqslant 540$ MPa 材料制造的,投用一年后应当开罐检验);⑫搪玻璃设备。

安全状况等级为1、2级的压力容器符合下列条件之一时,全面检验周期可以适当延长:①非金属衬里层完好,其检验周期最长可以延长至9年;②介质对材料腐蚀速率低于 0.1 mm/a(实测数据),有可靠的耐腐蚀金属衬里(复合钢板)或热喷涂金属(铝粉或者不锈钢粉)涂层,通过1~2次全面检查确认腐蚀轻微或者衬里完好的,其检验周期最长可以延长至12年;③装有触媒的反应容器以及装有充填物的大型压力容器,其检验周期根据设计图样和实际使用情况由使用单位、设计单位和检验机构协商确定,报办理《使用登记证》的质量技术监督部门(以下简称发证机构)和备案。

有以下情况之一的压力容器,全面检验合格后必须进行耐压试验:①用焊接方法更换受压元件的;②受压元件焊补深度大于1/2壁厚的;③改变使用条件,超过原设计参数并且经过强度校核合格的;④需要更换衬里的(耐压试验应当于更换衬里前进行);⑤停止使用2年后重新使用的;⑥从外单位或本单位移装的;⑦使用单位或者检验机构对压力容器的安全状况有怀疑的。

压力容器的使用单位应按规定安排容器的定期检验工作,因情况特殊不能按期进行内外部检验或耐压试验的压力容器,由使用单位提出申请并经使用单位技术负责人批准,征得原设计单位和检验单位同意,报使用单位上级主管部门审批,向发放《压力容器使用证》的安全监察机构备案后,方可推迟或免除。对不能按期进行内外部检验和耐压试验的压力容器,均应制定可靠的监护和抢险措施,如因监护措施不落实出现问题,就由使用单位负责。

三、压力容器的年度检查内容

压力容器年度检查包括使用单位压力容器安全管理情况检查、压力容器本体及运行状况检查和压力容器安全附件检查等。检查方法以宏观检查为主,必要时进行测厚、壁温检查和腐蚀介质含量测定、真空度测试等。

检查前检查人员应当首先全面了解被检压力容器的使用情况、管理情况,认真查阅压力容器技术档案资料和管理资料,做好有关记录。

(一)压力容器安全管理情况检查的主要内容

(1)压力容器安全管理规章制度和安全操作规程。运行记录是否齐全、真实,查阅压力容器台账(或者账册)与实际是否相符;

(2)压力容器图样、使用登记证、产品质量证明书、使用说明书、监督检验证书、历年检验报告以及维修、改造资料等建档资料是否齐全并且符合要求;

(3)压力容器作业人员是否持证上岗;

(4)上次检验、检查报告中所提出的问题是否解决。

(二)压力容器本体及运行情况检查的主要内容

(1)压力容器的铭牌、漆色、标志及喷涂的使用证号码是否符合有关规定;

（2）压力容器的本体、接口（阀门、管路）部位、焊接接头等是否有裂纹、过热、变形、泄漏、损伤等；

（3）外表面有无腐蚀，有无异常结霜、结露等；

（4）保温层有无破损、脱落、潮湿、跑冷；

（5）检漏孔、信号孔有无漏液、漏气，检漏孔是否畅通；

（6）压力容器与相邻管道或者构件有无异常振动、响声或者相互摩擦；

（7）支承或者支座有无损坏，基础有无下沉、倾斜、开裂，紧固螺栓是否齐全、完好；

（8）排放（疏水、排污）装置是否完好；

（9）运行期间是否有超压、超温、超量等现象；

（10）罐体有接地装置的，检查接地装置是否符合要求；

（11）安全状况等级为 4 级的压力容器的监控措施执行情况和有无异常情况；

（12）快开门式压力容器安全连锁装置是否符合要求。

（三）安全附件的检查

安全附件的检查包括对压力表、液位计、测温仪表、爆破片装置、安全阀的检查和校验。

四、压力容器定期检验的内容

压力容器的全面检验在容器停止运行的条件下进行。检验的目的是尽早发现容器内外部所存在的缺陷，包括在本次运行中新产生的缺陷以及原有缺陷的发展情况，以确定容器能否继续运行和为保证容器安全运行应采取的相应措施。全面检验包括以下内容：宏观（外观、结构及几何尺寸、保温层、隔热层、衬里）、壁厚、表面缺陷、埋藏缺陷、材质、紧固件、强度、安全附件、气密件以及其他必要的项目。

（一）宏观检查

宏观检查主要是检查外观、结构及几何尺寸等是否满足容器安全使用的要求，《压力容器定期检验规则》第五章有规定的，应当按其规定评定安全状况等级。

1. 外观检查

（1）容器本体、对接焊缝、接管角焊缝等部位的裂纹、过热、变形、泄漏等，焊缝表面（包括近缝区），以肉眼或者 5 ~ 10 倍放大镜检查裂纹；

（2）内外表面的腐蚀和机械损伤；

（3）紧固螺栓；

（4）支承或者支座，大型容器基础的下沉、倾斜、开裂；

（5）排放（疏水、排污）装置；

（6）快开门式压力容器安全连锁装置；

（7）多层包扎、热套容器的泄放孔。

上述检查项目以发现容器在运行过程中产生的缺陷为重点，对于内部无法进入的容器应当采用内窥镜或者其他方法进行检查。

2. 结构检查

（1）筒体与封头的连接；

（2）开孔及补强；

(3)角接;

(4)搭接;

(5)布置不合理的焊缝;

(6)封头(端盖);

(7 支座或者支承;

(8)法兰;

(9)排污口。

上述检查项目仅在首次全面检验时进行,以后的检验仅对运行中可能发生变化的内容进行复查。

3. 几何尺寸

(1)纵、环焊缝对口错边量、棱角度;

(2)焊缝余高、角焊缝的焊缝厚度和焊脚尺寸;

(3)同一断面最大直径与最小直径;

(4)封头表面凹凸量、直边高度和直边部位的纵向皱褶;

(5)不等厚板(锻)件对接接头未进行削薄或者堆焊过渡的两侧厚度差;

(6)直立压力容器和球形压力容器支柱的铅垂度。

上述检查项目仅在首次全面检验时进行,以后的检验只对运行中可能发生变化的内容进行复查。

4. 保温层、隔热层、衬里

(1)保温层的破损、脱落、潮湿、跑冷;

(2)有金属衬里的压力容器,如果发现衬里有穿透性腐蚀、裂纹、凹陷,检查孔已流出介质,应当局部或者全部拆除衬里层,查明本体的腐蚀状况或者其他缺陷;

(3)带堆焊层的,堆焊层的龟裂、剥离和脱落等;

(4)对于非金属材料作衬里的,如果发现衬里破损、龟裂或者脱落,或者运行中本体壁温出现异常,应当局部或者全部拆除衬里,查明本体的腐蚀状况或者其他缺陷。

外保温层一般应当拆除,拆的部位、比例由检验人员确定。有以下情况之一者,可以不拆除保温层:①外表面有可靠的防腐蚀措施;②外部环境没有水浸入或者跑冷;③对有代表性的部位进行抽查,未发现裂纹等缺陷;④壁温在露点以上;⑤有类似的成功使用经验。

(二)低温液体(绝热)压力容器补充检查

夹层上装有真空测试装置的低温液体(绝热)压力容器,测试夹层的真空度。其合格指标为:

(1)未装低温介质的情况下,真空粉末绝热夹层真空度应当低于 65 Pa,多层绝热夹层真空度应当低于 40 Pa;

(2)装有低温介质的情况下,真空粉末绝热夹层真空度应当低于 10 Pa,多层绝热夹层真空度应当低于 0.2 Pa。

夹层上未装真空测试装置的低温液体(绝热)压力容器,检查容器日蒸发率的变化情况,进行容器日蒸发率测量。实测日蒸发率指标小于 2 倍额定日蒸发率指标为合格。

（三）壁厚测定

测定位置应当有代表性，有足够的测定点数。测定后标图记录，对异常测厚点做详细标记。厚度测定点的位置，一般应当选择以下部位：

（1）液位经常波动的部位；

（2）易受腐蚀、冲蚀的部位；

（3）制造成形时壁厚减薄部位和使用中易产生变形及磨损的部位；

（4）表面缺陷检查时发现的可疑部位；

（5）接管部位。

壁厚测定时，如果母材存在夹层缺陷，应当增加测定点或者用超声波检测，查明夹层分布情况以及与母材表面的倾斜度，同时作图记录。

（四）表面无损检测

（1）有以下情况之一的，对容器表面对接焊缝进行磁粉或者渗透检测，检测长度不小于每条焊缝长度的20%：①首次进行全面检验的第三类压力容器；②盛装介质有明显应力腐蚀倾向的压力容器；③Cr – Mo 钢制压力容器；④标准抗拉强度下限 $\sigma_b \geqslant 540$ MPa 钢制压力容器。

在检测中发现裂纹，检验人员应当根据可能存在的潜在缺陷，确定扩大表面无损检测的比例；如果扩检中仍发现裂纹，则应当进行全部焊接接头的表面无损检测。内表面的焊接接头已有裂纹的部位，对其相应外表面的焊接接头应当进行抽查。

如果内表面无法进行检测，可以在外表面采用其他方法进行检测。

（2）对应力集中部位、变形部位、异种钢焊接部位、奥氏体不锈钢堆焊层、T 形焊接接头、其他有怀疑的焊接接头、补焊区、工卡具焊迹、电弧焊伤处和易产生裂纹部位，应当重点检查。对焊接裂纹敏感的材料，注意检查可能发生的焊趾裂纹。

（3）有晶间腐蚀倾向的，可以采用金相检验检查。

（4）绕带式压力容器的钢带始、末端焊接接头，应当进行表面无损检测，不得有裂纹。

（5）铁磁性材料的表面无损检测优先选用磁粉检测。

（6）标准抗拉强度下限 $\sigma_b \geqslant 540$ MPa 钢制压力容器，耐压试验后应当进行表面无损检测抽查。

（五）埋藏缺陷检测

（1）有以下情况之一时，应当进行射线检测或者超声波检测抽查，必要时相互复验：①使用过程中补焊过的部位；②检验时发现焊缝表面裂纹，认为需要进行焊缝埋藏缺陷检查的部位；③错边量和棱角度超过制造标准要求的焊缝部位；④使用中出现焊接接头泄漏的部位及其两端延长部位；⑤承受交变载荷设备的焊接接头和其他应力集中部位；⑥有衬里或者因结构原因不能进行内表面检查的外表面焊接接头；⑦用户要求或者检验人员认为有必要检测的部位。

已进行过此项检查的，再次检验时，如果无异常情况，一般不再复查。

（2）抽查比例或者是否采用其他检测方法复验，由检验人员根据具体情况确定。

（3）必要时可以用声发射判断缺陷的活动性。

（六）材质检查

（1）主要受压元件材质的种类和牌号一般应当查明。材质不明者,对于无特殊要求的容器,按 Q235 钢进行强度校核。对于第三类压力容器、移动式压力容器以及有特殊要求的压力容器,必须查明材质。对于已进行过此项检查并且已作出明确处理的,不再重复检查。

（2）检查主要受压元件材质是否劣化,可根据具体情况,采用硬度测定、化学分析、金相检验或者光谱分析等予以确定。

（七）无法进行内部检查的压力容器的检查

对无法进行内部检查的压力容器,应当采用可靠的检测技术（例如内窥镜、声发射、超声波检测等）从外部检测内表面缺陷。

（八）紧固件检查

对主螺栓应当逐个清洗,检查其损伤和裂纹情况,必要时进行无损检测。重点检查螺纹及过渡部位有无环向裂纹。

（九）强度校核

有以下情况之一的,应当进行强度校核:①腐蚀深度超过腐蚀裕量;②设计参数与实际情况不符;③名义厚度不明;④结构不合理,并且已发现严重缺陷;⑤检验人员对强度有怀疑。

强度校核的有关原则:

（1）原设计已明确所用强度设计标准的,可以按该标准进行强度校核。

（2）原设计没有注明所依据的强度设计标准或者无强度计算的,原则上可以根据用途（例如石油、化工、冶金、轻工、制冷等）或者类型（例如球罐、废热锅炉、搪玻璃设备、换热器、高压容器等）,按当时的有关标准进行校核。

（3）国外进口的或者按国外规范设计的,原则上仍按原设计规范进行强度校核。如果设计规范不明,可以参照我国相应的规范。

（4）焊接接头的系数根据焊接接头的实际结构形式和检验结果,参照原设计规定选取。

（5）剩余壁厚按实测量最小值减去至下次检验期的腐蚀量,作为强度校核的壁厚。

（6）校核用压力,应当不小于压力容器实际最高工作压力。装有安全泄放装置的,校核用压力不得小于安全阀开启压力或者爆破片标定的爆破压力（低温真空绝热容器反之）。

（7）强度校核时的壁温取实测最高壁温,低温压力容器取常温。

（8）壳体直径按实测最大值选取。

（9）塔、大型球罐等设备进行强度校核时,还应当考虑风载荷、地震载荷等附加载荷。

（10）强度校核由检验机构或者有资格的压力容器设计单位进行。

对不能以常规方法进行强度校核的,可以采用有限元方法、应力分析设计或者试验应力分析等方法校核。

（十）安全附件检查

1. 压力表

（1）无压力时,压力表指针是否回到限止钉处或者是否回到零位数值;

（2）压力表的检定和维护必须符合国家计量部门的有关规定,压力表安装前应当进行检定,注明下次检定日期,压力表检定后应当加铅封。

2. 安全阀

（1）安全阀应当从压力容器上拆下,按《压力容器定期检验规则》附件三"安全阀校验要求"进行解体检查、维修与调校。安全阀校验合格后,打上铅封,出具校验报告后方准使用;

（2）新安全阀根据使用情况调试并且铅封后,才准安装使用。

3. 爆破片

按有关规定按期更换。

4. 紧急切断装置

紧急切断装置应当从压力容器上拆下,进行解体、检验、维修和调整,做耐压、密封、紧急切断等性能试验。检验合格并且重新铅封后方准使用。

（十一）气密性试验

介质毒性程度为极度、高度危害或者设计上不允许有微量泄漏的压力容器,必须进行气密性试验。对设计图样要求做气压试验的压力容器,是否需要再做气密性试验,按设计图样规定。

气密性试验的试验介质由设计图样规定,气密性试验的试验压力应当等于本次检验核定的最高工作压力,安全阀的开启压力不高于容器的设计压力。气密性试验所有气体应当符合《压力容器定期检验规则》的规定。碳素钢和低合金钢制压力容器,其试验用气体的温度不低于5 ℃,其他材料压力容器按设计图样规定。

气密性试验的操作应当符合以下规定:

（1）压力容器进行气密性试验时,应当将安全附件装配齐全;

（2）压力缓慢上升,当达到试验压力的10%时暂停升压,对密封部位及焊缝等进行检查,如果无泄漏或者异常现象可以继续升压;

（3）升压应当分梯次逐级提高,每级一般可以为试验压力的10%～20%,每级之间适当保压,以观察有无异常现象;

（4）达到试验压力后,经过检查无泄漏和异常现象,保压时间不少于30 min,压力下降即为合格,保压时禁止采用连续加压以维持试验压力不变的做法;

（5）有压力时,不得紧固螺栓或者进行维修工作。

盛装易燃介质的压力容器,在气密性试验前,必须进行彻底的蒸汽清洗、置换,并且经过取样分析合格,否则严禁用空气作为试验介质。对盛装易燃介质的压力容器,如果以氮气或者其他惰性气体进行气密性试验,试验后,应当保留0.05～0.1 MPa的余压,保持密封。

有色金属制压力容器的气密性试验,应当符合相应标准规定或者设计图样的要求。

对长管拖车中的无缝气瓶,试验时可以按相应的标准进行声发射检测。

压力容器的耐压试验应在全面检验合格后方允许进行,应根据容器的使用情况、安装位置等具体情况,由检验人员确定液压试验或气压试验。耐压试验应严格遵守《固定式压力容器安全技术监察规程》、《压力容器定期检验规则》的有关规定。耐压试验前,压力容器各连接部位的紧固螺栓必须装配齐全、紧固妥当。耐压试验地点应当有可靠的安全防护设施,并且经过使用单位技术负责人及安全部门检查认可。耐压试验过程中,检验人员与使用单位压力容器管理人员到试验现场进行检验。检验时不得进行与试验无关的工作,无关人员不得在试验现场停留。

五、压力容器全面检验的要求

(一)对检验单位和检验员的要求

压力容器定期检验工作必须由有资格的检验单位和考试合格的检验人员承担。经资格认可的检验单位和鉴定考核合格的检验员,可从事允许范围内相应项目的检验工作。超出检验范围所进行的检验工作,检验后出具的《压力容器全面检验报告书》,无论签章手续齐全与否,一概视为无效,同时,该检验单位和检验员要为此承担相应的后果和责任。

检验单位应保证检验质量,包括对检出缺陷并处理后的再检验的质量。检验时应有详细记录,检验后应出具《压力容器全面检验报告书》。保证检验质量是对检验单位最基本的要求,否则,检验后的压力容器的安全质量得不到保证,反而给压力容器埋下事故的隐患,也就失去了检验的意义。因此,检验单位必须不断提高检验人员的业务素质并对检验报告严格把关,对检验结果负责。另外,《压力容器定期检验规则》规定:凡明确有检验员签字的检验报告书必须由持证检验员签字方为生效。这既是检验员的权限,也是检验员的责任,表明检验员对检验报告的正确性负责。这就要求检验员刻苦地钻研专业知识和检验知识,不断提高检验水平,在检验工作中担当起自己的责任。

(二)检验前的准备工作

为保证检验结果的可靠性和正确性,做好检验前的准备工作是十分必要的。检验人员要与使用单位密切合作,做好停机后的技术性处理和检验前的安全检查,确认符合检验工作要求后,才可进行检验。检验前的准备工作主要包括以下几个方面。

1. 审查原始资料

检验人员在检验前应当审查以下资料:

(1)设计单位资格,设计、安装、使用说明书,设计图样,强度计算书等;

(2)制造单位资格,制造日期,产品合格证,质量证明书(对低温液体(绝热)压力容器,还包括封口真空度、真空夹层泄漏率检验结果、静态蒸发率指标等),竣工图等;

(3)大型压力容器现场组装单位资格,安装日期,竣工验收文件;

(4)制造、安装监督检验证书,进口压力容器安全性能监督检验报告;

(5)使用登记证;

(6)运行周期内的年度检查报告;

(7)历次全面检验报告;

(8)运行记录、开停车记录、操作规程条件变化情况以及运行中出现异常情况的记录等;

(9)有关维修或者改造的文件,重大改造维修方案,告知文件,竣工资料,改造、维修监督检验证书等。

由于种种原因,有些在用压力容器的原始资料可能不全,甚至没有,对上面所列7个方面的资料,使用单位不能准备齐全。然而压力容器的原始资料又是说明压力容器原始质量及安全现状的凭证,也是压力容器安全管理的重要资料,因此一定要尽最大努力予以补齐。仍然达不到要求的,应通过检验补全设备简图、技术数据、设备的缺陷情况等,作为该容器的技术资料予以存档。

2. 制订检验方案

压力容器的检验单位应根据事先掌握的受检压力容器的情况,制订好检验方案。只有检验前的准备工作考虑周到细致,才能在检验过程中既全面又有所侧重地对容器本体及每个承压部件,采取合适的检验方法和检验手段,达到较为准确地捕捉缺陷的良好效果,避免漏检和错检,从而达到及时查出缺陷,进行修理,消除缺陷和隐患的检验目的。制订检验方案主要考虑以下几个方面的问题:

(1)了解容器的结构和用途。了解容器的用途,根据其使用特性,可以分析使用过程中哪些部位和部件使用条件恶劣,在检验中给予注意。压力容器的结构和形状是多种多样的,不同的结构形状应采取不同的检验手段。

(2)考虑工作介质和温度,介质不同或同一介质浓度不同,对容器的腐蚀和防腐层的破坏作用均不相同。对于介质为腐蚀性的容器,由于介质积聚在容器底部、接管周围、焊缝表面和表面缺陷的部位,造成这些部位介质浓度较高,腐蚀程度也比其他部位严重。

考虑工作温度,主要是对高、低温容器要引起重视。如高温容器要注意检查是否发生过烧、脱碳、蠕变等现象,同时,检验中除采用一般的检验方法外,还应做硬度测定和化学成分测定。

(3)考虑容器的安装位置。主要考虑安装地点、周围环境等因素对安全的影响。如室外容器要检查风吹、雨淋、日晒的影响,承受风载大的容器要检查其拉撑杆、紧固件是否完好;安装地质条件不理想的容器,要注意检查是否有基础下沉、地面开裂等现象;周围环境污染严重的容器,要注意检查外面的腐蚀情况。

(4)了解相应的规程要求。对于不同工作压力、不同类型、不同制造要求、不同结构和用途的压力容器,所采用的检验方法、检验手段和检验要求各不相同。在制订检验方案时,要弄清该执行哪些规程和标准,这些规程和标准对检验工作有什么具体要求,否则,会出现漏检或增加检验时间及费用的现象。

(5)综合考虑技术力量和仪器能力。确定检验工作时,应配合好各类人员,检验人员要符合有关规定的要求,否则,检验结果无效。在检验仪器方面主要考虑所使用的仪器能否满足检验要求,精度、能量、性能等都应达到检验需要。

3. 停机清洗置换

压力容器停机后,首先应切断容器与其他设备连接的通路,特别是与可燃或有毒介质的设备的通路。不但要关闭阀门,还必须用盲板严密封闭,以免因阀门泄漏造成爆炸或中毒事故。

容器内部的介质要全部排净。盛装易燃、助燃、毒性或窒息性介质的容器还应进行置换、中和、消毒、清洗等技术处理,并取样分析,分析结果应达到有关规范和标准的规定。

4. 安全防护

安全防护工作是容器定期检验得以顺利进行的保证,所以对安全防护工作决不能因"麻烦"而"偷工减料"。检验前,应按有关规定的要求做好各项安全防护工作。

（1）检验前，必须切断与压力容器有关的电源，拆除熔断丝，并设置明显的安全标志。

（2）能够转动的或其中有可动部件的压力容器，应锁住开关，固定牢固。

（3）对槽、罐车检验时，应采取措施防车体移动。

（4）为检验而搭设的脚手架、轻便梯等设施，必须安全牢固，便于进行检验和检测工作（对离地面 3 m 以上的脚手架设置安全护栏）。

（5）检验中如需现场射线探伤时，应隔离出透照区，设置安全标志。

5. 清理打磨

检验前，对影响内外表面检验的附设部件或其他物体，应按检验要求进行清理或拆除。需要进行检验的表面，特别是腐蚀部位和可能产生裂纹性缺陷的部位，应彻底清扫干净，并按要求进行打磨。

（三）检验的基本要求

《压力容器定期检验规则》规定要求，在用压力容器检验的基本要求和内容是以宏观检查、壁厚测定、表面无损检测为主，必要时可以采用以下检验检测方法：①超声波检测；②射线检测；③硬度测定；④金相检验；⑤化学分析或者光谱分析；⑥涡流检测；⑦强度校核或者应力测定；⑧气密性试验；⑨声发射检测；⑩其他检测方法。

压力容器定期检验虽然明确提出以宏观检查、壁厚测定、表面无损检测为主，但并不是取消其他检验方法。什么情况下认为有必要采用相应的检验方法，应由宏观检查情况而定。当检验员发现宏观检查的问题较大，或对检验结果有怀疑时，应采用其他方法，作进一步的检查。

（四）检验中的安全要求

压力容器内外部检验和耐压试验是压力容器的定期停运检验，重点又是内部检验，由于检验员需进入压力容器内部，因此保证人身安全具有更重要的意义，也对检验中的安全工作提出了更高的要求。为保证检验人员的安全，防止在检验中发生人身伤亡事故，应注意做好如下几项工作。

1. 必须进行安全隔绝

安全隔绝主要是将检验人员的工作场所与某些可能产生事故的危险性因素严格隔绝开来，即切断压力容器、设备之间以及与物料、水、气、电等动力部分的联系，以防止检验人员在容器内工作时，由于阀门关闭不严或误操作而使易燃、有毒介质等窜入容器内，或由于未切断电源等动力来源而造成各种意外的人身伤亡事故。隔断用的盲板要有足够的强度，以免被运行中的高压介质鼓破，隔断位置要明确指示出来。切断与容器有关的电源后，应挂上严禁送电的明显标志。

2. 必须保证通风

在进入容器前，应将容器上的人孔和检查孔全部打开，使空气对流一定时间，充分通风。检验中也应保证通风，一般情况下应保证自然通风，必要时应强制通风。

3. 必须定期进行安全分析

检验前，虽然对容器进行了清洗、置换、中和等技术处理，并经取样分析合格，但随着检验工作的进行，可能会产生新的不安全因素。因此，应根据具体情况，定期取样，进行安全分析。检验过程中容器内部气体成分的安全分析主要包括：

（1）易燃气体含量分析。爆炸下限大于 4%（体积比）的易燃气体的容器内空间合格浓度应小于0.5%;爆炸下限小于4%的容器内空间合格浓度应小于0.4%。

(2)氧含量分析。容器内部空间的气体含氧量应为18%~23%(体积比)。

(3)有毒气体含量分析。主要以《工业企业设计卫生标准》中规定的空气中有害物质最高容许浓度值为准。

在压力容器内有多种毒物存在的情况下,应注意毒物的联合作用问题。此外,在取样分析时,要注意采样的位置,要深入现场调查,根据容器内的具体情况和介质的性质,在最具代表性的部位取样。

4. 必须注意用电安全

进入容器检验时,应使用12 V或24 V的低压防爆灯或手电筒。检测仪器和修理工具的电源电压超过36 V时,必须采用绝缘良好的胶皮软线,并有可靠的接地。

5. 必须有专人监护

检验人员进入容器内工作时,由于存在中毒、窒息、触电、燃烧爆炸等危险因素,同时人员进出困难,联系不便,因此容易造成发生事故而不能及时被发现,导致事故扩大而造成不应有的伤亡损失。所以,在检验过程中,必须要有专人在容器外监护,并有可靠的联络措施。监护人员应监守岗位,尽职尽责。

(五)出具检验报告书

检验单位的检验人员,应根据所进行的项目,认真、准确地填写检验报告书,录入微机打印。检验员应认真分析研究有关资料和检验结果,签署检验报告,并盖检验单位印章,在容器投入使用前送交使用单位。根据具体情况决定填写的份数,但最少应填写两份,分别由检验单位和使用单位保存,且应保存到设备的寿命终止。《压力容器全面检验报告书》包括以下内容:

(1)压力容器全面检验结论报告。

(2)压力容器资料审查报告。

(3)压力容器宏观检查报告(1)。

(4)压力容器宏观检查报告(2)。

(5)壁厚测定报告。

(6)壁厚校核报告。

(7)压力容器射线检测报告。

(8)压力容器超声波检测报告。

(9)压力容器磁粉检测报告。

(10)压力容器渗透检测报告。

(11)声发射检测报告。

(12)材料成分分析报告。

(13)硬度检测报告。

(14)金相分析报告。

(15)安全附件检验报告。

(16)耐压试验报告。

(17)气密性试验报告。

(18)附加检查、检测报告。

习　题

一、选择题

1. 压力容器出厂时,制造单位应向用户至少提供_____等技术文件和资料。
   A. 竣工图样　　　　　　　B. 产品质量证明书
   C. 压力容器产品安全质量监督检验证书

2. 压力容器在_____,使用单位应当向直辖市或者设区的市级特种设备安全监督管理部门登记,领取使用登记证。
   A. 投入使用前 30 日内　　　B. 投入使用前或者投入使用后 30 日内
   C. 投入使用后 3 个月内

3. 压力容器拟停用_____年以上的,使用单位应当封存压力容器,在封存后_____日内向登记机关申请报停,并将使用登记证交回登记机关保存。
   A. 1　　　　　B. 半　　　　　C. 30　　　　　D. 15

4. 《压力容器定期检验规则》将压力容器的检验分为_____和_____两种。
   A. 年度检查　　B. 全面检验　　C. 耐压试验　　D. 定期检验

5. 当全面检验、耐压试验和年度检查在同一年度进行时,应当依次进行_____。
   A. 年度检查、耐压试验和全面检验
   B. 全面检验、年度检查和耐压试验
   C. 全面检验、耐压试验和年度检查

6. 有_____的压力容器,全面检验合格后必须进行耐压试验。
   A. 停止使用 2 年后重新使用的　　　　B. 从外单位或本单位移装的
   C. 受压元件焊补深度大于 1/2 壁厚的　　D. 用焊接方法更换受压元件的

7. 厚度测定点的位置,一般应当选择_____部位。
   A. 接管部位　　　　　　　　　　　B. 表面缺陷检查时,发现的可疑部位
   C. 易测量的位置　　　　　　　　　D. 液位经常波动的部位

二、判断正误(正确的在括号里打√,错误的打×)

(　　)1. 外部检查指为了确保压力容器在检验周期内的安全而实施的运行过程中的在线检查,每半年至少一次。

(　　)2. 压力容器一般应当于投用满 3 年时进行首次全面检验。

(　　)3. 当设计参数与实际情况不符,应进行强度校核。

(　　)4. 在离地面 5 m 以上搭设的脚手架应设置安全护栏。

(　　)5. 进入容器检验,其内部空间的气体含氧量应为 18% ~ 23%。

(　　)6. 进入容器检验,检验照明用电不超过 24 V,引入容器内的电缆应当绝缘良好,接地可靠。

第五章　压力容器事故危害及事故分析

　　压力容器是一种具有潜在爆炸危险的特殊设备。把压力容器作为一种特殊设备管理，不仅是因为它比较容易发生事故，更主要的是事故危害的严重性。压力容器发生事故，不仅设备本身遭到破坏，往往还会破坏周围设备和建筑物，甚至诱发一连串恶性事故，如烫伤、烧伤、大面积中毒，甚至更为严重的火灾等，造成人员伤亡，给国民经济造成重大损失。本章将分别讨论压力容器发生事故的危害性和事故分析及预防事故发生的措施。

第一节　容器的爆炸能量

　　压力容器破裂时，容器内的高压介质解除了外壳的约束，迅速膨胀泄压，达到瞬间能量释放，这一能量迅速释放的过程叫爆炸（或者说，爆炸是物质从一种状态迅速转变成另一种状态，并在瞬间放出能量，同时产生巨大声响的现象）。

　　压力容器的爆炸事故，按其起因有物理性爆炸和化学性爆炸两类。物理性爆炸，是由于容器内介质物理性质变化（如液化气超装及温度升高引起体积增大），引起的超压和容器材料机械性能不足造成的事故。化学性爆炸是指容器内介质起剧烈的燃烧氧化反应或聚合放热反应（如混有爆炸气体并达到爆炸极限时或发生了非正常的化学反应使温度压力迅速升高），由于化学反应能量来不及释放而引起容器破坏。

　　压力容器破裂时，气体膨胀所释放的能量（即爆炸能量），不仅与气体压力和容器容积有关，还与介质在容器中的物态有关。容器内的介质分为液体、气体和液化气体（或高温饱和水）。一般情况下，液体的体积随压力的增加变化不大，容器一旦发生破裂，容器内压力很快释放而不会产生爆炸，所以《固定式压力容器安全技术监察规程》对这一类介质的容器不作规定。介质为气体和液化气体的容器破裂时能量释放的过程不同，下面分别讨论。

一、压缩气体的爆炸能量

　　压缩气体在容器破裂时迅速降压膨胀，这一过程所经历的时间很短，介质释放出来的能量来不及与系统外物质进行能量交换，可以认为没有热量传递，即气体膨胀是在绝热状态下进行的，压缩气体的爆炸能量即可按理想气体作绝热膨胀时所释放的能量来计算：

$$U_g = C_g \times V \tag{5-1}$$

式中：U_g 为气体的爆炸能量，J；V 为气体体积，m³；C_g 为压缩气体爆炸能量系数，J/m³。

　　压缩气体爆炸能量系数 C_g 与气体的绝热指数 k 和气体的绝对压力 P 有关。即

$$C_g = \frac{P}{k-1}\Big[1 - \big(\frac{0.1}{P}\big)^{\frac{k-1}{k}}\Big] \times 10^6 \tag{5-2}$$

式中：P 为气体爆炸前的绝对压力，MPa；k 为气体的绝热指数，即气体的定压比热与定容

比热之比。

压力容器常用压缩气体的绝热指数可查表5-1。

表5-1 常用压缩气体的绝热指数 k

气体名称	空气	氮气	氧气	氢气	甲烷	乙烷	一氧化碳	二氧化碳
绝热指数	1.4	1.4	1.397	1.412	1.315	1.18	1.395	1.295

从表5-1可以看出,常用气体(如空气、氮气、氧气、氢气及一氧化碳等)的绝热指数均为1.4或近似1.4。将 $k=1.4$ 代入式(5-2),即可得常用压力下的气体的爆炸能量系数(见表5-2)。

表5-2 常用压力下的气体的爆炸能量系数 C_g($k=1.4$ 时)

绝对压力 (MPa)	0.3	0.5	0.7	0.9	1.1	1.7	2.6
能量系数 (J/m³)	2.02×10^5	4.61×10^5	7.46×10^5	1.05×10^6	1.36×10^6	2.36×10^6	3.94×10^6
绝对压力 (MPa)	4.1	5.1	6.5	15.1	32.1	40.1	
能量系数 (J/m³)	6.70×10^6	8.60×10^6	1.13×10^7	2.88×10^7	6.48×10^7	8.22×10^7	

例如一个容积为 $1 m^3$,介质为空气的储气罐,工作压力为 0.9 MPa,发生爆炸能量为:
$$U_g = C_g \times V = 1.05 \times 10^6 \times 1 = 1.05 \times 10^6 (J)$$

对于介质为水蒸气时,也可按式(5-1)、式(5-2)计算。因 k 值与饱和蒸汽的干度及是否过热有关:过热蒸汽,$k=1.3$;干饱和蒸汽,$k=1.135$;湿饱和蒸汽,$k=1.035+0.1x$(x 为蒸汽干度)。将 $k=1.135$ 代入式(5-1)、式(5-2),可得干饱和蒸汽容器爆炸能量计算公式:

$$U_s = C_s \times V \quad\quad\quad (5-3)$$

式中:U_s 为干饱和蒸汽的爆炸能量,J;V 为蒸汽的体积,m^3;C_s 为干饱和蒸汽爆炸能量系数,J/m^3。

各种常用压力(绝对压力)下的干饱和蒸汽的爆炸能量系数查表5-3。

表5-3 常用压力下的干饱和蒸汽的爆炸能量系数 C_s

绝对压力 (MPa)	0.4	0.6	0.9	1.4	2.6	3.1
能量系数 (J/m³)	4.5×10^5	8.5×10^5	1.5×10^6	2.8×10^6	6.2×10^6	7.7×10^6

二、液化气体(高温饱和水)的爆炸能量

介质为液化气体或高温饱和水的压力容器,破裂时的情况与压缩气体容器的不同。

它除气体迅速膨胀外,还包括液体(或高温水)急剧蒸发汽化的过程。

当容器破裂时,容器内的气体首先迅速膨胀,使容器内的压力瞬时降至大气压力。此时容器的饱和液处于过热状态,也就是说它的温度高于它在大气压力下的沸点。于是气液两相失去平衡,液体迅速大量蒸发汽化,体积急剧膨胀,容器壳体受到很高的压力冲击,使其进一步破裂。这种由于压力突然下降,使原来处于平衡状态的饱和液,在大气压力下过热而迅速沸腾蒸发,体积急剧膨胀而显示出的一种爆炸现象,称为爆沸或蒸汽爆炸(高温饱和水则为水蒸气爆炸)。

介质为液化气体和高温饱和水的压力容器在破裂时所释放出的能量包括:气相绝热膨胀的爆炸能量和处于过热状态的液相迅速而猛烈地蒸发的爆沸、爆炸能量两部分。在大多数情况下,这类容器中的过热饱和液占内部介质质量的绝大部分,液相爆沸的能量比气相爆炸能量大得多,所以计算时气相爆炸能量往往忽略不计。

爆沸一般是在极短的时间内完成的,所以它是一个绝热过程。处于过热状态下的液体的爆炸能量可按下式计算:

$$U_L = [(i_1 - i_2) - (s_1 - s_2)T_1]W \tag{5-4}$$

式中:U_L 为过热状态下液体的爆炸能量,J;i_1 为在容器破裂前的压力下饱和液体的焓,J/kg;i_2 为在大气压力下饱和液体的焓,J/kg;s_1 为在容器破裂前的压力下饱和液体的熵,J/(kg·K);s_2 为在大气压力下饱和液体的熵,J/(kg·K);T_1 为介质在大气压力下的沸点,K;W 为饱和液体的质量,kg。

将饱和水在大气压力下的焓和熵及沸点值,即 $i_2 = 418\,680$、$s_2 = 1\,304.2$、$T_1 = 373$ 代入式(5-4)即得各种压力下饱和水的爆炸能量。

$$U_L = [(i_1 - 418\,680) - 373(s_1 - 1\,304.2)]W \tag{5-5}$$

为简化计算,可将各种压力下饱和水的焓 i_1 和熵 s_1 代入式(5-5),并把饱和水的质量换算为体积(因为已知条件常为容器的容积),饱和水爆炸能量计算公式可写成:

$$U_w = C_w \times V \tag{5-6}$$

式中:V 为容器内饱和水所占的容积,m^3;C_w 为饱和水的爆炸能量系数,J/m^3。

饱和水的爆炸能量系数由它的压力决定,各种常用压力(绝对压力)下的饱和水的爆炸能量系数列于表5-4。

表5-4　常用压力下的饱和水的爆炸能量系数 C_w

绝对压力（MPa）	0.4	0.6	0.9	1.4	2.6	3.1
能量系数（J/m³）	9.414×10^6	1.667×10^7	2.648×10^7	4.021×10^7	6.570×10^7	7.551×10^7

比较表5-3和表5-4可以看出,同体积、同压力下的饱和水的爆炸能量为蒸汽的数十倍。所以,在一个汽包内,即使饱和蒸汽和水各占一半的容积,饱和蒸汽的爆炸能量也不到全部爆炸能量的10%。

以上仅讨论了压缩气体和液化气体(高温饱和水)发生物理性爆炸时的能量,化学性爆炸以及容器外发生的二次爆炸请参考有关资料。

第二节 压力容器事故的危害

压力容器的结构并不复杂,但在载荷作用下,应力的分布比较复杂。例如,开孔处的应力分布要比不开孔处复杂得多。尤其是在高温、高压、低温、腐蚀等恶劣的运行条件下,如果管理不当,就容易发生事故。一旦容器破坏,会造成严重的后果,不但引起设备、财产的损失,还会造成人员的伤亡。例如1962年吉化公司某厂水洗塔爆炸,巨大的爆炸声吉林市几乎均能听到,塔体碎片四处飞散,厂房玻璃均震坏,全厂设备和管道都受到不同程度的损伤,致使全厂停车。水洗塔底部着火,塔体碎成37片,有一块重1 550 kg的碎片飞出185 m,造成死亡1人,重伤3人,轻伤20人。

1979年9月,浙江省温州市某厂液氯工段液氯钢瓶突然发生爆炸事故,这次事故共有5只液氯钢瓶爆炸,又有5只液氯钢瓶和计量罐被碎片击穿。当时,巨响震天,烟气弥漫,大量的液氯汽化气和化学反应物形成巨大蘑菇状的气柱冲天而起,高达40余米,气柱间夹杂着砖、石、瓦块及钢瓶碎片,飞向四方。强大的气浪使液氯工段的414 m² 钢筋混凝土混合结构的厂房全部倒塌,相邻的冷冻厂房部分倒塌,附近的办公楼及距厂区周围280余间的民房都受到不同程度的破坏。厂房内的液氯储罐、计量罐、汽化器等设备及管线均受到损伤及破坏。爆炸中心的水泥地面被炸成一个深1.82 m、直径6 m的大坑。有一只瓶重为1 735 kg,内装1 t重的液氯钢瓶被气柱掀起,飞越12 m高的高压线路,坠落在离爆炸中心30余米远的盐仓库内。爆炸碎片飞向四面八方,在收集到的碎片中,有一块重0.8 kg,飞出830 m;一块重72.5 kg的钢瓶封头飞越厂区,飞行过程中打断一棵直径8 cm的树干,穿越离爆炸中心85 m处的居民房砖墙,落地后又蹦起将一老大娘砸死。这次事故,共有10.2 t液氯外溢,汽化扩散,波及面积达7.35 km²,由于氯气浓度极高,厂房炸塌,造成死亡59人,中毒及重伤住院治疗779人,门诊治疗420余人。直接经济损失63万余元。由此可见事故的危害性。

压力容器发生事故的危害主要有震动危害、碎片的破坏危害、冲击波危害、有毒液化气体容器破裂时的毒害等。

一、震动

压力容器发生爆炸事故时,都会发生巨大的声响,这种声响可使物体发生震动,设备损坏,也会伤及人的耳膜和内脏,危及人的生命。

二、碎片的破坏作用

容器发生爆炸时,有些壳体则可解裂成大小不等的碎块或碎片向四周飞散,这些具有较高速度或较大质量的碎片,在飞出的过程中具有较大的动能,可击穿房屋、损坏设备、管道及人员生命,也可能引起连续爆炸或酿成火灾、中毒等,因此经常把压力容器比做巨型炸弹,若有不慎,就可能引爆,发生事故。

若被击物为塑性材料(如钢板、木材等),碎片的穿透力可按式(5-7)计算:

$$S = K\frac{E}{A} \tag{5-7}$$

式中:S 为碎片对材料的穿透深度,cm;E 为碎片击中时所具有的动能,J;A 为碎片穿透方向的截面面积,cm^2;K 为材料的穿透系数。对钢板,$K=0.001$;对木材,$K=0.04$;对钢筋混凝土,$K=0.01$。

三、冲击波危害

容器发生爆炸时,其占 80% 以上的能量都是以冲击波的形式向外扩散。冲击波是介质受到外界的作用,如震动、冲击、敲打等而产生的一种介质状态突跃变化的传播,或者简称为强扰动传播。压力容器破裂时,容器内的高压气体大量冲击,使它周围的空气受到冲击而发生扰动,使压力、温度、密度等发生突跃变化,这种扰动在空气中传播就成为冲击波。空气冲击波中状态的突跃变化,最显著的表现在压力上,开始时突然升高,产生一个很大的正压力,接着又迅速衰减,在很短时间内正压降为零,而且还要继续下降至小于大气压的负压。如此反复循环数次,压力一次比一次小,直到趋于平衡。它像水波一样向外扩散,形状如图 5-1 所示。它的破坏作用主要是由波阵面上的超压 ΔP 引起的。

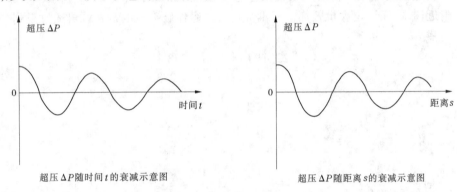

超压 ΔP 随时间 t 的衰减示意图 　　　　　超压 ΔP 随距离 s 的衰减示意图

图 5-1

在爆炸中心附近,空气冲击波波阵面上的超压 ΔP 可以达到几个甚至十几个大气压,在这样高的压力下,建筑物将被摧毁,设备、管道均会遭到严重破坏。即使 0.005 MPa 的超压就可以使门窗玻璃破碎。0.1 MPa 的超压就可使人死亡。冲击波对建筑物和人体伤害见表 5-5、表 5-6。

表 5-5　冲击波超压 ΔP 对建筑物的破坏作用

超压 ΔP(MPa)	破坏作用	超压 ΔP(MPa)	破坏作用
0.005~0.006	门窗玻璃部分破碎	0.05~0.06	木建筑厂房柱折断,房架松动
0.006~0.01	门窗玻璃大部分破碎	0.07~0.1	砖墙倒塌
0.015~0.02	窗框损坏	0.1~0.2	防震混凝土破坏
0.02~0.03	墙壁裂缝	0.2~0.3	大型钢架结构破坏
0.04~0.05	墙壁大裂缝,屋瓦飞落		

表 5-6　冲击波超压 ΔP 对人体的伤害作用

超压 ΔP(MPa)	伤害作用
0.02 ~ 0.03	轻微损伤
0.03 ~ 0.05	听觉器官损伤或骨折
0.05 ~ 0.1	内脏严重损伤或死亡
>0.1	大部分人员死亡

冲击波波阵面上超压的大小与产生冲击波的爆炸能量有关。且爆炸气体产生的冲击波是立体的,它以爆炸点为中心,以球面形状向外扩展。超压 ΔP 的计算请参考有关资料。

四、有毒液化气体容器破裂时的毒害区

如果压力容器内的介质为有毒液化气体,当容器破裂时,有毒介质外泄,部分介质流入地沟,造成环境污染;部分介质汽化蒸发向外扩散,造成大面积毒害区域,使得人和动物中毒,甚至危害生命。1952 年某校曾发生过一次液氯钢瓶撞裂事故,结果数十人送医院急救,附近树木、庄稼也大批毁坏。有毒液化气体容器破裂时的毒害区可通过下列公式进行估算:

$$V_g = \frac{22.4WC(t - t_0)}{Mq} \times \frac{273 + t_0}{273} \qquad (5\text{-}8)$$

$$V = \frac{V_g}{A\%} \qquad (5\text{-}9)$$

$$R = \sqrt[3]{\frac{V}{\frac{1}{2} \times \frac{3}{4}\pi}} \qquad (5\text{-}10)$$

式中: V_g 为介质(液化气体)全部汽化成气体的体积,m^3 ;W 为介质质量,即破裂前容器内的液化气体质量,kg;C 为介质比热,J/(kg·K);t 为破裂前温度,℃;t_0 为介质标准沸点,℃;M 为介质分子量;q 为介质汽化潜热,J/kg;V 为毒害区范围,m^3 ;A 为毒害区浓度值;R 为毒害区半径,m。

表 5-7 列出了容器中经常充装的有毒液化气体的危险浓度。

表 5-7　有毒液化气体的危险浓度

名称	吸入 5 ~ 10 min 致死浓度（%）	吸入 0.5 ~ 1 h 致死浓度（%）	吸入 0.5 ~ 1 h 致重伤浓度（%）
氨	0.5		
氯	0.09	0.003 5 ~ 0.005	0.001 4 ~ 0.002 1
硫化氢	0.08 ~ 0.1	0.042 ~ 0.06	0.036 ~ 0.05
二氧化氮	0.05	0.032 ~ 0.053	0.011 ~ 0.021
氢氰酸	0.027	0.011 ~ 0.014	0.01

通过估算可知,大多数液化气体生成的蒸汽体积为液体的二三百倍,如液氯为240倍,液氨为150倍,氢氰酸为200～370倍,液化石油气为180～200倍。如1 t液氯容器破裂时可酿成$8.6×10^4$ m^3的致死伤亡区,$5.5×10^6$ m^3的中毒范围;如1 m^3的氢氰酸,可使3 700 m^3的空间变成中毒伤亡区。

五、二次爆炸燃烧

许多压力容器,充装的是可燃液化气体,如液化石油气等。当容器破裂时,液化气大量蒸发,与周围空气混合,遇到火种,会在容器外发生二次爆炸,酿成更大的火灾事故。1979年12月18日吉林某厂,一个400 m^3的球形储罐破裂,引起一组储罐连锁爆炸,造成死亡32人、伤55人,直接经济损失540万元的重大事故,教训是惨痛的。

容器二次爆炸燃烧区域的计算可参考有关资料。据介绍,一个15 kg民用液化石油气瓶破裂爆炸时,其燃烧范围可达到20 m,一个1 t的液化石油气储罐破裂爆炸时,其燃烧范围可达78 m(即以容器为中心,以39 m为半径的半球形区域)。由此可见,对于易燃介质防火防爆的重要性。

第三节 容器破裂形式

欲保证压力容器安全运行,首要的是应防止其运行中发生破裂,因为这种破裂会造成巨大的危害(前面已经介绍了爆炸能量及容器发生破裂造成的危害)。为了提高压力容器操作工人分析和处理异常情况的技能,本节重点介绍一下容器破裂的五种形式。

一、塑性破裂(韧性破裂)

塑性破裂是因为容器承受的压力超过材料的屈服极限,材料发生屈服或全面屈服(即变形),当压力超过材料的强度极限时,则发生断裂。

(一)塑性破裂的特征

(1)塑性破裂有明显的塑性变形。破裂容器器壁有明显的伸长变形,破裂处器壁显著减薄。金属的塑性破裂是在经过大量的塑性变形后发生的,表现在容器上则是周长增大和壁厚减薄。所以,具有明显的外形变化是压力容器塑性破裂的主要特征。

(2)断口呈暗灰色纤维状。塑性破裂断口为切断型撕裂,从金相上观察,这种断裂是先滑移后断裂,所以断口呈灰暗色纤维状,断口不齐平,与主应力方向成45°角。圆筒形容器纵向开裂时,其破裂面常与半径方向成一角度,即裂口是斜断的。

(3)容器一般无碎片飞出,只是裂开一个口。壁厚比较均匀的圆筒形容器,常常是在中部裂开一个形状为")("的裂口。

(二)造成塑性破裂的原因

塑性破裂常由以下几个原因造成:

(1)盛装液化气体的容器过量充装。液化气体随温度的升高而体积增加比较大,若容器内是满液,则压力急剧上升,造成超压爆炸。这可能是由于充装失误、计量误差或操作工责任心不强造成的。

（2）由于容器在使用过程中超压而使器壁应力大幅增加，超过材料的屈服极限。如化学反应容器由于操作不当，介质工艺参数失控而使化学反应速度加快、反应温度升高，使容器内压力上升。

（3）由于设计或安装错误，如容器的进气压力高于容器的设计压力而没有在进气管安装减压阀。

（4）器壁大面积腐蚀使壁厚减小。

（三）如何防止塑性破裂

防止塑性破裂事故发生的根本措施就是防止容器壳体应力超过材料的屈服极限，即防止超压。操作中应注意以下几个方面：

（1）严禁超压运行。盛装液化气体的容器，应防止过量充装和超温运行。

（2）严格按操作规程操作，防止因操作失误造成内压升高，发生事故。特别是放热反应容器，应严格控制物料加入量。

（3）容器应按规定进行定期检验，防止因器壁腐蚀减薄而发生事故。

二、脆性破裂

压力容器在正常压力范围内，无塑性变形的情况下突然发生的破裂称为脆性破裂。

（一）产生脆性破裂的原因

产生脆性破裂的主要原因是：

（1）低温使材料的韧性降低或材料的脆性转变，温度升高使材料变脆。

（2）设备存在制造缺陷，造成局部压力过高。

（二）脆性破裂的特征

脆性破裂有如下特征：

（1）没有明显的塑性变形。容器发生脆性破裂时没有明显的外观变化，因而往往是在没有外观预兆的情况下突然破裂。

（2）断口齐平，呈金属光泽。作为脆性破裂的断裂源，往往是材料内部所存在的缺陷处或结构几何形状不连续处的应力集中部位。当容器壁厚较大时，出现人字形纹路，其尖端指向断裂源。

（3）一般产生碎片。由于脆性破裂的过程是裂纹迅速扩展的过程，材料的韧性又差，所以脆性破裂的容器常裂成碎片，且有碎片在容器破裂时飞出。

（4）破裂事故多在温度较低的情况下发生。因金属材料的断裂韧性随温度的降低而减小，所以有裂纹缺陷的容器常在温度较低的情况下发生脆性破裂。

（三）防止脆性事故发生的措施

防止脆性事故发生的措施有以下几点：

（1）确保材料具有较高的韧性。材料的韧性是至关重要的，因此从设计时就必须考虑选择具有良好韧性的材料来制造压力容器，必要时甚至可以放弃追求过高的强度。

（2）避免或降低容器的应力集中。如结构不良，开孔等，造成局部应力过高。在设计时，尤其是对低温容器应尽可能采用降低应力集中的补强结构，制造时应严格按设计要求施工。

(3)提高焊接质量,热处理消除容器的残余应力。消除残余应力的热处理主要是退火处理。

(4)按规定定期对容器进行检验,重点对裂纹性缺陷进行检验和无损探伤。

(5)操作时应注意容器是否出现异常泄露,即裂纹源。

三、疲劳破裂

压力容器的疲劳破裂是由于容器在频繁的加压、卸压过程中,材料受到交变应力的作用,经长期使用后所导致的容器破裂。所谓交变应力,就是外加应力(工作应力)随时间呈周期性变化的应力,也称为疲劳应力。容器在承压和卸压状态下,器壁所受的应力差异很大。不过容器在使用过程中一般加压、卸压重复次数不多,所以材料通常承受的是所谓低周疲劳应力。在交变应力作用下,容器的较高应力部位会产生细微的裂纹(或微细裂纹扩展)等缺陷,并在裂纹的尖端形成高度应力集中。由于应力集中存在,使微裂纹逐渐扩大。同时,由于应力继续不断地交变,在裂纹扩大到一定程度后,如果载荷达到一定数值,或遇到冲击、震动时,容器就会沿着裂纹发生破裂。

(一)疲劳破裂的特征

疲劳破裂有如下特征:

(1)破坏总是在经过多次的反复加压和卸压以后发生。

(2)容器破坏时没有明显的塑性变形过程,器壁没有减薄。

(3)容器一般不是破裂成碎片,而是裂成一个口,泄漏失效。

(4)疲劳断口存在两个明显的区域,一个是疲劳裂纹扩展区,光滑面有滩状波纹,一个是最终断裂区,断口齐平,有金属光泽。

(5)疲劳破裂的位置往往是在容器存在应力集中的部位(如开孔接管处等)。

(二)防止疲劳破裂的措施

防止疲劳破裂的措施,在于设计中应尽量减少应力集中,采用合理的结构及制造工艺。同时,在使用过程中也尽量减少不必要的加压、卸压或严格控制压力及温度的波动。

四、应力腐蚀

钢材在腐蚀介质作用下,引起壁厚减薄或材料组织结构改变,机械性能降低,使承载能力不够而产生的破坏,称为腐蚀破坏。

腐蚀破裂常以应力腐蚀的形式出现。应力腐蚀是金属材料在应力和腐蚀的共同作用下,以裂纹形式出现的一种腐蚀破坏。发生应力腐蚀,必须同时具备两个条件:一是应力,指拉伸应力,包括由外载荷引起的应力和在加压过程中引起的残余应力;二是腐蚀介质。

在化工及石油容器中,常见的容器应力腐蚀有下面几种。

(一)液氨对碳钢及低合金钢容器的应力腐蚀

液氨广泛用于化肥、石油化工、冶金、制冷等工业部门。液氨的储存和运输大部分用碳钢或低合金钢制压力容器。在一般情况下,无水液氨只对钢材产生轻微的均匀腐蚀。但是液氨储罐在充装、排料及检修当中,容易受空气污染,而大气中的氧及二氧化碳则促进液氨的应力腐蚀。液氨的应力腐蚀主要是残余应力,且与它的工作温度有明显的关系。

在使用中应采取下列措施以有利于防止液氨对储存容器的应力腐蚀：

(1)在焊接工艺上采取措施,减小焊接残余应力。焊缝最好都经过消除残余应力处理,冷压封头必须经过热处理。

(2)尽可能采用屈服强度低的低碳钢制造液氨储罐。若采用合金钢材料,则16MnR比16Mn材质更合适。

(3)尽可能保持较低的工作温度,低温储存。

(4)减小空气污染。

(5)在液氨中加入0.1%~0.2%的水。试验证明,液氨中含有0.2%的水有缓蚀作用,但对高强度钢不起作用。

(二)硫化氢对钢制容器的应力腐蚀

在化工行业,硫化氢的应力腐蚀是一个比较普遍的问题,特别是湿的硫化氢对碳钢和低合金钢的应力腐蚀。在应力因素方面,除薄膜应力外,主要是焊接残余应力、强行装配组焊引起的附加应力等;在腐蚀因素方面,介质中含量较高的硫化氢及水分与高强度钢焊缝区的淬硬组织,构成了腐蚀环境。

预防硫化氢对压力容器的应力腐蚀,除从根本上降低介质中硫化氢的含量外,比较有效的措施是消除残余应力或减小焊接残余应力和其他附加应力。最常用的办法是进行焊后热处理。还可采用内壁涂防腐层的办法。

(三)热碱溶液对钢制容器的应力腐蚀

压力容器的工作介质中,如果含有一定浓度的氢氧化钠溶液,在温度较高的特定环境中,会对碳钢或合金钢产生应力腐蚀。这种现象俗称碱脆,或称苛性脆化。例如1979年10月某厂发生了一次人造水晶高压釜断裂爆炸事故,主要原因就是热碱液对容器的应力腐蚀。

钢的碱脆一般要同时具备三个条件:即高的温度、高的碱浓度和拉伸应力。

碱脆断裂的容器,没有宏观塑性变形。断裂都发生在应力集中部位,断面与主拉伸应力大体成垂直。

(四)含水一氧化碳对钢的应力腐蚀

在通常情况下,一氧化碳气体可以被铁吸附,在金属表面形成一层保护膜。但是由于多种原因,内壁上这层保护膜遭到局部破坏。于是在保护膜被破坏的地方,因二氧化碳和水的作用,使铁发生快速阳极溶解,并形成向纵深方向扩展的裂纹,而无水的一氧化碳气体,不存在对钢产生应力腐蚀的现象。这种腐蚀属于电化学腐蚀。

(五)高温高压氢对钢的应力腐蚀

在石油化工容器中,有一些容器的工作介质是温度为几百度、压力为几百个大气压、含有一定比例的氢的混合气体。例如合成氨的合成塔,介质为氮、氢、氨的混合气体。碳钢及低合金钢在高温高压的还原性介质(特别是氢)的作用下,强度和塑性都会严重降低,而它的外表面却没有明显的破坏迹象。这一现象俗称氢脆。原因是发生了化学反应,高温高压的氢进入钢中,与渗碳体相互作用,生成甲烷,使钢脱碳。其反应为:

$$Fe_3C + 2H_2 \longrightarrow 3Fe + CH_4$$

氢气是否会使钢发生氢脆,主要决定于它的压力、温度、作用时间和钢的化学组成。

通常,氢的分压越大、温度越高,钢的脱碳层越深,发生氢脆断裂的时间越短。其中,温度因素尤为重要。

钢中碳与合金的含量对氢脆也有很大影响。在相同的温度和压力条件下,碳含量越高,越容易发生氢脆。在合金钢中,碳含量的影响就更为明显。钢中若加入铬、钛、钒等元素,则可阻止钢产生氢脆。

五、蠕变破裂(坏)

蠕变是指当金属的温度高于某一限度时,即使应力(主要为拉应力)低于屈服极限,材料也能发生缓慢的塑性变形。这种塑性变形经长期积累,最终也能导致材料破坏,这一现象被称为蠕变破坏。

导致容器发生蠕变破坏的是容器长期处在高温(碳素钢和普通低合金钢的蠕变温度界限为 $350 \sim 400$ ℃)下工作,应力长期作用的结果。所以,蠕变破坏一般都有明显的塑性变形,其变形量的大小取决于材料的塑性。

容器发生蠕变破裂事故非常少,但对于高温容器仍不可忽视。例如,高温加氢反应、高温高压下的合成氨、高温加热炉等设备,在设计、制造、使用过程中应特别考虑蠕变问题。

第四节　事故分析

特种设备事故,是指因特种设备的不安全状态或者相关人员的不安全行为,在特种设备制造、安装、改造、维修、使用(含移动式压力容器、气瓶充装)、检验检测活动中造成的人员伤亡、财产损失、特种设备严重损坏或者中断运行、人员滞留、人员转移等突发事件。压力容器的事故是多种因素综合作用的结果,压力容器发生事故的危害是巨大的(前面已经介绍过)。因此,对于每一次事故,应按照"四不放过原则"(即事故原因不查清不放过、事故责任人没处理不放过、事故相关者没得到应有的教育不放过、事故的规范措施不落实不放过),认真进行调查分析,以便从中吸取经验教训,研究防止再次发生类似事故的措施。

一、事故分类

压力容器事故一般会引起压力容器发生爆炸、受压元件严重损坏,以及由于受压元件开裂,可燃气体泄漏引起的火灾或有毒气体泄漏引起人员中毒死亡、受伤。

按照《特种设备安全监察条例》的规定,特种设备事故分为特别重大事故、重大事故、较大事故和一般事故。

(一)特别重大事故

(1)特种设备事故造成 30 人以上死亡,或者 100 人以上重伤(包括急性工业中毒,下同),或者 1 亿元以上直接经济损失的;

(2)600 MW 以上锅炉爆炸的;

(3)压力容器、压力管道有毒介质泄漏,造成 15 万人以上转移的;

（4）客运索道、大型游乐设施高空滞留100人以上并且时间在48 h以上的。

（二）重大事故

（1）特种设备事故造成10人以上30人以下死亡，或者50人以上100人以下重伤，或者5 000万元以上1亿元以下直接经济损失的；

（2）600 MW以上锅炉因安全故障中断运行240 h以上的；

（3）压力容器、压力管道有毒介质泄漏，造成5万人以上15万人以下转移的；

（4）客运索道、大型游乐设施高空滞留100人以上并且时间在24 h以上48 h以下的。

（三）较大事故

（1）特种设备事故造成3人以上10人以下死亡，或者10人以上50人以下重伤，或者1 000万元以上5 000万元以下直接经济损失的；

（2）锅炉、压力容器、压力管道爆炸的；

（3）压力容器、压力管道有毒介质泄漏，造成1万人以上5万人以下转移的；

（4）起重机械整体倾覆的；

（5）客运索道、大型游乐设施高空滞留人员12 h以上的。

（四）一般事故

（1）特种设备事故造成3人以下死亡，或者10人以下重伤，或者1万元以上1 000万元以下直接经济损失的；

（2）压力容器、压力管道有毒介质泄漏，造成500人以上1万人以下转移的；

（3）电梯轿厢滞留人员2 h以上的；

（4）起重机械主要受力结构件折断或者起升机构坠落的；

（5）客运索道高空滞留人员3.5 h以上12 h以下的；

（6）大型游乐设施高空滞留人员1 h以上12 h以下的。

二、事故报告

发生特种设备事故后，事故现场有关人员应当立即向事故发生单位负责人报告；事故发生单位的负责人接到报告后，应当于1 h内向事故发生地的县以上质量技术监督部门和有关部门报告。

情况紧急时，事故现场有关人员可以直接向事故发生地的县以上质量技术监督部门报告。

接到事故报告的质量技术监督部门，应当尽快核实有关情况，依照《特种设备安全监察条例》的规定，立即向本级人民政府报告，并逐级报告上级质量技术监督部门直至国家质检总局。质量技术监督部门每级上报的时间不得超过2 h。必要时，可以越级上报事故情况。

对于特别重大事故、重大事故，由国家质检总局报告国务院并通报国务院安全生产监督管理等有关部门。对较大事故、一般事故，由接到事故报告的质量技术监督部门及时通报同级有关部门。

对事故发生地与事故发生单位所在地不在同一行政区域的，事故发生地质量技术监督部门应当及时通知事故发生单位所在地质量技术监督部门。事故发生单位所在地质量技术监督部门应当做好事故调查处理的相关配合工作。

报告事故应当包括以下内容：

（1）事故发生的时间、地点、单位概况以及特种设备种类；

（2）事故发生初步情况，包括事故简要经过、现场破坏情况、已经造成或者可能造成的伤亡和涉险人数、初步估计的直接经济损失、初步确定的事故等级、初步判断的事故原因；

（3）已经采取的措施；

（4）报告人姓名、联系电话；

（5）其他有必要报告的情况。

事故发生单位的负责人接到事故报告后，应当立即启动事故应急预案，采取有效措施，组织抢救，防止事故扩大，减少人员伤亡和财产损失。

质量技术监督部门接到事故报告后，应当按照特种设备事故应急预案的分工，在当地人民政府的领导下积极组织开展事故应急救援工作。

三、事故调查

压力容器事故的报告和调查处理遵守 2009 年国家质量监督检验、检疫总局第 115 号令《特种设备事故报告和调查处理规定》。发生特种设备事故后，事故发生单位及其人员应当妥善保护事故现场以及相关证据，及时收集、整理有关资料，为事故调查做好准备。必要时，应当对设备、场地、资料进行封存，由专人看管。

因抢救人员、防止事故扩大以及疏通交通等原因，需要移动事故现场物件的，负责移动的单位或者相关人员应当做出标志，绘制现场简图并做出书面记录，妥善保存现场重要痕迹、物证。有条件的，应当现场制作视听资料。

事故调查期间，任何单位和个人不得擅自移动事故相关设备，不得毁灭相关资料、伪造或者故意破坏事故现场。

依照《特种设备安全监察条例》的规定，特种设备事故分别由以下部门组织调查：

（1）特别重大事故由国务院或者国务院授权的部门组织事故调查组进行调查；

（2）重大事故由国家质检总局会同有关部门组织事故调查组进行调查；

（3）较大事故由事故发生地省级质量技术监督部门会同省级有关部门组织事故调查组进行调查；

（4）一般事故由事故发生地设区的市级质量技术监督部门会同市级有关部门组织事故调查组进行调查。

根据事故调查处理工作的需要，负责组织事故调查的质量技术监督部门可以依法提请事故发生地人民政府及有关部门派员参加事故调查。

负责组织事故调查的质量技术监督部门应当将事故调查组的组成情况及时报告本级人民政府。

根据事故发生情况，上级质量技术监督部门可以派员指导下级质量技术监督部门开展事故调查处理工作。

自事故发生之日起 30 日内,因伤亡人数变化导致事故等级发生变化的,依照规定应当由上级质量技术监督部门组织调查的,上级质量技术监督部门可以会同本级有关部门组织事故调查组进行调查,也可以派员指导下级部门继续进行事故调查。

事故调查的程序如下。

(一)成立调查组

事故发生后,应立即成立调查组,事故调查组成员应当具有特种设备事故调查所需要的知识和专长,与事故发生单位及相关人员不存在任何利害关系。事故调查组组长由负责事故调查的质量技术监督部门负责人担任。

必要时,事故调查组可以聘请有关专家参与事故调查。所聘请的专家应当具备 5 年以上特种设备安全监督管理、生产、检验检测或者科研教学工作经验。设区的市级以上质量技术监督部门可以根据事故调查的需要,组建特种设备事故调查专家库。

根据事故的具体情况,事故调查组可以内设管理组、技术组、综合组,分别承担管理原因调查、技术原因调查、综合协调等工作。

事故调查组应当履行下列职责:

(1)查清事故发生前的特种设备状况;

(2)查明事故经过、人员伤亡、特种设备损坏、经济损失情况以及其他后果;

(3)分析事故原因;

(4)认定事故性质和事故责任;

(5)提出对事故责任者的处理建议;

(6)提出防范事故发生和整改措施的建议;

(7)提交事故调查报告。

(二)事故现场调查

事故现场是分析事故的依据,所以必须进行详细的检查记录,现场调查一般应包括以下几个方面。

1.容器破坏情况的检查和测量

包括设备原来的安装位置,事故发生时设备的破坏形式(膨胀、泄漏、裂口、爆炸)和碎片飞出情况,以及与设备相连部件的损坏情况,并取样作进一步的试验、分析。

调查时注意作以下记录:断口的形状、颜色、晶粒和断口纤维状等特征;裂口的位置、方向,裂口的宽度、长度及其壁厚;碎片的重量等。可以从断口和破坏情况初步判断事故性质,是塑性、脆性破裂还是疲劳破裂等。

2.对安全附件装置情况的调查

容器发生事故后,在初步检查安全阀、压力表、温度测量仪表后,再拆卸下来进行详细检查,以确定是否超压或超温运行。

若有减压阀者,应检查是否失灵。装设爆破片者,应检查是否已爆破等情况。

3.对建筑物破坏情况和人员伤亡情况的调查

建筑物损坏情况,与爆炸中心的距离以及门窗破坏情况,从现场破坏情况可进行爆炸能量估算。人员伤亡情况,包括受伤部位及其程度,便于确定受害程度。

（三）了解事故发生前设备运行情况

为了准确了解事故发生前设备的运行真实情况,应尽量收集各种操作记录,包括容器在事故发生时的操作压力、温度、物料装填量、物料成分及进出流量等,事故发生过程是否出现不正常情况,采取的紧急措施,安全装置的动作情况。操作人员的操作水平,有无经过安全培训、考核合格等情况,是否持证上岗,便于判断是否有误操作现象。

（四）了解设备制造和使用检验情况

了解包括容器的制造厂、出厂日期、有无产品合格证、质量证明书及监检证书等情况,材质情况及制造时存在的缺陷。容器的使用情况及使用年限、上次检验日期、内容及所发现的问题。容器的工作条件,压力、温度、介质成分及浓度,是否对容器构成应力腐蚀、晶间腐蚀及其他腐蚀的可能性。以便判断是否因设计、制造不良引起事故,还是使用管理不当造成的事故。

（五）对取样进行金相组织、化学成分、机械性能的检验,并对断口作技术分析

通过材料的性能检验和断口的外观及金相检查等技术检验与鉴定,可以确切地查明事故原因。

四、事故结果和报告

事故调查组应当查明引发事故的直接原因和间接原因,并根据对事故发生的影响程度认定事故发生的主要原因和次要原因。

事故调查组根据事故的主要原因和次要原因,判定事故性质,认定事故责任。

事故调查组根据当事人行为与特种设备事故之间的因果关系以及在特种设备事故中的影响程度,认定当事人所负的责任。当事人所负的责任分为全部责任、主要责任和次要责任。

当事人伪造或者故意破坏事故现场、毁灭证据、未及时报告事故等,致使事故责任无法认定的,应当承担全部责任。

事故调查组应当向组织事故调查的质量技术监督部门提交事故调查报告。事故调查报告应包括下列内容:

（1）事故发生单位情况;

（2）事故发生经过和事故救援情况;

（3）事故造成的人员伤亡、设备损坏程度和直接经济损失;

（4）事故发生的原因和事故性质;

（5）事故责任的认定以及对事故责任者的处理建议;

（6）事故防范和整改措施:

（7）有关证据材料。

五、事故处理

依照《特种设备安全监察条例》的规定,省级质量技术监督部门组织的事故调查,其事故调查报告报省级人民政府批复,并报国家质检总局备案;市级质量技术监督部门组织的事故调查,其事故调查报告报市级人民政府批复,并报省级质量技术监督部门备案。

国家质检总局组织的事故调查,事故调查报告的批复按照国务院有关规定执行。

六、法律责任

发生特种设备特别重大事故,依照《生产安全事故报告和调查处理条例》的有关规定实施行政处罚和处分;构成犯罪的,依法追究刑事责任。

发生特种设备重大事故及其以下等级事故的,依照《特种设备安全监察条例》的有关规定实施行政处罚和处分;构成犯罪的,依法追究刑事责任。

发生特种设备事故,有下列行为之一,构成犯罪的,依法追究刑事责任;构成有关法律法规规定的违法行为的,依法予以行政处罚;未构成有关法律法规规定的违法行为的,由质量技术监督部门等处以4 000元以上2万元以下的罚款:

(1)伪造或者故意破坏事故现场的;

(2)拒绝接受调查或者拒绝提供有关情况或者资料的;

(3)阻挠、干涉特种设备事故报告和调查处理工作的。

七、事故原因分类原则

填报事故原因时按以下原则分类:

(1)设计制造方面。

结构不合理,材质不符合要求,焊接质量不好,受压元件强度不够以及其他由于设计制造不良造成的事故。

(2)运行管理方面。

违反劳动纪律,违章作业,超过检验期限,没有进行定期检验,操作人员不懂技术,无水质处理设施或水质处理不好以及其他由于运行管理不善造成的事故。

(3)安全附件不全、不灵。

(4)安装、改造、检修质量不好以及其他方面引起的事故。

八、确认事故责任单位有争议时的处理方法

在调查、分析事故中,对确定事故主要责任单位发生争议时,压力容器安全监察机构应该组织各方,共同研究,作出裁决。

九、事故案例——储氨器爆炸事故分析

1992年3月4日清晨,郑州某工厂一外径1 200 mm、容积4.94 m³的储氨器在只使用了短短36天就发生爆炸,这在同类事故中还是罕见的。

(一)事故情况

该厂于1989年4月开始使用辽宁某厂生产的第一台储氨器,1990年11月因扩建停用,1991年11月又启用,当年12月3日,发现封头与筒体组焊缝热影响区开裂达130 mm,经有证焊工做补焊处理后于当月6日又投入使用。1992年1月补焊后的焊缝再次开裂15 mm,经补焊后再次投入使用,1月25日对应焊缝又一次开裂30 mm,紧急停车报废处理。

第二台储氨器于 1992 年 1 月 27 日安装,经用户试压合格后投入使用。使用前该设备没有按《锅炉压力容器使用登记管理办法》的要求向劳动部门办理压力容器使用登记手续。3 月 2 日发现北端封头下部焊缝附近有泄漏现象,未采取有效措施,于 3 月 4 日发生爆炸,造成直接经济损失 20.78 万元,全厂被迫停产。

(二)事故调查、检验、分析

1. 现场调查

储氨器在厂房西侧南北向放置。该设备允许工作压力 1.85 MPa,使用中最高工作压力为 1.1 MPa,当天气温 0～2 ℃,液氨储量约 1 m³,压力表、安全阀都完好,灵敏可靠。爆炸时,储氨器断口处没有发生塑性变形,封头从与筒体相连的焊缝处较整齐地分离出去,封头主体向西北方向抛出 3 m 左右,其中一小块,面积为 150 mm×800 mm 抛向东北方向 3 m 处,筒体和南端封头整体向南移位 5.15 m,筒体向西稍有偏斜,顺时针扭动约 40°。断口内表面发黑,有腐蚀介质。断口呈现出脆性断裂,形貌如图 5-2 所示。

2. 检验分析

事故发生后,我们对该容器的原始资料进行了审查。该容器由国家批准的定点生产厂制造。图纸、产品质量证明书、强度计算书等资料齐全。该容器材质为 16MnR,有材质证明书,符合标准要求,审查该产品原始射线底片,探伤比例与评定级别均符合有关技术标准和规程的要求。从结构上看,筒体设计壁厚为 8 mm、封头壁厚为 10 mm,厚度不一样,采用外表面对齐、内部削边加垫板、单面焊结构,如图 5-3 所示。

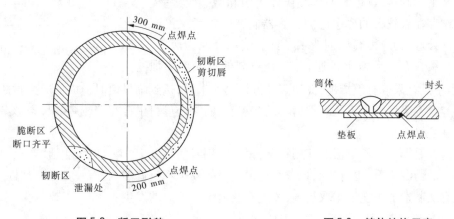

图 5-2 断口形貌　　　　图 5-3 筒体结构示意

为了从根本上找出事故发生的原因,只能进一步做微观检查和理化试验。取样位置见图 5-4。

取母材试样 8#、9# 分析:机械性能、化学成分与质量证明书提供的数据基本一致,符合标准要求。筒体 8# 试样金相表明:组织为珠光体 + 铁素体,呈二级带状组织。封头 9# 试样金相表明:组织为珠光体 + 铁素体,呈五级带状组织。单从母材分析来看,材质对事故发生影响不大。

在断裂面取一些试样,做金相分析,结果表明:脆性断裂区(H#、OH#、O#、100#)断裂面上有较多的夹杂物,最宽处为 0.25 mm。其中,有两条长分别为 8 mm 和 10 mm,垂直于断面的深度为 0.3 mm。在点焊处(X#)断面上发现有较多的非金属夹杂物,该夹杂物经电

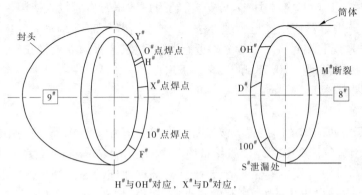

H#与OH#对应, X#与D#对应,
10#与100#对应, F#是泄漏处临近一点

图 5-4　取样位置

子探针分析为硫化物。因泄漏处在点焊处,所以在其他点焊处取一些试样,发现点焊处(X#、10#),其焊缝热影响区呈马氏体组织,并发现有沿厚度方向的微裂纹。

(三)事故原因分析

由于在结构上采用内削边,制造过程中没有严格按照工艺要求削边,增加了应力集中系数(见图 5-5),在结构上形成应力集中,点焊位置正好在应力集中处。由于点焊位置及工艺影响,点焊时产生马氏体组织和微裂纹,马氏体组织存在着较大的残余应力。容器制造完工后又没有进行热处理,为应力腐蚀创造了条件。使用介质为液氨,使得裂纹在腐蚀环境下迅速扩展,在点焊处首先产生泄

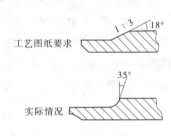

图 5-5　削边示意

漏,由于没有采取有效措施,促使裂纹继续迅速扩展,达到临界值时造成低应力脆性断裂,使得容器发生爆炸。再从断裂力学的观点看,断裂处母材中存在着较多的长条形夹杂物,本身就是微裂纹源。

再看看第一台储氨器的使用情况,累计使用时间只有 19 个月就发生泄漏。从其他用户反映的情况来看,也有泄漏现象。这说明事故发生不是偶然的,有一定的必然性。制造厂只有从制造的工艺上采取措施,才能有效地预防事故的发生。

(四)建议与预防措施

(1)从设计上考虑,该储氨器在封头处开有人孔,就可直接采用双面焊结构,若采用单面焊,可改为封头与筒体内表面对齐,按标准要求,就不用削边。

(2)标准规定有应力腐蚀的容器应进行焊后热处理。液氨对碳钢和低合金钢容器有应力腐蚀。从近 20 年我国发生的几起液氨储罐爆炸事故来看,液氨引起应力腐蚀是事故发生的主要原因。

(3)从材料的选用上考虑,采用强度级别低一级的材料,可减少应力腐蚀的可能性。

(4)作为压力容器使用单位,应加强在用压力容器的安全管理工作。首先,使用前必须逐台到当地劳动部门办理压力容器使用登记手续;另外,应指定具有压力容器专业知识的工程技术人员负责安全技术管理工作,以便在压力容器发生诸如泄漏等异常现象时,采

用紧急有效措施,把损失降低到最低限度。

习 题

一、选择题

1. 压力容器的爆炸事故,按其起因有_____。
   A. 物理爆炸　　　　B. 化学爆炸

2. 压力容器发生事故的危害主要有_____。
   A. 震动危害　　　　B. 碎片的破坏危害　　　　C. 冲击波危害
   D. 有毒液化气体容器破裂时的毒害　　　　E. 二次爆炸燃烧

3. 由于容器在使用中超压而使器壁应力大幅增加,超过材料的屈服极限而引起的断裂称为_____。
   A. 塑性破裂　　　　B. 脆性破裂　　　　C. 疲劳破裂　　　　D. 蠕变破裂

4. 压力容器在正常使用压力范围内、无塑性变形的情况下,突然发生的爆炸称为_____。
   A. 塑性破裂　　　　B. 脆性破裂　　　　C. 疲劳破裂　　　　D. 蠕变破裂

5. 造成死亡1~2人的事故称为_____。
   A. 特别重大事故　　　　B. 重大事故　　　　C. 较大事故　　　　D. 一般事故

二、判断正误(正确的在括号里打√,错误的打×)

(　　)1. 容器破裂时,气体膨胀所释放的能量与气体压力、容器容积、介质的物态有关。

(　　)2. 介质为液化气体或高温饱和水的容器,破裂时除气体迅速膨胀外,还包括介质急剧蒸发汽化的过程。

(　　)3. 同体积、同压力的饱和水的爆炸能量为蒸汽的5倍。

(　　)4. 爆炸气体产生的冲击波是立体的,它以爆炸点为中心,以扇形向外扩展。

(　　)5. 盛装液化气体的容器过量充装,易引起压力容器的塑性破裂。

第六章　换热器

第一节　概　述

一、简　介

换热器是许多工业部门广泛应用的通用工艺设备,对于迅速发展的化工、石油和石油化学工业来说,换热器尤为重要。通常,在化工厂的建设中,换热器占总投资的11%,在现代石油冶炼厂中,换热器占全部工艺设备投资的40%左右。随着生活质量的提高,采暖供热也越来越普及,换热器是供热系统的主要设备,换热器的先进性、合理性和运转可靠性将直接影响石油化工产品的质量、数量和成本以及供热的经济成本。

换热器的作用是进行热量交换,如空压系统中的冷却器,是为了降低空气的温度,通过冷却水在容器内把空气的热量带走,降低了空气的温度,而冷却水吸收了热量,水温上升。锅炉采暖系统中的汽水热交换器、水水热交换器是把从锅炉出来的高温高压蒸汽或高温水通过热交换器使水蒸气温度或热水温度降低,而采暖供水温度升高,转化成经济性好、适合采暖的供水温度。换热器用途广泛,根据使用条件的不同,换热器可以有各种各样的形式和结构。在生产中换热器有时是一个单独的化工设备,有时则是某一工艺设备的组成部分(如化肥厂的氨合成塔)。常见的换热器有管壳式余热锅炉、汽水热交换器、水水热交换器、冷却器、加热器、冷凝器等。

换热器的形式和类别虽多,但衡量一台换热器好坏的标准是相同的,即传热效率高,流体阻力小,强度足够,结构可靠,材料节省,成本低,经济性好,制造、安装、检修方便。

换热器常见的类型有管壳式换热器、螺旋板式换热器、蛇管式换热器、容积式换热器等。

任何一种换热器的性能总不可能十全十美,例如板式换热器传热效率高,金属消耗量低,但流体阻力大,强度和刚度差,制造、检修困难,而管壳式换热器虽在传热效率、紧凑性、金属消耗量等方面均不如板式,但其结构坚固、可靠程度高、适应性强、材料范围广,因而目前仍是石油、化工生产中,尤其是高温、高压和大型换热器的主要结构形式。对于近期发展较快的城市供热采暖系统(即热力管网系统)主要采用的也是管壳式换热器。

本章主要介绍钢制管壳式换热器的一些基本知识和操作规程。

钢制管壳式换热器的设计、制造、使用、检验、修理和改造应符合如下标准、规范:

GB 150《压力容器》

GB 151《钢制管壳式换热器》

《固定式压力容器安全技术监察规程》

二、管壳式换热器的结构形式

钢制管壳式换热器常见的结构形式有:固定管板式、浮头式、U形管式和填料函式。

(一)固定管板式换热器

固定管板式换热器如图6-1所示。它的结构简单、紧凑,每根管子都能单独更换和清洗。在同样的壳体直径内,布管最多,两管板由管子互相支撑,因此在各种管壳式换热器中其管板最薄。除U形管式外,它是管壳式换热器中造价最低的一种,因而得到广泛应用。但这种换热器管外清洗较困难,管壳间有温差应力存在,当壳壁与管壁的热膨胀差较大时,须在壳体上设置膨胀节,以降低温差应力(此时壳程压力就受膨胀节强度限制而不能太高)。为了清除膨胀节强度限制的影响,一种新型产品已经通过鉴定,系列化批量生产,即波节管式换热器。它是通过管子可以自由膨胀来减小管子和壳体的温差应力。该产品传热效率高,广泛应用于城市热网,原油输送中的加温及化工、纺织、医药等工业部门。

固定管板式换热器适用于壳程介质清洁,不易结垢,管程需清洗以及温差不大或温差虽大但壳程压力不高的场合。

(二)浮头式换热器

浮头式换热器如图6-2所示,它的一块管板与壳体用螺栓固定,另一块管板可以相对于壳体自由移动,故管、壳间不产生温差应力。管束可以抽出,便于清洗管子内外壁。相对填料函式换热器,它能在较高的压力和温度条件下工作。但这类换热器结构复杂、金属消耗量大、造价高(比固定管板式约高20%)。在浮头处如发生内漏则无法检查,管束与壳体间较大的环隙易引起流体短路,影响传热。浮头式换热器适应于管、壳壁温差较大和介质易结垢需清洗的场合。

(三)U形管式换热器

U形管式换热器如图6-3所示,它的结构简单,管束可以自由伸缩,不会产生管、壳间的温差应力。因只有一块管板,造价低。管束对管板无支撑,在相同情况下,所需管板最厚。其管内清洗不便,管板上布管少,结构不紧凑,管外流体易短路而影响传热效率。内层管子损坏后不能更换,堵管后管子报废率大。

U形管应符合以下要求:

(1)U形管弯管段的弯曲半径 R(见图6-4),应不小于两倍的管子外径。常用换热管的最小弯曲半径 R_{min} 应按表6-1选取。

(2)U形弯管段弯曲前的最小壁厚按式(6-1)计算:

$$\delta_0 = \delta_1 (1 + \frac{d}{4R}) \tag{6-1}$$

式中:d 为换热管外径,mm;R 为弯管段弯曲半径,mm;δ_0 为弯曲前管子的最小壁厚,mm;δ_1 为直管段的计算壁厚,mm。

表6-1 弯管最小弯曲半径 R_{min} (单位:mm)

换热管外径	10	14	19	25	32	38	45	57
R_{min}	20	30	40	50	65	75	90	115

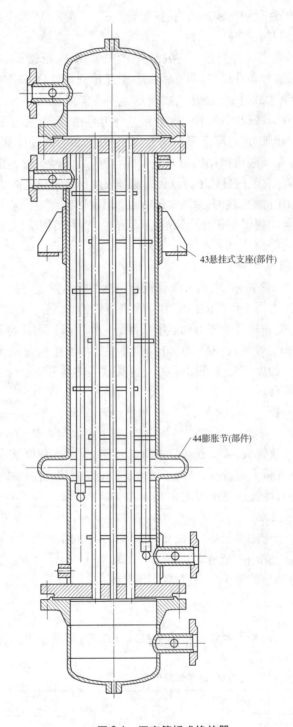

43悬挂式支座(部件)

44膨胀节(部件)

图 6-1   固定管板式换热器

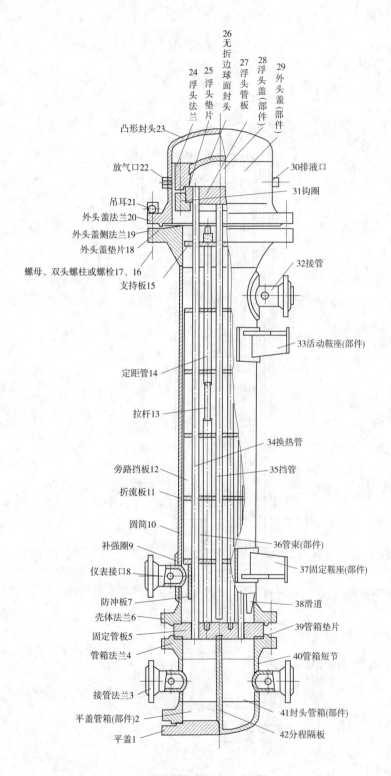

凸形封头23

放气口22

吊耳21

外头盖法兰20

外头盖侧法兰19

外头盖垫片18

螺母、双头螺柱或螺栓17、16

支持板15

定距管14

拉杆13

旁路挡板12

折流板11

圆筒10

补强圈9

仪表接口8

防冲板7

壳体法兰6

固定管板5

管箱法兰4

接管法兰3

平盖管箱(部件)2

平盖1

24 浮头法兰

25 浮头垫片

26 无折边球面封头

27 浮头管板

28 浮头盖(部件)

29 外头盖(部件)

30排液口

31钩圈

32接管

33活动鞍座(部件)

34换热管

35挡管

36管束(部件)

37固定鞍座(部件)

38滑道

39管箱垫片

40管箱短节

41封头管箱(部件)

42分程隔板

图6-2 浮头式换热器

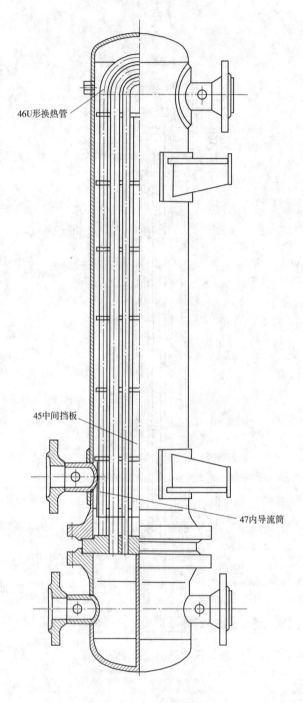

46U形换热管

45中间挡板

47内导流筒

图 6-3 U 形管式换热器

（3）U 形管弯管段的圆度偏差,应不大于管子名义外径的 10% 。

（4）U 形管不宜热弯,否则须征得用户同意。

（5）当有耐应力腐蚀要求时,冷弯 U 形管的弯管段及至少包括 150 mm 的直管段应进行热处理:

①碳钢、低合金钢管作消除应力热处理;

②奥氏体不锈钢管可按供需双方商定的方法进行热处理。

U 形管式换热器适用于管、壳壁温差较大的场合,尤其是管内流动的是清洁不易结垢的高温、高压、腐蚀性大的介质。

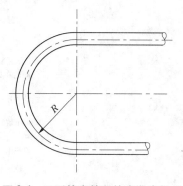

图 6-4　U 形管弯管段的弯曲半径 R

（四）填料函式换热器

填料函式换热器如图 6-5 所示,它的管束亦可以自由伸缩,不会产生管、壳间温差应力。结构较浮头式简单,加工制造方便,造价较浮头式低,检修、清洗容易,填函处泄漏能及时发现。但壳程有外漏的可能,故壳程压力不宜过高,使用温度受填料性能限制,且不宜处理易挥发、易燃、易爆、有毒及贵重介质。生产中往往不是为清除温差应力,而是为便于清洗壳程才采用这类换热器的。

三、换热器型号的表示方法及示例

（一）换热器型号的表示方法

换热器型号的表示方法如下:

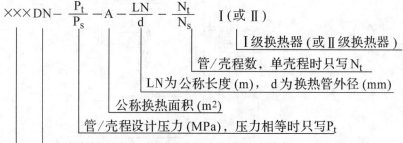

（二）示例

1. 浮头式换热器

平盖管箱,公称直径 500 mm。管程和壳程设计压力均为 1.6 MPa,公称换热面积 54 m²,较高级冷拔换热管外径 25 mm,管长 6 m,4 管程,单壳程的浮头式换热器,其型号为:

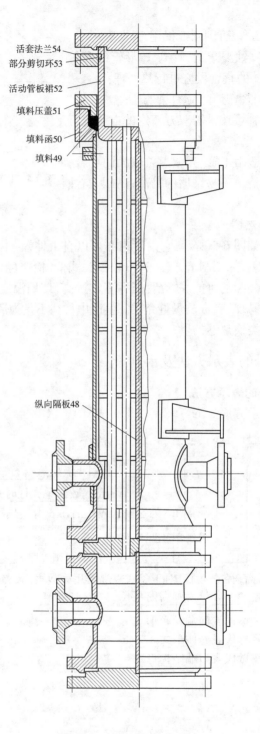

活套法兰54
部分剪切环53

活动管板裙52

填料压盖51

填料函50

填料49

纵向隔板48

图6-5　填料函式换热器

$$AES500 - 1.6 - 54 - \frac{6}{25} - 4I$$

2. 固定管板式换热器

封头管箱,公称直径700 mm,管程设计压力2.5 MPa,壳程设计压力1.6 MPa,公称换热面积200 mm²,较高级冷拔换热管外径25 mm,管长9 m,4 管程,单壳程的固定管板式换热器,其型号:

$$BEM700 - \frac{2.5}{1.6} - 200 - \frac{9}{25} - 4I$$

3. U 形管式换热器

封头管箱,公称直径500 mm,管程设计压力4.0 MPa,壳程设计压力1.6 MPa,公称换热面积75 m²,较高级冷拔换热管外径19 mm,管长6 m,2 管程,单壳程的 U 形管式换热器,其型号为:

$$BIU500 - \frac{4.0}{1.6} - 75 - \frac{6}{19} - 2I$$

4. 填料函式换热器

平盖管箱,公称直径600 mm,管程和壳程设计压力均为1.0 MPa,公称换热面积90 m²,较高级冷拔换热管外径25 mm,管长6 m,2 管程,2 壳程的填料函式浮头换热器,其型号为:

$$AFP600 - 1.0 - 90 - \frac{6}{25} - \frac{2}{2}I$$

四、管壳式换热器的主要组合部件

管壳式换热器的主要组合部件有前端管箱、壳体和后端结构(包括管束)三部分,详细分类及代号见图6-6。

管箱是管壳式换热器两端的重要部件。它把从管道来的介质均匀分布到各个传热管或把管内介质汇集在一起送出换热器。

五、主要零部件简介

(一)管子

1. 换热管的选用

由于管子直接与两种换热流体接触,因此须根据流体压力、温度和腐蚀性来选用换热管的材料。

常用的碳钢管其外径和壁厚为:$\Phi 10 \times 1.5$、$\Phi 14 \times 2$、$\Phi 19 \times 2$、$\Phi 25 \times 2$、$\Phi 25 \times 2.5$、$\Phi 32 \times 3$、$\Phi 38 \times 3$、$\Phi 45 \times 3$、$\Phi 57 \times 3.5$ 等,不锈钢管则为:$\Phi 10 \times 1.5$、$\Phi 14 \times 2$、$\Phi 19 \times 2$、$\Phi 25 \times 2$、$\Phi 32 \times 2$、$\Phi 38 \times 2.5$、$\Phi 45 \times 2.5$、$\Phi 57 \times 2.5$ 等。大直径的用于不清洁和黏度大的流体,以便清洗和减少流体阻力,小直径的用于清洁流体和压力较高的场合。

管子的直径和长度对换热器的造价影响很大。在传热面、流速和其他条件相同情况下,随着管子直径的减小,传热效果趋好,结构紧凑,造价下降,但当管径减小至15 ~ 25 mm时,管径的影响已不大,故一般选用管径为19 mm、25 mm 的为多。相同传热面情况下,管子越长,则壳体、封头的直径和壁厚越小,越经济。但换热器的长径比大到一定程

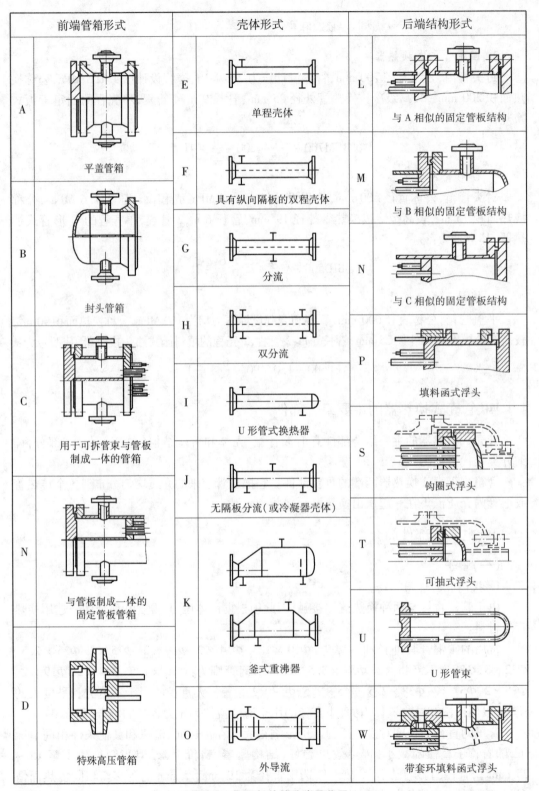

前端管箱形式		壳体形式		后端结构形式	
A	平盖管箱	E	单程壳体	L	与 A 相似的固定管板结构
B	封头管箱	F	具有纵向隔板的双程壳体	M	与 B 相似的固定管板结构
C	用于可拆管束与管板制成一体的管箱	G	分流	N	与 C 相似的固定管板结构
		H	双分流	P	填料函式浮头
		I	U 形管式换热器	S	钩圈式浮头
N	与管板制成一体的固定管板管箱	J	无隔板分流(或冷凝器壳体)	T	可抽式浮头
		K	釜式重沸器	U	U 形管束
D	特殊高压管箱	O	外导流	W	带套环填料函式浮头

图 6-6 主要部件的分类及代号

度后,经济效果不再显著,而管子过长,换热器的清洗、运输、安放均不方便,因此一般很少大于 6 m,为合理利用管材,常用的管长规格为:1 000 mm、1 500 mm、2 000 mm、2 500 mm、3 000 mm、4 000 mm、6 000 mm。在设计时,如有可能应选取多个管径和管长进行方案比较,以确定最佳参数。

2. 换热管的排列形式和适用场合

换热管排列的标准形式有四种,即正三角形、转角正三角形、正方形和转角正方形。如图 6-7 所示。

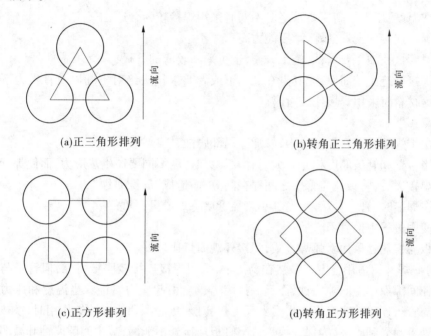

(a)正三角形排列   (b)转角正三角形排列

(c)正方形排列   (d)转角正方形排列

图 6-7　换热管的排列形式

(1)正三角形和转角正三角形排列,如图 6-7(a)、(b)所示。适用于壳程介质污垢少,且不需要进行机械清洗的场合。

(2)正方形和转角正方形排列,如图 6-7(c)、(d)所示,能够使管间小桥形成一条直线通道,可用机械方法进行清洗,一般用于管束可抽出清洗管间的场合。

3. 管板与换热管的连接方式和使用范围

管板与换热管的连接形式有三种:胀接、焊接及胀焊并用。

(1)胀接适用范围。胀接一般用于换热管为碳素钢,管板为碳素钢或低合金钢。GB 151 规定,胀接连接可用于设计压力小于等于 4 MPa,设计温度小于等于 300 ℃,操作中应无剧烈的震动,无过大的温差变化及无严重的应力腐蚀场合。胀接是利用胀管器使伸入管板孔内的换热管端部滚压而扩张,产生塑性变形,管径增大,管头完全贴合在管板孔壁上,并迫使管板产生弹性变形,当胀管器撤除后,管板的弹性变形欲恢复原状,而管端的塑性变形则不能恢复,结果使管板把换热管管端紧紧抱住,从而达到两者密封不漏和牢固连接的目的。

采用胀接连接应符合以下要求:

①换热管材料的硬度值一般须低于管板的硬度值；

②有应力腐蚀时，不应采用管头局部退火的方式来降低换热管的硬度；

③外径小于 14 mm 的换热管与管板的连接，不宜采用胀接。

(2)焊接适用范围。材料的可焊性允许时，焊接连接可用于任何场合。GB 151 规定，焊接连接可用于设计压力小于等于 35 MPa，但不适用于有较大震动及有间隙腐蚀的场合。

管板与换热管采用焊接连接方法的优缺点如下。

优点：

①在温度、压力较高或要求绝对不漏时采用焊接较为合适；

②焊接连接气密性良好，承压能力高；

③对管板孔加工要求低，施工方便，也可采用较薄的管板；

④焊接制造比较简便，尤其是在高温下或者要求接头绝对不漏以及管板为不易胀紧的不锈钢材料时采用焊接比较可靠。

缺点：

①由于焊缝处存在焊接应力，易加速局部腐蚀；

②当管壁和管板厚度相差较大时，由于冷却速度不同要产生热应力，而使焊缝开裂；

③焊接以后，管板孔与管壁之间存在间隙，而造成"间隙腐蚀"；

④在焊接时，管口易堵塞，尤其小直径管堵塞现象更严重；

⑤使用过程中换管困难。

管板与换热管采用氩弧焊方式，焊接外观质量比较好。

(3)胀焊并用适用范围。虽然在高温下，采用焊接连接较胀接可靠，但管子与管板孔之间存在间隙而产生间隙腐蚀，而且焊接应力也会引起应力腐蚀。当温度和压力较高且换热管与管板连接接头在操作中受到反复热变形、热冲击和热腐蚀的作用时，换热管与管板连接处容易受到破坏，为保证换热管与管板连接处不泄漏，减少间隙腐蚀和减弱管子因震动而引起的破坏，常采用胀焊并用的连接方法。

GB 151 规定，胀焊并用适用范围如下：

①密封性能要求较高的场合；

②承受震动或疲劳载荷的场合；

③有间隙腐蚀的场合；

④采用复合管板的场合。

胀焊并用有两种方法，即强度胀加密封焊和强度焊加贴胀。

①强度胀加密封焊的特点是：强度胀是靠胀接来承受管子的载荷并保证密封，管子的焊接仅是辅助性的，单纯防止泄漏而施行的焊接；

②强度焊加贴胀的特点是：强度焊是靠焊接来承受管子的载荷并保证密封，管子的贴胀是为了消除换热管子与管板孔之间产生间隙腐蚀并增加抗疲劳破坏的能力，并不承担拉脱力的胀接。

(二)折流板及其他挡板、挡管

1. 折流板和支持板

壳程的截面通常比管程的截面为大，为增大流速，且使流体沿垂直于管子中心线的方向流过,一般在壳程设置折流板,既提高了传热效果,还起了支撑管束的作用。最常用的形式为弓形折流板。

相邻两折流板之间的距离(板间距)应从减少壳程阻力和提高传热效率的角度来决定,通常是使弓形缺口的有效流通断面与相邻两折流板间流通断面相等或相近。折流板的最小间距应不小于圆筒内直径的 1/5,且不小于 50 mm。最大间距应不大于圆筒内直径,且应满足表 6-2 要求。

表6-2　换热管外径与最大无支撑跨距

换热管外径 d(mm)	10	14	19	25	32	38	45	57
最大无支撑跨距(mm)	800	1 100	1 500	1 900	2 200	2 500	2 800	3 200

弓形折流板缺口高度应使流体通过缺口时与横过管束时的流速相近。折流板厚度取决于它所支承的重量,减少折流板厚度可节省金属和减轻换热器重量,但使折流承载面变小,难以维持结构的刚性,尤其在水平安放的换热器中,管束重量很大,在安装、运输时,可能使折流板过载,故不能太薄。当壳程流体有脉动时,厚度必须予以特别考虑。板厚增大,则有利于防止管子受震动而破坏。

若换热器不需设置折流板,而换热管无支撑跨距超过表 6-2 规定时,则应设置支持板,用来支撑换热管,以防止换热管产生过大的挠度。

浮头式换热器浮头端须设置支持板,此支持板可采用加厚的环板。

在列管式换热器中,折流板、支持板的固定通常采用拉杆结构固定,如图 6-8 所示。

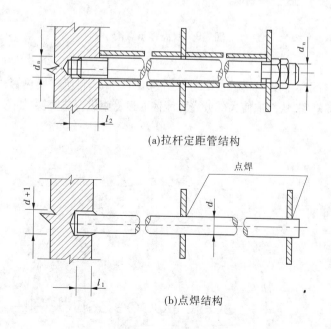

(a)拉杆定距管结构

(b)点焊结构

图 6-8　拉杆结构

2. 纵向隔板

为改善传热,壳程亦可做成多程(加折流板仅是改变流向,不是分程),由于隔板与壳体间的间隙使流体泄漏而影响传热,所以壳程分程较为困难。如图6-9所示,为用纵向隔板将壳层分为双层。

纵向隔板与管板的连接可用焊接或可拆卸连接,纵向隔板回流端的改向通道面积应大于折流板的缺口面积。

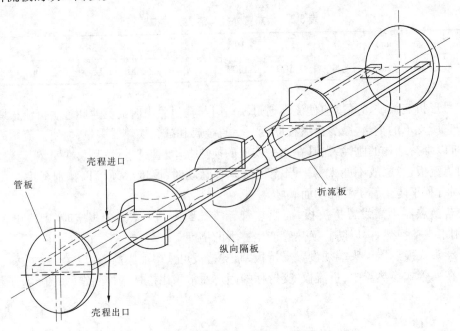

图6-9 双壳程示意图

3. 旁路挡板

壳体与管束之间存在较大间隙时,如浮头式、U形管和填料函式换热管,可在管束上增设旁路挡板阻止流体短路,从而迫使大部分壳程流体通过管束进行热交换,如图6-10所示。

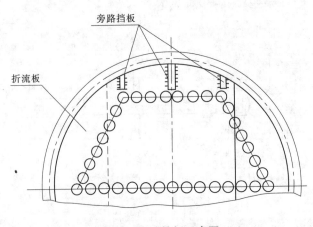

图6-10 旁路挡板示意图

旁路挡板的厚度一般取与折流板相同的厚度。

4. 挡管

挡管为两堵死的管子,设置于分程隔板槽背面两管板之间,挡管一般与换热管的规格相同,可与折流板点焊固定,也可用拉杆(带定距管或不带定距管)代替。

挡管应每隔3~4排换热管设置一根,但不应设置在折流板缺口处。

当多管层隔板两侧的间距过大时也会造成壳程介质短路,解决办法是在管板之间的空隙处增设"假管"——一种两头堵死的盲管,它不穿过管板,不起传热作用,只是强制介质流入管束中。如图6-11所示。

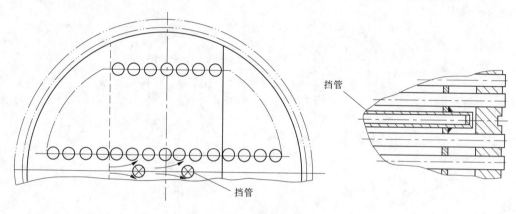

图6-11 挡管示意图

(三)管箱

管箱是位于列管式换热器两端的重要部件。它把从管道来的流体均匀分布到各传热管或把管内流体汇集一起送出换热器。其结构形式常有图6-12所示几种:图6-12(a)为顶盖有一个法兰盖,当要进行管内清洗时,不需把整个管箱拆下,亦不需拆下接管,只要卸下法兰盖就可;图6-12(b)为椭圆形管箱,换热器清洗、检修时,需把管箱卸下,由于接管在侧面,只要把连接接管从管箱上卸开,而不像图6-12(c)需要把外部接管拆除,才能卸管箱及进行检修、清洗操作。

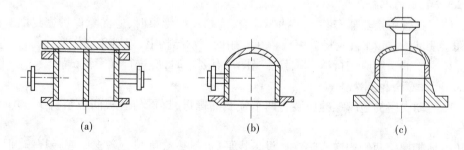

(a)　　　　　　　　　　(b)　　　　　　　　　　(c)

图6-12 管箱的几种结构形式

(四)膨胀节

膨胀节是装在固定管板式换热器壳体上的挠性构件,由于它的轴向柔性大,不大的轴向力就能产生较大的变形,当管子与壳体因壁温不同而产生较大的热膨胀差时,由于膨胀节的协调,就不致在管子和壳体内产生过大的温差应力。膨胀节壁厚越薄,柔度好,补偿能力就大,但从强度要求出发则不能太薄,在换热器中采用的膨胀节,壁厚一般不宜大于 5 mm,设计压力不大于 1.6 MPa。图 6-13 所示为波形膨胀节,其结构简单,使用可靠、制造方便,一般操作压力不大于 0.6 MPa。图 6-13(a)是其中最常用的一种,称波形膨胀节。为减小壳程流体流过波形膨胀节时的流体阻力,可在膨胀节的内侧设置衬筒,如图 6-13(b)所示。

对卧式换热器的 U 形膨胀节,必须在其安装位置的最低点设置排液接口。

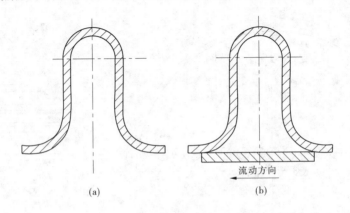

图 6-13　波形膨胀节

六、安装、试车和维护

(一)安装

1. 场地和基础

(1)应根据换热器的结构形式,在换热器的两端留有足够的空间来满足拆装、维修的需要。

(2)活动支座的基础面上应预埋滑板。

2. 安装前的准备

(1)可抽管束换热器安装前应抽芯检查、清扫。抽管束时,应注意保护密封面和折流板。移动和起吊管束时,应将管束放置在专用的支承结构上,以避免损伤换热管。

(2)安装前一般应进行压力试验。当图样有要求时,应进行气密性试验。

3. 地脚螺栓和垫铁

(1)活动支座的地脚螺栓应装有两个锁紧的螺母,螺母与底板间应留有 1～3 mm 的间隙。

(2)地脚螺栓两侧均应有垫铁。设备找平后,斜垫铁可与设备支座底板焊牢,但不得与下面的平垫铁或滑板焊死。

(3)垫铁的安装不应妨碍换热器的热膨胀。

4. 其他要求

(1)应在不受力的状态下连接管线,避免强力装配。

（2）拧紧换热器螺栓时，一般紧固螺栓至少应分 3 遍进行，交叉对称紧固，每遍的起点应相互错开 120°，并应涂抹适当的螺纹润滑剂，以避免"咬死"。

（二）试车

试车时应注意如下几点：

（1）试车前应查阅图纸有无特殊要求和说明，铭牌有无特殊标志，如管板是否按压差设计，对试压、试车程序有无特殊要求等。

（2）试车前应清洗整个系统，并在入口接管处设置过滤网。

（3）系统中如无旁路，试车时应增设临时旁路。

（4）开启放气口，使流体充满设备。

（5）当介质为蒸汽时，开车前应排空残液，以免形成水击；有腐蚀性的介质，停车后应将残存介质排净。

（6）开车或停车过程中，应逐渐升温和降温，避免造成压差过大和热冲击。

（7）温度上升到操作温度时，要进行螺栓的热紧。

（三）维护

在维护换热器时应注意以下几点：

（1）换热器不得在超过铭牌规定的条件下运行。

（2）应经常对管、壳程介质的温度及压降进行监督，分析换热器的泄漏和结垢情况。在压降增大和传热系数降低超过一定数值时，应根据介质和换热器的结构，选择有效方法进行清洗。

（3）应经常监视管束的震动情况。

七、使用管理

（一）办理使用证

若换热器设备同时具备下列条件：

（1）最高工作压力大于等于 0.1 MPa；

（2）内直径大于等于 0.15 m，且容积大于等于 0.025 m³；

（3）盛装介质为气体、液化气体或最高工作温度高于等于标准沸点的液体。

其使用管理应严格执行《特种设备安全监察条例》。换热器在投入使用前或投入使用后 30 日内，按《锅炉压力容器使用登记管理办法》的要求，进行注册登记，办理使用证。其安全附件应按有关规定进行定期校验。

（二）制定操作规程

使用单位应根据设备制造技术条件、图纸要求和生产工艺制作安全操作规程，操作工艺参数应满足设备安全性能要求，其内容至少应包括：

（1）换热器的操作工艺指标、最高工作压力、最高或最低工作温度。

（2）开停车的操作程序和注意事项，特别是冷态启用时阀门开启的顺序以及管理最大允许压差。

（3）换热器运行中应重点检查的项目和部位，运行中可能出现的异常现象和防止措施，以及紧急情况的处置和报告程序。

（4）严禁带压紧固螺栓。

（三）对操作工的要求

操作人员应经质量技术监督部门的培训考核，取得压力容器操作证的方可上岗操作。操作人员要严格遵守安全操作规程，掌握好本岗位操作程序和操作方法及对一般故障的排除技能，并做到认真填写操作运行记录或工艺生产记录，应注意观察压力、温度情况，加强对设备的巡回检查和维护保养，注意倾听设备和管路运行声音。通过仪表和声音判断设备的运行情况，若有异常，应采取紧急措施处理。杜绝违章操作，特别是超温超压。严禁无压力容器操作证的人员管理、操作换热器。

（四）在运行中操作工应注意的问题

在压力容器运行中，操作工应注意以下问题：

（1）注意检验压力表、温度计是否超温、超压运行。

（2）开停车时应注意检查管壳层的压差，预防因压差过大造成管板泄漏，管子压瘪。

八、换热器常见故障

（一）管板泄漏

1. 原因

①胀管失效而泄漏；②管板裂纹；③管板与管子焊接处裂纹泄漏。

2. 采取措施

①补焊，并增做无损探伤检查；②重新胀管；③如果不能再胀管，应采取焊接或堵管的方法。

（二）密封垫泄漏

密封垫泄漏应更换密封垫。

（三）管子腐蚀穿透

管子腐蚀穿透时应采取的措施是把管子两头堵死，但堵管后降低换热效果，若管子腐蚀穿透数量比较多，应采取换管的方法。

（四）换热效果不好

换热效果不好时应先检查换热管是否穿透；隔板间隙是否过大造成壳程短路；介质流速是否过快，以及管内是否结垢。

第二节　典型事故

一、违章作业造成热交换器爆炸

1979 年 5 月 6 日，四川省江北县某厂发生热交换器爆炸，造成 1 人死亡，4 人烧伤；直接经济损失 0.67 万元，间接经济损失 1.749 万元。

（一）事故经过

爆炸的换热器于 1977 年 2 月由该厂自行制作，1977 年 4 月投入使用。1979 年 5 月 6 日，早班（0 ~ 8 时）接班后，由于合成的补充气甲烷较高，值班长和一个值班干部商量后，减量一次(时间约 1 h),变换系统压力即由夜班的 0.76 MPa 降到 0.74 MPa(指标为 0.75 MPa)。凌晨 4 时 10 分左右,变换热交换器突然发生爆炸,同时发生燃烧。爆炸后燃烧时间约 2 min,到 4 时 15 分全厂停车完毕。当场烧伤的是擅离岗位到 25m 远的热交换器处取暖的包装工 5 人,其中 1 人重伤,经医院抢救无效死亡。爆炸使热交换器底部法兰下焊接处边缘断裂,爆炸断裂处基本上呈水平面,断裂处钢材成鱼鳞状。筒体与下部裙座错开,爆炸燃烧火焰冲出 15 m 远,8 mm 厚的钢板密封盒从焊缝处裂开,保温层脱落 700 mm(一块铁丝布宽)。

(二)事故原因分析

(1)对自制设备把关不严,擅自修改图纸,降低技术、材质要求。在 1977 年制作过程中曾作过如下两点改动:

①筒体连接处设计为焊制高颈法兰,筒颈要求 22 mm 厚的钢板。而该厂卷板机只能卷 10 mm 厚,于是用平焊法兰代替了高颈法兰。

②将钢板的材质由 20 g(锅炉钢板)改为 16Mn,厚度由 10 mm 改为 8 mm。由于作了这两项改动,大大削弱了设备的强度。

(2)在制作热交换器底部时,错把封头焊在热交换器底部法兰上,发现焊错后,将封头从法兰下 25 mm 长割掉,割下的短节焊在裙座为 8 mm 厚的钢板筒体上。因割下的封头短节呈锥度形,只能套在裙座筒体上焊,使焊接处呈阶梯形(见图 6-14)。这 65 mm 长的短节(伸入法兰内约 40 mm,法兰外约 25 mm)。在事故发生后送江北机械厂化验证实,为 A₃ 钢板,该封头短节受了六次割焊加热,本体金相组织遭到了破坏。同时该连接处壁厚应为 22 mm,焊上的封头短节只有 12 mm,强度大大减弱;在紧法兰的时候,发现紧不死,又在外用 3 mm 厚的钢板烧了一个铁盒子以防止法兰的泄漏,但这更加大了设备的内压力,所以爆炸后发现从热交换器底部法兰下面割下的原封头的短节的中间断裂。

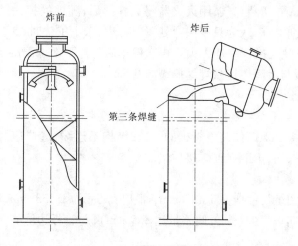

图 6-14　爆炸前后的冷凝塔

(3)在自制热交换器的当时,厂内各种管理制度混乱,没有严格的质量检验制度,交付生产使用时,也没有交待设备制作上的缺陷,只在生产使用时进行水压 0.9 MPa 压力试验。以后为了强化生产,将操作压力从原设计的 0.6 MPa 提高到 0.75 MPa,这对设备的使用寿命也有影响。

(4)由于管理制度存在问题,岗位责任制执行不严,纪律性差,存在串岗位现象。包装肥料岗位离变换岗位有 25 m 远左右,几名包装工因感到天冷就到变换岗位的变换炉和热交换器等设备附近取暖,以致被烧伤,甚至死亡。

(三)事故教训

(1)压力容器的制造单位应取得相应级别的制造许可证后方可制造,制造单位应严格执行国家法律、法规、行政规章和规范、标准,严格按照设计文件制造和组焊压力容器,不得擅自改动。

(2)压力容器使用单位应购买具有相应制造资格的单位制造的压力容器产品,并且该产品应经监检合格,产品出厂资料中至少应包括:竣工图、产品质量证明书和产品监检证书。

(3)压力容器设备的使用管理应严格遵守《固定式压力容器安全技术监察规程》,不得擅自提高操作压力。

二、设计、制造缺陷造成的热交换器破裂

1982 年 12 月 5 日,湖南省娄底地区某县氮肥厂发生热交换器破裂事故,幸未有人员伤亡。

(一)事故经过

湖南省娄底地区某县氮肥厂于 1982 年 10 月向本省某化工机械厂订购了一台 350 m² 热交换器,11 月 2 日安装后投入使用。12 月 5 日上午 10 时 30 分,这台投用刚刚 33 天的热交换器出口至感应电炉进口煤气管法兰周围漏气起火,并发现保温层内有火焰喷射出来,即采取紧急停车,并切断煤气,用灭火器将火扑灭后,随即换掉法兰垫圈,但忽视了对热交换器下部的详细检查,认为只有法兰处漏气起火,于下午 7 时 45 分重新开车,变换升温。次日 11 时 5 分热交换器又起大火。再次停车后打掉下部保温层,发现该热交换器下部焊接处,即下管板与上筒体连接焊缝撕裂 800 mm。

(二)事故原因分析

1. 设计结构不合理

膨胀节与下管板及下筒体与下管板的焊接,结构不连续,造成应力集中系数大,并且此处无法进行无损探伤,不能保证焊接质量。

2. 制造质量低劣

下筒体外径按图纸尺寸应是 1 124 mm,而实际尺寸为 1 133 mm,增大了 9 mm,只能采取筒体端部强制向里弯曲(最大偏差量达 8.5 mm),与管板边缘齐平后焊接,造成强制组装。

(三)事故教训

通过这次事故教训,以后应注意以下几点:

(1)压力容器的设计、制造、安装、使用、检验、修理和改造均应严格执行《固定式压力容器安全技术监察规程》的规定。

（2）使用单位应购买具有相应制造资格的单位制造的合格产品，并经过技术监督部门的监督检验，产品应有监检证书。

习　题

一、选择题

1. 换热器的作用是进行_____交换的设备。
   A. 能量　　　　　　　B. 压力
2. 板式换热器与管壳式换热器相比，前者具有_____。
   A. 传热效率高　　B. 金属耗量大　　C. 制造、检修困难　　D. 强度和刚度差
3. 钢制管壳式换热器常见的结构形式有_____。
   A. 固定管板式　　B. 浮头式　　　　C. U 形管式　　　　D. 填料函式
4. 选择换热器管材时应根据_____来选用。
   A. 流体的压力　　B. 温度　　　　　C. 腐蚀性　　　　D. 容积
5. 管板与换热管的连接形式有_____。
   A. 胀接　　　　　　B. 焊接　　　　　C. 胀焊并用

二、判断正误（正确的在括号里打√，错误的打×）

（　）1. 管壳式换热器的主要组合部件有前端管箱、壳体、后端结构（包括管束）。
（　）2. GB 151 规定，胀接可适用于设计压力大于等于 4 MPa，设计温度小于等于 300 ℃的场合。
（　）3. 一般在管壳式换热器中设置折流板量，既提高了传热效果，还起到支撑管束的作用。

第七章 烘 筒

第一节 概 述

一、烘筒烘燥机简介

烘筒烘燥机是纺织印染行业和造纸行业普遍采用的一种接触式烘燥设备,用来烘干定型成品和半成品。而烘筒是该设备的主要部件。

一台烘燥机一般由多只烘筒(称为一组)和其他部件组成(也有单只烘筒构成一台烘燥机的)。一般情况各部件全部包在机壳里面,阀门、仪表、安全附件安装在进汽管道上。若进汽管蒸汽压力高于烘燥机的允许最高工作压力,在进汽管上必须装设减压阀,在减压阀的低压侧必须设安全阀和压力表,如图7-1所示。

图 7-1 烘燥机结构

加热蒸汽经进汽管道进入烘燥机空心立柱,分别引入各只烘筒内。进入烘筒的蒸汽将热量传给烘筒筒壁和织物或纸发生热量交换。蒸汽由于失去热量而冷凝成水经排水装置排出烘筒,筒壁吸收了蒸汽的热量,温度升高,织物或纸与高温的烘筒壁表面接触而将水分蒸发,起到烘干和热定型等目的。所以,烘筒的工作状况,将直接决定着烘燥机的效率。

二、烘筒的结构形式

烘筒的基本组成元件有:筒体、封头、支撑圈、轴、排水装置及真空吸气阀等。其结构形式如图7-2所示。

按筒体材料不同,烘筒分为紫铜烘筒、不锈钢烘筒、铸铁烘筒、钢制烘筒。

纺织印染行业主要用紫铜烘筒和不锈钢烘筒。其壁厚比较薄,加工精度要求比较高,其筒体应进行抛光和表面处理。紫铜烘筒的主要成分为铜,导热性能非常好。不锈钢烘筒的主要材质有:①奥氏体不锈钢,如0Cr18Ni9,0Cr18Ni11Ti;②铁素体不锈钢,如0Cr13;③高纯铁素体不锈钢,如000Cr18MoZ,0000Cr18MoZ。其中常用的是奥氏体不锈钢,筒体壁厚一般为2 mm。因不锈钢的导热系数比铜小,所以相应地要提高进入烘筒的蒸汽压

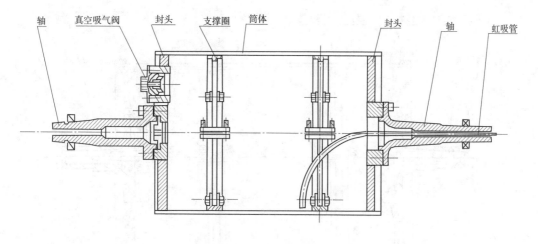

轴　真空吸气阀　封头　支撑圈　筒体　封头　轴　虹吸管

图 7-2　烘筒结构

力。

　　造纸行业和做地毯用的烘纸缸和烘毯缸（都称为烘筒），主要是铸铁烘筒和钢制烘筒。为了保证其强度和稳定性，壁厚要比紫铜或不锈钢烘筒厚得多，钢制烘筒筒体壁厚一般不小于 8 mm。

　　烘筒封头形式分为：平型、无折边凸型、有折边凸型；材料多为铸铁或普通碳钢。筒体与封头连接多为焊接、热套或整体铸造。为了保证烘筒转动平衡，在封头上都装有配重块。

　　烘筒烘燥是依靠与织物或纸直接接触进行的，因此对烘筒的主要要求是：

　　(1)烘筒壁有较大的导热系数。因为导热系数大的材料传热效果好，蒸汽热量能通过筒壁迅速传给需干燥的物料，使其干燥成形。

　　(2)能承受一定的内压力和外压力，即要有足够的强度和稳定性。因烘筒工作时需要有一定的蒸汽压力，所以要求烘筒有足够的强度；而当蒸汽供给不足时，有可能造成真空状态，因此设计制造时应考虑承受外压的稳定性，所以烘筒筒内一般都加有支撑圈以保证稳定性。

　　(3)有可靠的冷凝水排放装置。因为冷凝水聚集在下部，影响传热，又容易形成温差应力；并且汽水混合要比单纯蒸汽的爆炸能量大得多，若发生事故，将会造成更大的损失。

　　为了确保烘筒的安全运行，通常都在烘筒的一端封头上装有真空吸气阀。当烘筒在冷态运行时，由于烘筒内温较低，进入的蒸汽会骤冷成水，若供给蒸汽不足时，烘筒内会形成真空状态；在烘筒停止运行或突然停电时，若蒸汽停供，也会造成真空状态。当内外压差达到一定数值后，烘筒将失稳而被压瘪。装设真空吸气阀的目的就是当烘筒内形成真空时，由于烘筒内外的压差作用，阀能自动把外界空气吸入烘筒内，使内外压力达到平衡，从而确保烘筒的安全。真空吸气阀都是自动阀，即吸气阀的启闭不是强制机构而是靠两边的压力差来控制的。真空吸气阀的额定压力差为 0.01 MPa。

　　烘筒的排水装置有两种：水斗式（见图 7-3）和虹吸管式（见图 7-2）。

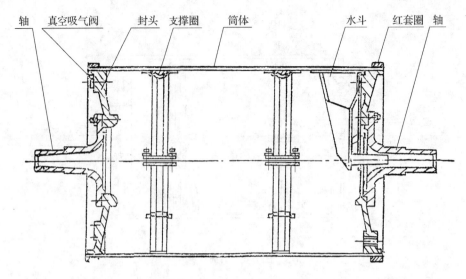

图 7-3　烘筒的水斗式排水装置

三、使用管理

(一)办理使用证

烘筒属于压力容器,其使用管理应严格执行《特种设备法规规范》。烘筒烘燥机在使用前或使用后 30 日内应按规定进行注册登记,办理使用证。其安全附件应按有关规定进行定期校验。

(二)制定操作规程

使用单位应根据设备制造技术条件和生产工艺制定安全操作规程,操作工艺参数应满足设备安全性能要求,其内容至少应包括:

(1)烘燥机的操作工艺指标,最高工作压力、最高或最低工作温度。

(2)开停车的操作程序和注意事项,特别是冷态运行时蒸汽的供给量和停汽要求。

(3)烘燥机运行中应重点检查的项目和部位,运行中可能出现的异常现象和防止措施,以及紧急情况的处置和报告程序。

(4)严禁带压紧固螺栓。

(三)对操作工的要求

操作人员应经质量技术监督部门的培训考核,取得压力容器操作证后方可上岗操作。操作人员要严格遵守安全操作规程,掌握好本岗位操作程序和操作方法及对一般故障的排除技能,并做到认真填写操作运行记录或工艺生产记录,应注意观察压力、温度情况,加强对设备的巡回检查和维护保养,注意倾听设备运转声音。通过仪表和声音判断设备的运转情况,若有异常,应立即停止供汽,停机检查。杜绝违章操作,特别是超温、超压。严禁无压力容器操作证的人员操作烘筒烘燥机。

(四)操作工在运行中应重点检查的内容

操作工在运行中应重点检查的内容有如下几点:

(1)进汽压力。不允许超压运行。

(2)设备运转情况。若有异常响声,如发生偏震,应立即停车。

(3)排水装置是否畅通。

(4)真空吸气阀是否动作灵敏、可靠。

(5)电机和其他转动部件的运转情况。

(6)安全附件是否失效,安全阀是否动作灵敏,压力表指示是否正确可靠。

(五)烘筒在使用中应注意的问题

(1)由于烘筒在机组中所处位置不同,各个烘筒磨损程度不同,应有计划地定期调整,使其均匀磨损。

(2)壁厚较薄,表面质量较好的烘筒,不应放在磨损大的位置。

(3)对于有缺陷而监控运行的烘筒,应尽量排在易于观察和更换的位置。

(4)筒体结垢,严禁用粗砂纸或硬器消除,应尽可能采用化学方法消除。

(5)对于奥氏体不锈钢烘筒,应控制介质中的氯离子含量不得大于 25 mg/kg。

烘筒应按《固定式压力容器安全技术监察规程》的要求进行定期检验。烘筒在高温和压力条件下运行一定时间后,由于锈蚀和磨损等原因,会使壁厚减薄,易发生事故。因此,必须对烘筒在使用一定时间后的耐压强度进行校核。同时为了防止由于蒸汽停供使筒体产生真空而压瘪失稳,还必须校核在真空度为0.01 MPa(因真空吸气阀的额定压力差为0.01 MPa)条件下的外压稳定性。

第二节 典型事故

一、制造缺陷引起烘缸爆炸

案例一 1989 年 3 月 22 日,河南省沁阳县某乡办造纸厂发生烘缸爆炸事故,伤 2 人,直接经济损失 2 万元。

(一)事故经过

1989 年 3 月 22 日下午 2 时,河南省沁阳县某村造纸厂一台 $\Phi 1\,500$ mm $\times 1\,350$ mm 的铸铁烘缸发生了爆炸。爆炸是从进汽端缸体端盖过渡区沿环向炸开,使得进汽端盖飞出约 2 m 远,并击坏车间内墙壁,缸体连同另一端盖击穿墙后飞出车间外约 6 m 远,炸毁厂房两间,当时由于造纸机器出了故障,操作工人大都不在车间内,只有 2 名卷纸女工在场受伤,一个被蒸汽烧伤,一个被冲击波震动掉下的房瓦砸破头部,被送进医院抢救治疗。直接经济损失 2 万元。

(二)事故原因分析

(1)该缸于 1976 年制造时,缸体内部表面未进行机加工,缸体外壁曾于 1988 年重新车、磨光,但仍未对内壁进行机加工。从断口宏观分析:缸壁厚薄不匀,最厚处达 31 mm,最薄处为 20 mm。缸体过渡段无圆滑过渡。经检查发现,在缸壁薄处存有一条长 300 mm,深9 mm的旧裂纹。这导致了这起事故的发生。

(2)该套造纸机只有一台烘缸,并与锅炉直接连通,锅炉安全阀压力定为 0.6 MPa,烘缸工作压力为 0.3 MPa,而锅炉与烘缸之间未设减压装置,靠手动阀人工控制进汽量,现场检查时,该阀处于约 1/4 的开度。

（三）事故教训

通过这次事故应吸取以下教训：

（1）加强设备安全管理,安全附件和阀门设置应符合《固定式压力容器安全技术监察规程》的要求。

（2）压力容器设备应严格按有关规定进行定期检验。

案例二　1989 年 10 月 30 日,安徽省合肥市某纸箱厂发生烘缸爆炸事故,直接经济损失 2.5 万元。

（一）事故经过

该厂岗集造纸车间 1092 型三缸双网造纸机 1 号烘缸,系河南省焦作市泌阳县某机械厂制造,主要尺寸为 $\Phi1\ 500\ mm \times 1\ 350\ mm$。该烘缸无铭牌标志,亦无任何出厂技术资料,制造年代不明。1985 年 9 月,该造纸机（含烘缸）原由长丰县乡镇企业岗集造纸厂购置,同年 12 月投入运行,使用工作压力为 0.4 MPa,断续使用至 1988 年 12 月底停产,累计用机时间不足两年。1989 年 10 月岗集造纸厂由合肥某纸箱厂租赁,变为该厂造纸车间,该造纸机开始启用运行,工作压力仍为 0.4 MPa,三班运转。

1989 年 12 月 29 日夜 12 时,操作人员交接班后,造纸机运转正常,供汽锅炉工作压力为 0.5 MPa,烘缸压力表指示在 0.4 MPa,生产出 1.1 t 纸。30 日凌晨 3 时许,切纸机刀口发生故障,切不断纸,操作班长派三名当班工人去排除故障,自己站在 2# 和 3# 烘缸之间的操作台上,调节干毯的松紧度。凌晨 4 时左右,机身突然震动,随即运行中的 1# 烘缸发生爆炸,缸体从齿轮传动侧周向断裂,炸成两段,大端落在机位左侧 3 m 处,小端落在机位右侧 2 m 处,造纸机架被炸塌。

（二）事故原因及教训

经事故调查分析确认,该事故主要是由于铸造裂纹在使用中扩展造成的。因此,要确保安全生产,首先必须保证烘缸的制造质量,加强使用中的安全管理和实行定期检验制度。

二、使用不当造成紫铜烘缸爆炸

1986 年 2 月 1 日,湖北省江陵县某人造麂皮厂发生紫铜烘缸爆炸,死亡 3 人,伤 4 人,直接经济损失 5 万元。

（一）事故经过

江陵县某人造麂皮厂是个小型镇办集体企业,1986 年 2 月 1 日下午该厂植绒车间上早班的工人快下班了,烘缸和植绒生产线与往常一样还在不停地运转着。突然间,一声闷响,烘缸爆炸了。该烘缸是郑州某纺织机械厂制造的,规格为 $\Phi1\ 500\ mm \times 1\ 400\ mm$,外壳系由一块 3 mm 厚的紫铜板圈制焊接的,两端与端盖的连接由热压固定。爆炸时,烘缸壳体沿纵向焊缝撕开,被抛出 4 m 多远。强大的气浪把操作平台全部摧毁;烘缸上方的 5 块屋面预制板被掀开,其余大部分被震动脱缝;740 m² 的车间 80% 的门窗被气浪冲毁,其中一扇窗飞出 70 m 远;生产中的物料被散落整个车间。现场的 2 名死者,一个被气浪冲至 3 m 多高、15 m 远处的车间摇窗上挂着,另一个则被气浪冲出窗外（通过铁栅）17 m 远处,其惨状不堪目睹。另外,还重伤2人(其中1人经抢救无效于2月3日下午死亡),轻伤3人,造成直接经济损失5万元。

(二)事故原因分析

(1)领导无知蛮干、忽视安全生产是造成这次事故的主要原因。1983年11月,该厂转产后,四名厂级领导主要凭自己的主观愿望、工作热情和感性知识指挥生产,对压力容器的安全技术知识一无所知。原来,第一条植绒生产线上安装的是一台造纸厂用的铸铁烘缸,因其耐压性能较好,所以在0.4~0.6 MPa的蒸汽压力下,使用了两年多没有出什么问题。1985年9月,厂里决定上第二条植绒生产线时,几个领导只考虑到紫铜烘缸价格便宜,重量轻、传热快、平整光滑,根本没有考虑它的承压性能如何,就从沙市印染厂购回了3个。在一无图纸资料,二无使用说明书,既不了解设备的性能,又不参观学习的情况下,就盲目同意按第一条植绒生产线上铸铁烘缸的使用条件和安装方法,进行安装后便投入了生产。

(2)设备安装错误,生产管理失调,这是造成这次事故的直接原因。这台只使用了4个多月的烘缸,为什么会爆炸呢?事故发生后,通过调查了解才知道该烘缸的工作压力是0.15 MPa(这是同类型号设备操作规程中规定的工作压力),而该厂锅炉房送出的蒸汽压力为0.4~0.6 MPa,显然大大超过了该烘缸的允许限度。错误的是,该厂没有在蒸汽管道上按《固定式压力容器安全技术监察规程》的要求安装减压阀、压力表和安全阀,而仅装一个截止阀起供、停汽的作用。在生产管理上,也没有合理的操作规程,烘缸的温度全靠工人用手摸和开关闸阀来控制,所以在生产中闸阀时开时关(厂里规定15 min开关一次),致使烘缸的工作条件十分恶劣,焊缝金属易于疲劳,在长时间超压运行的情况下,缸体沿纵向焊缝突然撕开,发生了爆炸。

(3)干部和工人缺乏基本的安全技术教育,这是酿成这次事故的重要原因。该厂转产以后,生产工艺、设备和技术条件都起了根本的变化。但是,由于安全生产知识的教育没有相应跟上,所以职工的安全技术素质很差。由于该厂是两班制生产,后夜班间歇,因此烘缸内冷凝积水是不可避免的。按一般常规,间歇后生产,应首先排除缸内的冷凝水,然后再供汽升温。但是该厂没有制定排放冷凝水的具体规定和要求,操作工人又不知道为什么要排除和怎样排除冷凝水。根据现场情况和有关资料推算,爆炸前缸内积水约有0.7 t,爆炸时,正是这些缸内的饱和水瞬间汽化,体积急剧膨胀,大大增加了爆炸的杀伤力和破坏程度。否则是不会有如此惨重的损失的。

(三)事故教训

(1)压力容器使用单位应按有关规定要求指定具有压力容器专业知识、熟悉国家相关法规标准的工程技术人员负责压力容器的安全管理工作。杜绝无知蛮干,才能减少责任事故。

(2)压力容器使用单位应根据设备和生产工艺制定安全操作规程,指导工人操作。

(3)压力容器的操作人员应该熟悉压力容器基本知识和生产工艺,并经国家质量技术监督部门的培训考核,取得操作证后方可上岗操作。

习 题

1. 在进汽管上必须装设_____,在该阀门的低压侧必须设_____和_____。

   A. 减压阀　　　　B. 安全阀　　　　C. 爆破片　　　　D. 压力表

2. 烘筒的筒体材料铜和不锈钢相比,铜的_____非常好。

   A. 强度　　　　　B. 导热性能　　　C. 硬度

3. 在烘筒的内部加设支撑圈是为了保证其_____,防止在外压下失稳。

   A. 稳定性　　　　B. 传热良好

4. 通常在烘筒的一端封头上加设有_____是为了防止烘筒内部形成真空状态。

   A. 安全阀　　　　B. 减压阀　　　　C. 截止阀　　　　D. 真空吸气阀

第八章 制冷系统

第一节 安全技术在制冷系统中的意义

制冷系统所承受的力虽然属于中、低压范畴,但有些制冷剂具有毒性、窒息、易燃的特点,给系统的安全操作带来了严格的要求。为了确保制冷系统的运行安全,不仅要做到正确设计、正确选材、精心制造和检验,而且还必须做到正确的使用和操作。

为了保障职工在生产中的安全和健康,确保制冷系统的安全运行,有关部门颁布了法令和规程。例如:由于制冷系统的压力容器(包括储液器、冷凝器、蒸发器、钢瓶等)是有爆炸性危险的承压设备,它的质量优劣直接关系到生产和人身安全。因此,对压力容器的设计、制造、检验、使用、维修等方面,我国有关部门规定了许可证制度。制冷系统所用的各种压力容器、设备和辅助设备不得采用非专业厂的产品或自行制造。

在生产运行中,为了严格控制压力、温度等工艺参数,就必须设置压力表、温度计、流量计等测量仪表,以便随时掌握上述参数的量值及其变化情况,及时采取措施加以调整。为了防止各种难以预料的情况造成超压运行,危及设备的安全,应在制冷系统的设备上设置安全阀、高压和低压保护装置。

国家有关安全生产的方针,在冷库的实际生产中起到了良好的保证作用。但是,制冷系统的重大事故仍时有发生。生产实践的经验使人们认识到:制冷系统必须有完善的安全设备,所有制造材料的质量和机械强度,必须符合国家的有关技术标准。同时,正确地使用和操作,对保证制冷系统的运行安全是至关重要的。特别要求操作人员对每项工作都要极端地负责,要严格执行安全技术规程和岗位责任制,才能防患于未然。

第二节 安全装置

一、压力监视安全设备

(一)压力监视

制冷系统的运转是否处于安全状态,其主要监视手段是通过压力表显示系统各部位的压力。这样,一方面便于进行正常的操作管理,另一方面是为能及时地察觉制冷设备内有无异常或超压现象,予以控制或报警。例如:电接触点的压力表和压力传感器等压力监视仪表,不仅具有显示的功能,而且还起到压力控制和报警的安全保护作用。

对分散式制冷设备的氨制冷系统,每台压缩机的吸气、排气侧中间冷却器、油分离器、冷凝器、氨液分离器、低压循环桶、排液桶、低压储氨器、氨泵、集油器、加氨站、热氨管道、油泵、滤油装置以及冻结设备,均装有相应的压力表。

制冷机组,由于各设备之间的连接管路很短,又省去了部分截止阀,使一只压力表可以显示几个设备内部的压力,所示压力表的数量也就相应地减少。对于氟利昂制冷系统,为了减少易泄漏的压力表接头,也合理地省去了部分压力表。

必须强调指出,氨压力表盘上注有明显的"氨"字样。这是因为普通压力表是由铜合金制造的,当接触到氨制冷剂时,很快就被腐蚀。所以,氨压力表不允许用普通压力表代替。

制冷系统用的压力表,如有下列情况时,不得使用:指示失灵;逾期未校验;无铅封印;截断压力后,指针不能回到零点;刻度不清;表面玻璃破碎等。

压力表须经法定的检验部门定期校核,以免因指示不准而造成不良后果。

(二)压力保护安全设备

为了防止超压运行,在制冷设备上皆设置安全阀或压力控制继电器,以及自动报警等压力保护安全设备。一旦工作压力发生异常,出现超压运行时,安全设备即自动动作,把设备内的气体排至大气中一部分,或自动停机,以保证制冷系统不会因超压运行而发生事故。因此,压力保护安全设备不得任意调整或拆除。

1. 安全阀

制冷机器和设备上设置安全阀是严格的。为了便于检修和更换,要求在安全阀前设置截止阀(制冷机除外)。但是,这些阀必须处于开启状态,并加以铅封,以免失去安全保护作用。

制冷设备上的安全阀必须定期检查,每年应校验一次,并加以铅封。安全技术规程还规定,在运行过程中,由于超压,安全阀启跳后,需重新进行校验,以确保安全阀的功能。

在校验和维护安全阀时,有时需要清洗和研磨,然后进行气密性试验。试验压力为安全阀工作压力的 1.05~1.1 倍,气密性试验合格的安全阀,经过校正,调整到指定开启压力,加以铅封。

目前在制冷系统的氨泵回路,广泛应用的是自动旁通阀,它是弹簧式安全阀的一种特定形式,也起安全保护作用,即当压力超过调定值时,阀门自动开启,起旁通降压作用。

2. 压力保护安全设备

制冷系统的压力安全保护,除设有安全阀、带电信号的压力表和紧急停机装置外,还采用压力继电器、压差断电器等安全设备,以实现压缩机的高压、中压、低压保护,油保护及制冷设备的断水保护。

压缩机高压保护的目的是当压缩机排出压力过高时切断电源,以防止发生事故。在生产运行中往往由于冷却水断水故障,或制冷系统中进入大量空气,或高压系统的阀门误操作等原因,压缩机的排出压力超过规定值。此时,高压保护装置立即动作,压缩机自动停机。高压压力继电器常与安全阀并用,在这种情况下,继电器切断开关的动作压力,应调整到比安全阀开启压力稍低为宜。

压缩机的低压保护,是指在压缩机运转过程中,由于制冷剂泄漏、供液不足等原因,产生吸气压力过低,甚至出现抽空现象(可能将空气抽入制冷系统),此时,低压保护装置动作,压缩机作为故障停机。

使用低压压力继电器的机组,应与感温控制阀相配合,才能充分发挥其作用。

中压保护是指两级压缩机中的低压排出压力的安全保护,其目的同单级的高压保护相仿。凡单机双级压缩机都需设置中压保护,而用单级机配套的两级压缩机,它的中压保护可以用低压级压缩机的高压压力继电器,但其压力应调整到中压的安全保护调定值。各继电器的调定值应根据所使用的制冷剂,参照制造厂的使用说明书而定。

对中、小型氟利昂制冷系统,一般不设置安全阀,仅用高、低压力继电器作安全保护设备。

压力继电器和压差继电器还可用于断水事故保护。一般采用两种方法:发出断水警报信号,并作事故停机;或者发生断水警报,经过一段延时,作为事故停机,延时时间为30 s左右。

油压保护,是在压缩机运行时确保一定的油压。当油压低于某一定值时,压差继电器动作,压缩机必须停机,以免发生设备事故。油压保护不能使用压力继电器,只能采用压差继电器,因为曲轴箱(油箱)与压缩机吸入侧相通。

压差继电器也是氨泵不上液的安全保护设备。用于氨液泵的压差继电器的特点是:量程范围小,动作较为灵敏,同时采用延时措施。

3. 熔塞

在储液器和冷凝器上设置的熔塞,也是一种安全设备,它可以防止因火灾而出现的爆炸事故。熔塞因火灾等外部发生的高温而熔化,它和那些由于操作管理失误而产生的高压所设置的安全阀和压力继电器等安全设备不同,异常高压时,熔塞不起安全保护作用。

熔塞是装在压力容器器壁上的易熔化的合金塞子,其主要成分是铋、铅和锡,其熔点为 60～80 ℃。

二、液化监视及其安全设备

为防止压缩机湿冲程,必须在汽液分离器、低压循环桶、中间冷却器上设置液位指示、控制和报警装置,在低压储液器上设液化指示器。

三、温度监视及其安全设备

压缩机的吸气和排气侧、轴封器端、分配站、热制冷剂的集管上均设有温度计,以便监视和记录制冷系统的运行工况。为避免排气温度过高,有的压缩机排气管上还设有温度控制器。

所用的温度计种类主要有热电偶温度计、电阻温度计、半导体温度计和电接点的水银温度计等。

压缩机的排气温度、润滑油温度和冷却水的进口温度、电机温度以及库房温度等,都是检查制冷系统安全运行的重要参数。所以要求温度显示要准确可靠,并能进行有效的控制。

压缩机吸气和排气侧的温度变化能反映出机器运转是否正常、中间冷却器供液的多少,甚至还能反映出阀片的损坏情况等,所以要求设在压缩机排气管上的温度控制器的感温元件,应尽可能靠近排气腔。如果采用温度套管的形式,应在套管内加入润滑油,以便准确地反映出排气温度的变化。当排气温度超过调定值时,即发出警报,并使压缩机作为故障停机。

设置在压缩机曲轴箱中的温度控制器感温元件,当油温超过允许值时,温控器动作,发出警报,并使压缩机作故障停机。

在氟利昂制冷系统中,由于润滑油溶解有大量的制冷剂,它会造成开机时无油压,使机器断油。为防止这一现象的发生,可以在曲轴箱内装设电加热器,在启动前,电加热器先自动加热,使溶解在油中的制冷剂受热蒸发,然后再自动启动压缩机。

四、其他安全防护措施

(1)为避免制冷剂倒流,在压缩机高压排气管道和氨泵出液管上,应分别装设止回阀。当蒸发温度不同的两个蒸发器连接在同一根回气管上时,压缩机停止运转后,两个蒸发器的压力能很快地平衡,这样就有可能使高温的制冷剂"倒窜"到低温蒸发器中去,造成压缩机再次启动时易发生液击,使用止回阀即可防止该事故的出现。

(2)冷凝器与储液器之间设有均压管,在运行中均压管应是开启状态。两台以上的储液器之间还分别设有气体和液体均压管,主要起保障高压设备之间的压力均衡、液体制冷剂流动畅通以及液位稳定的作用。

(3)高压储液器设在室外时,应有遮阳棚,以防止日光直晒,不致使温度升高而影响安全运行。

(4)机器的转动部位应设置安全保护罩,设在室外的设备应设有防止非工作人员入内的围墙或栏杆。

(5)在机器间和设备间内设有事故排风设备,以便在事故发生时能及时地排除有害气体。在平时运行或检修时,也可减少室内空气的污染。其排风能力要求是,每小时将室内空气更换不少于 8 次;而且,在室内和室外都装设事故排风的按钮开关,备有事故电源供电,在紧急情况下能确保风机工作。

(6)机器间和设备间的门应向外开,并应留有两个进出口,以保证安全。机房应配备带靴的防毒衣、橡皮手套、木塞、管夹、氧气呼吸器等防护用具和抢救药品,并把它们放在便于索取的位置,要专人管理、定期检查,确保使用。

(7)为避免对邻近环境的污染和影响安全,要求安全阀的泄压管高出机房。

第三节 安全操作

制冷系统中的安全装置对生产运行中所出现的异常危险情况,防止发生爆炸或重大事故起到了良好的保护作用。但是,由于错误的操作时有发生,因此还必须制定科学而合理的安全操作规程,并严格遵守执行。

为了使制冷系统安全运转,有三个必要的条件:第一,使系统内的制冷剂蒸汽不得出现异常高压,以免设备破裂;第二,不得发生湿冲程、液击等误操作,以免设备被破坏;第三,运动部件不得有缺陷或紧固件松动,以免损坏机械。

一、阀门的安全操作

阀门是控制制冷系统安全运转所必不可少的部件,在制冷系统内应该有一定数量的调节阀、截止阀和备用阀。

向容器内充灌制冷剂时,阀门的开启操作应缓慢,以免引起容器的脆性破坏。

制冷系统中,有液态制冷剂的管道和设备,严禁同时将两端阀门关闭。尤其在工作状态下,供液管、排液管、液态制冷剂调节站等管道一般是充满液体的,在停运前都应进行适当抽空。否则,当在满液情况下,关闭设备或管道的进、出口截止阀时,因吸收外界热量,液体产生膨胀而使设备或管道引起爆裂事故,通常称为"液爆"。一般情况,"液爆"大都将阀门处崩裂。

在制冷系统操作中,可能发生"液爆"的部位应特别加以注意,这些部位是:

(1)冷凝器与储液器之间的液体管道;

(2)高压储液器至膨胀阀之间的管道;

(3)两端有截止阀门的管道;

(4)高压设备的液位计;

(5)氨容器之间的液体平衡管;

(6)液体分配站;

(7)汽、液分离器出口阀至蒸发器间的管路;

(8)循环储液器出口阀至蒸发器间的管道;

(9)氨泵供液管道;

(10)容器至紧急泄氨器之间的液体管路等,均是有可能造成液封的管路。

开启回汽阀时,也应缓慢进行,并注意倾听制冷剂的流动声音,严禁突然猛开,以防过湿气体冲入压缩机内,引起事故。

开启阀门时,为防止阀芯被阀体卡住,要求转动手轮时不应过分用力,当阀门全部开启后应将手轮回转1/8圈左右。

二、设备的安全操作

为防止环境污染和氨中毒,从制冷系统中排放的不凝性气体,需经过专门设置的空气分离器排放入水中。

为防止高温、高压的气体制冷剂窜入库房,使机器负荷突增,特规定了储液器液面不得低于其径向高度的30%。

为防止储液器、排液器出现满液而影响冷凝压力,使系统运行工况恶化,储液器的液面不得超过径向高度的80%。

由于制冷设备内的油和氨一般呈有压力的混合状态,为避免酿成严重的跑氨事故,严禁从制冷设备上直接放油。

另外,当设备间的室温达到冰点温度时,对使用冷却水的设备,停用时应将剩水放尽,以防冻裂。

三、设备管道检修的安全操作

为防止检修时设备内残存的制冷剂令操作者中毒和窒息,特别是为避免氨与空气混合到一定比例后遇明火而发生爆炸,以及氟利昂制冷剂遇到明火而分解出剧毒物质,在设备中的制冷剂未抽空或未置换完全,且未与大气接通的情况下,严禁拆卸机器或设备的附件进行焊接作业。同时还规定,在压缩机房和辅助设备间不能有明火,冬季严禁用明火取暖。

为防止触电事故,在检修制冷设备时,特别是检修库内风机、电器等远离电源开关的设备时,须在其电源开关上挂上工作牌,检查完毕后由检修人员亲自取下,其他人员不允许乱动。

在检查和维修机器间和泵房的机器设备和阀门时,必须采用36 V以下的照明电源,潮湿的场所应采用12 V以下的照明电源。

在检修制冷系统的管道时,若需要更换管道或增添新管路,必须采用符合规定的无缝钢管,严禁采用有缝钢管和水暖管件。

制冷系统在大检修后,应进行气密试验。对设备进行焊接或增加新的连接管道后,也应进行气密试验。

四、充灌制冷剂的安全操作

新建和大修后的制冷系统,必须经过气密、检漏、排污、抽真空,当确认系统无泄漏时,方可充灌制冷剂。如用充氨试漏时,设备内的充氨压力不得超过0.2 MPa。

由于充氨操作危险性大,一定要严格按有关规定执行。为防万一,还应备有必要的抢救器材。向制冷系统内充灌制冷剂的数量,应严格控制在设计的要求和设备制造厂家所规定的范围内,并认真做好称量数据的记录。

氨瓶或氨槽车与充氨站的连接管必须采用无缝钢管,或用可耐压3 MPa以上的橡胶管,与其相连接的管头需有防滑沟槽,以防脱开发生危险。

第四节　紧急救护

一、制冷剂对人体生理的影响

制冷剂对人体生理的影响,较为重要的是有毒、窒息和冷灼伤。除氨和二氧化硫外,绝大部分制冷剂是没有毒性的,但是在高温和媒介物作用下,可发生化学反应,使本来无毒的制冷剂产生了毒性物质,就可能危及人身安全。例如,R12制冷剂本身是无毒、无臭、不燃烧、也没有爆炸危险的,甚至在530 ℃的高温下也不分解。但是,当水和氧气混合,与火焰接触时则起分解作用,生成氟化氢、氯化氢和光气,特别是光气对人体十分有害。有些制冷剂本是无毒的,但它在常温下的气态密度比空气大,因此把空气中的氧气排挤掉,就会引起人的窒息。

当空气中的氧气含量降低到14%(体积大)时,人会出现早期缺氧症状,人体呼吸量增大、脉搏加快、注意力和思维能力明显减弱、肌肉的运动失调。

当空气中的氧气含量降低为10%时,人虽仍有知觉,但判断功能出现障碍,很快出现肌肉疲劳,极易引起激动和暴躁。当空气中氧含量降低到6%时,人可能会出现恶心和呕吐,肌肉失去运动能力,发生腿软,不能站立,直到不能行走和爬行。这一明显的症状,往往是第一个也是唯一的警告。

制冷剂泄漏时,对人体危害的程度取决于制冷剂的化学性质及其在空气中的浓度,以及人在该环境中停留时间的长短。

氨制冷剂为2级毒性,当氨浓度在0.5%~1%时,人在该环境中停留30 min 就会患重症或死亡;当氨浓度达15.5%~27%时,遇明火即有爆炸的危险。

空气中的含氨量对人体生理的影响见表8-1。

表8-1　空气中的含氨量对人体生理的影响

空气中含量(mL/1 000 L)	对人体的影响
53	可以感觉氨臭的最低浓度
100	长期停留也无害的最大值
300~500	短时间对人体无害
408	强烈刺激鼻子和咽喉
698	刺激人体眼睛
1 720	引起强烈的咳嗽
2 500~4 500	短时间(30 min)也有危险
5 000~10 000	立即引起致死危险

冷灼伤,是指裸露着的皮肤接触到低温制冷剂后,造成皮肤和表面肌肉组织的损伤。

二、预防措施

制冷系统的操作人员对工作要极端地负责任,确保机器、设备和管道的密封,不能泄漏。凡是有可能接触到制冷剂的工作人员,应接受安全教育,严格遵守有关技术操作规程。

机房必须备用橡皮手套、防毒衣具(带靴的下水衣)、安全救护绳、胶鞋以及救护用的药品,并应妥善放置在机房进口的专用箱内,以方便索取。

由于有些制冷剂的易燃性和爆炸性,若制冷系统发生大量泄漏时,还可能引起火灾或爆炸的危险。通常在发生火灾时,很可能造成大量的制冷剂泄漏,使车间内气相中制冷剂的含量进入爆炸极限的范围内,这是十分危险的。

为实行“预防为主,防消结合”的方针,机房内应配备二氧化碳或“干粉”或“1211”(卤化烷)等灭火器材,以备扑灭油火、制冷剂火和电火。

三、紧急救护

(一)发生漏氨时的急救措施

事故发生时,操作人员一定要镇静沉着,以免乱开或错关机器设备上的阀门,导致事故进一步扩大。必须正确判断情况,组织有经验的技工穿戴防护用具进入现场抢救。如果是高压管道跑氨,应立即停止压缩机运转,切断漏氨部位与有关设备相连通的管道。如果管道不长,可采用放空的办法,待管内余氨放完,并置换后进行补焊。如低压系统管道跑氨,应迅速查明跑氨部位,关闭该冷间冷却设备的供液阀和调整有关阀门。在此情况下,由于冷间氨气甚浓,可开动风机排除氨气,并用醋酸液喷雾中和,然后用管卡将漏点夹死,再恢复冷间工作,待货物出库升温后,再进行抽空补焊。

(二)发生氨中毒的急救措施

氨对人体所造成的伤害,大致可分为三类:

(1)氨液溅到皮肤上会引起冷灼伤;

(2)氨液或氨气对眼睛有刺激或灼伤性伤害;

(3)氨气被人体吸入,轻则刺激呼吸器官,重则导致昏迷甚至死亡。

以上三种情况的急救措施是:当氨液溅到衣服和皮肤上时,应立即把被氨液溅湿的衣服脱去,用水或2%硼酸水冲洗皮肤,注意水温不得超过46 ℃,切忌加热。当解冻后,再涂上消毒后的凡士林、植物油脂或万花油。

当呼吸道受氨气刺激引起严重咳嗽时,可用湿毛巾或水湿衣服,捂住鼻子和口,由于氨易溶于水,因此可显著减轻氨的刺激作用;也可用食醋把毛巾弄湿,再捂住口、鼻,使醋蒸汽与氨发生中和作用,这样也可减轻氨对呼吸道的刺激和中毒程度。

当呼吸受氨刺激较大而且中毒比较严重时,可用硼酸水滴鼻漱口,并让中毒者饮入0.5%的柠檬水或柠檬汁,但是,切勿饮用白开水,因氨易溶于水,将会助长氨的扩散。

当氨中毒十分严重,致使呼吸微弱,甚至休克、呼吸停止的人员,应立即进行人工呼吸抢救,并给中毒者饮用较浓的食醋。有条件时,施以纯氧呼吸,并立即送往医院抢救。

不论中毒或窒息程度轻重与否,均应将患者转移到新鲜空气处进行救护,使其不再继续吸入含氨的空气。

第五节　制冷装置操作管理与维护检修

氨压缩机操作管理的意义在于保证储藏在冷库中商品的质量和冷加工生产的顺利进行,必须保证机器和设备的正常运转,尤其是氨压缩机的正常运转,因为它是制冷系统中的主要设备,依靠它,制冷剂才能在系统中进行循环。因此,搞好氨压缩机的管理是非常重要的。

一、氨压缩机上各个阀门的作用和控制

活塞式压缩机的吸排气工作、启动运转和停车以及检修等,要靠各个阀门的控制来完成。因此,应了解各个阀门的作用和控制方法。

(一)吸气阀

吸气阀装在机器的吸气部位,与吸入管相连接,它的作用是停车时切断压缩机与低压系统的联系,开车时控制低压系统的压力,使压缩机工作的压力不至于突然增高,防止机器因负荷过重而发生故障。压缩机在运转中,当系统压力过高或出现湿冲程时,机器的负荷增大,使电机的电耗超过额定电流,此时可关小吸入阀,用以控制压缩机的工作压力。

（二）吸入控制阀

如果一台压缩机承担两个系统的工作时，就需要安两根吸入管。由于每根吸入管的压力不同，且不能混淆，所以就必须安装吸入控制阀。吸入控制阀还可以把低压系统的气体截止，以便于吸气阀的拆修。

（三）排气阀和排出控制阀

排气阀安装在压缩机的气体排出部件，与排出管相接，它的作用主要是停车时截断高压系统与压缩机的联系。

由于压缩机停车的次数较多，所以排气阀门开关的次数也就多，阀芯处起密封作用的合金或塑料就容易磨损。压缩机停车时，高压气体继续向压缩机里漏氨，机内压力过高，容易从密封器中漏气，同时也影响压缩机零部件损坏后的正常检修。为解决上述矛盾，在机器的排气阀上边，安装了一个排气控制阀。该阀平时处于常开状态，只有当排气阀漏氨，压缩机停车后它才关闭，以便于拆修排气阀。

（四）启动辅助阀

压缩机启动后，由静止状态开始带负荷启动，所需的启动电流要比正常运转时的电流平均大 5 倍以上，很容易损坏电机和电器。如果配备大功率的电机，则对投资和长期运转都是很大的浪费。为了解决这一矛盾，必须设法减小压缩机的启动电流，使之尽可能接近正常运转时的电流，以保证压缩机的安全启动和正常运转。

为了达到上述目的，采取的最基本的方法就是减小启动时的吸气、排气的压力比。启动时，除机体本身的惯性力外，不再受其他力的影响。为此，对活塞式压缩机可有如下几种做法：

（1）在机器上增加启动辅助阀，这种方法有两种形式，即在机器的吸气、排气腔之间增加一个连通管，在其上安装一只控制阀。机器启动时，吸入、排出控制阀关闭，启动辅助阀开启，使机器吸入和排出的气体在内部进行循环，此时的压缩机相当于不吸气，也不排气。当机器运转正常后，在关闭启动辅助阀的同时，打开排气阀，再打开吸气阀。

另一种做法是将压缩机内部的气体排到低压系统，打开启动辅助阀后开车，当压缩机转入全速运转后，在关闭启动辅助阀的同时，打开排气阀，再慢慢打开吸气阀。

（2）系列化压缩机可用能量调节装置减少启动负荷，其原理同样也是使机体内的气体处于低压循环状态。能量调节装置的结构特点及其动作原理，将在有关的压缩机的教材中讲述。

（五）反向工作阀

当需要对制冷系统中的高压设备、管道、阀门等进行检查修理时，这部分中的氨气需要抽到低压系统中予以暂时储存。新建的冷库或大修后的冷库，对制冷系统进行试压、试漏、抽空时，都要进行反向工作。因此，需要在系列化压缩机的吸气、排气管路上设置反向工作阀，以供反向工作时用。

反向工作时，关闭吸气、排气总阀（也称吸气、排气控制阀），打开第一道截止阀，视压力情况，慢慢打开第二道截止阀。这时，气体从高压系统被压缩机吸入，经压缩后，排到低压系统。气流的方向与正常运转时相反。再对高压设备进行检修。反向工作虽然有如此多的优点，但在冷库内存有大量商品的情况下，最好不用上述反向工作的方法进行抽空，其原因是：

（1）大量热的高压氨气排到低压系统后，会使蒸发压力和库房内的温度迅速上升，排管上的霜就会融化，向下滴水，从而严重影响商品的质量。

（2）处于低温状态下工作的管道和设备，其上的焊接部位，因受冷应力的影响很可能发生脆裂。

（3）反向工作时低压系统压力过高，再恢复正常工作，会对压缩机的重新启动造成一定的困难。

（4）反向工作时间较长，耗电量较大，不经济。

因此，一般可采用其他的方法，如利用紧急泄氨器或利用油管路，把氨排入水中。

二、氨压缩机操作规程

（一）单级压缩机的操作规程

（1）开机前的准备工作：首先查阅车间的压缩机运行记录，了解停车的原因。如果是事故停车或机器定期检修正常停车，则应检查压缩机是否已经修复并验收交付使用；若是属于工作需要而停车，则应由值班组长负责开车；如果停车时间超过一个月，或压缩机已进行大修，系统设备已经抽空后的开车，须由车间主任和技术员指挥。

（2）检查压缩机，其内容有：

①压缩机与电动机的各运转部件有无障碍，保护装置及电器设备的完好情况。

②检查曲轴箱内的压力，如果超过了 0.2 MPa，则应先进行降压。如果此种情况经常发生，就应查明原因，加以消除。

③检查曲轴箱的油面，正常油面应在下玻璃视孔的 2/3 以上，上玻璃视孔的 1/2以下。

④检查各压力表阀是否打开，各压力表是否灵敏准确，对已损坏者应及时更换。

⑤检查能量调节器指示位置是否在"0"位或汽缸数量最少的位置。

⑥检查油三通阀是否处于"运转"位置。

⑦检查电动机的启动装置是否处于"启动"位置。

（3）检查高、低压管道系统及设备有关阀门是否全部处于准备工作状态，内容有：

①从压缩机高压排出管线到冷凝器，从冷凝器到调节站，从调节站到蒸发器的有关阀门是否均已打开。供液阀应是关闭的。

②从蒸发器到压缩机低压吸入管线的有关阀门是否打开。压缩机的吸气阀应是关闭的。

③压缩机若连接有中冷器管道的，其阀门必须关闭。

④各设备上安全阀的关闭阀必须要经常开启，冷凝器与高压储液桶的均压阀应开启。压力表阀、液面指示阀应稍开启。

⑤检查供液系统、润滑系统和水系统是否正常。

（4）检查储液桶的液面：

①高压储液桶的正常液面不得超过 80%，不得低于 30%。

②循环储液桶或氨液分离器的液面，应保证在浮球控制高度，一旦浮球失灵或没有浮

球阀的,液面应控制在最高不得超过60%,最低不得低于20%。

③低压储液桶的液面不得高于60%。

(5)如果用氨泵来供液,应检查氨泵各运转部位有无障碍物。

(6)启动水泵,向冷凝器、再冷凝器、压缩机水套和曲轴箱冷却水管供水。

(7)通知电工送电。

(8)在压缩机启动前,首先转动滤油器的手柄数圈。

(9)攀动皮带轮或联轴器2～3圈,检查传动是否过紧,若转动困难,应检查原因,加以消除。

(10)启动电机,同时迅速打开高压排气阀。

(11)当电动机全速运转后,将电动机的炭刷柄由启动位置移至运转位置,油压正常后(若无油压应立即停车检查,并加以修复),将容量调节器逐级调至所需位置,同时缓慢开启吸入阀。如发现有液体冲击声,应立即关闭吸入阀,待声音消除后,再缓慢打开吸入阀,同时,注意排出压力与电流负荷。当电流表读数急速升高时,应立即停车,找出原因,做好记录。排出压力不得超过1.5 MPa(采用油压继电器和压差继电器的压缩机,应在压缩机运转正常后,先稍开吸入阀,再将能量调节器逐级调到所需的位置)。

(12)调整油泵压力,油压应比吸入压力高0.15～0.30 MPa。

(13)根据库房负荷的情况,适当开启有关供液阀。如果用氨泵供液,应按照氨泵操作规程启动氨泵。同时检查和调整液体分调节站的供液阀。

(14)做好开车记录。

(15)氨的蒸发温度比库房温度低8～10 ℃,比盐水温度低4～5 ℃。

(16)压缩机吸气温度应比氨的蒸发温度高5～15 ℃。

(17)压缩机的排气温度应与蒸发温度、冷凝温度相适应。排出温度最高不得超过135 ℃,最低温度不得低于75 ℃。如果比所需要的温度低10 ℃以下,则说明此时的操作不够正常,应关小吸入阀,检查循环储液桶或氨液分离器的浮球阀是否失灵,并适当调整液面。若湿冲程严重,应立即紧急停车。待氨液处理完毕,机器升至常温,降压后,方可再次启动。注意,不要停止水套的正常供水。

(18)在压缩机正常运转中,其吸气与排气阀片的跳动与阀座接触所发出的声音,应当清晰而均匀。如果出现不正常的冲击声,应紧急停车,找出原因并加以消除,同时应做好有关的记录。

(19)应经常检查各摩擦部件工作情况。各摩擦部件如有局部发热或温度急剧上升现象时,应立即停车,查明原因,加以修复并做好相应的记录。

(20)经常检查油压是否正常,若油压低于规定,应及时加以调整;如调整失灵,应立即停车检查,并做好记录。

(21)经常检查油温,一般不得超过60 ℃。

(22)经常检查曲轴箱的油面,如低于规定要求时,应及时加油。

(23)压缩机的加油:

①检查冷冻机油的规格是否符合使用要求。

②将加油管的一端套在压缩机三通阀的加油管上,将另一端(必须带有过滤器)插入

加油桶内。

③将三通阀指示位置由"运转"拨到"加油",向机器注油。当油量达到要求时,将三通阀拨到"运转"位置。加油时,加油管不得露出油面。若加油困难(可能三通阀有串漏),可适当关小吸气阀(但应注意不得使油面过低),待加油完毕后,再开吸气阀,恢复正常操作。

④将加油量记录在册。

(24)压缩机冷却水的进、出温差不得超过15 ℃,超过该限度时,应适当缓慢地增加冷却水量,严禁突然增加大量的低温水。

(25)经常检查密封器,在正常情况下,温度不得超过60 ℃,滴油量不得超过 1~2 滴/min。

(26)压缩机应经常保持清洁。

(27)当单级运转中的压缩机改为配组双级运转时,必须严格执行先停车、后进行调整系统阀门的规定。

(28)调整系统的供液量,适当降低回气压力后,关闭压缩机的吸入阀,并适时将能量调节阀调到"0"位,使曲轴箱的压力保持为零。

(29)切断电源,将电动机的炭刷柄由"运转"位置拨到"启动"位置。

(30)当皮带轮或联轴器停止转动时,关闭排气阀。

(31)停车 15 min 后,关闭进水阀。冬季停车时要注意,应将冷却水套中的积水排净,以防冻坏。

(32)做好停车记录。

(二)氨压缩机配组双级压缩的操作

1. 开车前的准备工作

单级压缩机开车前的各项准备工作,均适用于双级压缩。要检查中冷器的进、排气阀、蛇形管的进、出液阀是否全部打开。

调整压缩机进、排气管线上的有关阀门,必须做到:

首先关闭低压机通向冷凝器的排气控制阀和高压机来自低压系统的吸入控制阀,然后打开低压机通向中冷器的排出控制阀及高压机来自中冷器的吸入控制阀。

检查中冷器的液面高度,使其保持在浮球控制高度。

检查中冷器的压力,如超过0.5 MPa时,应进行降压处理。

检查高、低压停车连锁装置是否正常。

操作双级压缩必须首先启动高压机,当中间压力降至0.1 MPa时方可开启低压机。当开启低压机吸入阀时,应注意中间压力与高压机电流的负荷不得超过规定要求。如有两台以上的低压机,应先启动一台,待运转正常后,再启动另一台。高压机和低压机的启动操作方法与单级机相同。

当高压机排气温度达到60 ℃时,可开始向中间冷却器供液。

根据库房的负荷情况,适当地开启有关的供液阀,如用氨泵供液,按照氨泵的操作规程启动氨泵,向液体分调节站供液。

整个操作过程均应做好各项开车记录。

2. 操作与调整

单级压缩机的操作与调整,一般适用于配组式双级机的操作,只是中间压力应与蒸发压力、冷凝压力相适应(一般容积比接近2∶1时,中间压力为 0.25 MPa 左右;容积比达3∶1时,中间压力为 0.35 MPa 左右,最大不得超过 0.4 MPa),并注意高压机电流的负荷不得超过电机的额定电流值,电动机的温升不得超过规定要求。

要注意低压机与高压机的排气温度与蒸发温度、冷凝温度相适应(高压机的排气温度不得超过110 ~ 135 ℃),否则,就证明操作不正常,应检查原因,并予以调整。

低压机的吸气温度与排气温度急剧降低时的处理方法与单级压缩机相同。

当高压机的吸气温度与排气温度急剧降低时,应首先关小低压机的吸气阀,再关小高压机的吸入阀。密切注意中间压力不得升高,压缩机油压不得降低,同时检查中间冷却器的浮球阀是否失灵,液面是否过高。必要时,进行排液处理。若湿冲程严重,应紧急停车,但必须先停低压机,再停高压机。

(1)压缩机的加油操作与单级压缩机的加油操作相同,当高压机加油比较困难时,如需关小吸入阀,则必须先关小低压机的吸入阀,使中间压力不得升高,压缩机的电源电压不得降低。

(2)当把配组式双级运转中的压缩机改为单级运转时,必须停车,待调整好管路系统阀门后再开车。

3. 停车

(1)关闭中间冷却器供液阀与蛇形管进、出液阀。

(2)先停低压机,当中间压力降低至 0.1 MPa 时,再停高压机,停车方法与单级机相同。

(3)停车 15 min 后,关闭供水阀。冬季停车时,应将汽缸水套内的积水放净,以防冻坏。

(4)做好停车操作的各项记录。

(三)单机双级氨压缩机的操作规程

(1)开车前的准备工作与配组式双级机开车的准备工作相同。

首先攀动油过滤器手柄数圈,再攀动飞轮或联轴器 2 ~ 3 周,试验其运转是否过重。若转动困难,查明原因,加以消除。

启动电动机,同时迅速打开高、低压汽缸的排气阀。

压缩机运转正常后,将电动机的启动装置移至"运转"位置,慢慢打开高压缸吸气阀,如发现有液体冲击的声音,应迅速关闭。检查中冷器液面高度,待正常后再慢慢打开吸气阀。注意:在打开高压缸吸气阀的同时,应保持高压缸的排气压力不得超过1.5 MPa。

当中间压力降至 0.1 MPa 时,将能量调节阀逐级调至正常工作位置,同时,根据电动机的电流负荷,慢慢打开低压缸的吸入阀。如发现有液体冲击声时,应迅速关闭检查循环储液桶或氨分离器的液面高度,待调整后,再慢慢打开低压缸的吸气阀,同时,注意中间压力不得超过 0.4 MPa,电机电流负荷不得超过规定的额定电流。

当高压缸排气温度达到 60 ℃时,向中间冷却器供液。此时调整油泵压力,油压应比曲轴箱的压力高 0.2 ~ 0.3 MPa。

根据库房负荷的情况,适当开启有关供液阀。如采用氨泵供液,应按照氨泵操作规程启动氨泵。

做好各项开车记录。

(2)单机双级氨压机的操作和调整方法与双级机的操作与调整方法相同。

(3)停车。停车时应注意以下几点:

①先关闭中间冷却器的供液阀与蛇形管的进、出液阀,再关闭压缩机低压缸吸气阀,并适时将能量调节器调整至“0”位,使曲轴箱压力保持为零。

②当中冷器的压力降至0.1 MPa时,关闭高压缸的吸气阀,最后切断电源。同时,关闭低压缸与高压缸的排气阀门,将电机启动装置拨回“启动”位置。

③在停车15 min后,关闭供水阀。冬季停车时,应将水套内的积水放净,以防冻结。

④做好各项停车记录。

(四)国产非系列化压缩机的操作规程

国产非系列化压缩机开车前的准备工作、开车、操作与调整以及停车的步骤、方法和注意事项,基本上与系列化的机器相同。但由于该种压缩机构造与它们有所不同,在操作上也有些不一致的地方,即:

(1)开车时曲轴箱的油面高度应保持在玻璃视孔的1/2以上。

(2)启动压缩机时,先打开启动辅助阀,待压缩机运转正常后,关闭启动辅助阀时迅速打开排气阀,然后慢慢打开吸入阀。

(3)压缩机正常运转时的油压应比吸入压力高0.05～0.15 MPa。

(4)加油操作时,只有当曲轴箱的压力比外界压力低时,油才能进入曲轴箱。因此,加油时应注意,油箱内液面不要过低,以免压缩机因缺油而损坏。配组式双级压缩机加油时更要注意。

其他方面都与前述压缩机一样。因此,关于国产非系列化压缩机的单、双级压缩机的操作规程,在此不再阐述,可按国产系列压缩机的操作规程进行操作。

三、制冷设备的操作管理

(一)氨泵的操作管理

泵的用途很广,种类也比较繁多,本节只讨论制冷装置中常用的离心式氨泵、水泵和盐水泵的操作管理。

在氨制冷系统中,氨泵的操作管理是非常重要的,它的运转状况直接影响到冷却排管的供液和降温。在氨制冷系统中,广泛采用离心式氨泵,其类型虽有不同,但操作程序与管理却基本相同。

(1)开泵前必须了解上次修泵的原因,若因故障停泵,必须待修复好后,方可启动。

(2)检查制冷系统进、出液阀是否已调整好。

(3)检查氨泵各运转部件有无障碍,并且用手拨动联轴器,检查其是否灵活,对装有机械密封器的,严禁反向转动。

(4)检查泵轴两端的油环是否有足够的润滑油。

(5)检查氨泵压力,如过高,应开启抽气阀,以降低氨泵压力。

（6）开启循环桶的供液阀和氨泵的进液阀，使氨泵里充满氨液，然后再开启出液阀。

（7）接通电流，启动氨泵，待电流稳定后，关闭抽气阀，投入正常运行。

（8）氨泵的运转应符合以下规定：氨泵在正常运转时，输液压力为 0.15~0.4 MPa，且比较稳定，电流不超过规定的额定数，发出的输送液体的声音比较沉重。反之，如压力与电流下降，仪表的指针摆动不定，氨泵发出一种尖锐的无负荷的声音等，说明泵氨运转不正常、供液不好或不输送氨液，其原因大致有如下几点：

①循环储液桶的液面不低于30%，但应注意，液面也不能太高，以防氨压缩机发生湿冲程的事故。

②氨泵内部积存有大量的润滑油。

③氨泵吸进了蒸发的气体氨。

④氨泵叶轮损坏。

⑤氨泵的供液管路堵塞。

要采取相应措施，解决以上的问题，保证氨泵的正常运转。

（9）停泵的操作：

①关闭循环储液桶的供液阀和氨泵的进液阀。

②切断电源。

③关闭出液阀，开启抽气阀，待抽出氨泵内的气体后，关闭此阀。

（10）氨泵使用中的注意事项：

①氨泵上的过滤器，要经常清洗（尤其是新泵），防止脏物撞坏叶轮。

②氨泵轴承两端油环的油量应每周检查一次，初次运转的，应每8 h检查一次。

③应装上油塞，以供排油时使用，避免由于氨液蒸发而使油变稠，不易排出。

④氨泵加油时，必须停泵，并降低泵压力。关闭油环的针阀，切断油环与轴承的输油通路，然后把加油的螺盖开启（应注意，会有少部分氨气泄出）。当油杯内注入冷冻油后，装上并旋紧加油口的螺盖，开启油杯针阀，然后即可启动使用。

⑤氨泵工作时，应特别注意循环桶液面高度和氨泵的供液情况。

⑥氨泵停止运转时，如果不关闭出液阀，液体就会回流，使氨泵倒转，特别是中间冷却器的压力较高时，反转更为剧烈，这是绝对不允许的。

⑦原则上，应在压缩机开车后再启动氨泵，停止工作时，应在压缩机停车前进行，中途的启动和停止应视工作情况而定。

（二）离心泵式水泵和盐水泵的操作管理

1. 开泵

（1）根据压缩机间的操作记录，检查停泵的原因，如果是由于零件损坏或失灵而引起的故障，应检查故障是否已经消除，损坏的零件是否已经修复。

（2）检查泵和电动机轴承的润滑情况。

（3）检查泵传动部分是否灵活，以及保护装置是否完好，密封器的松紧是否适当。

（4）检查泵内是否灌满了水（或盐水），当缺水（或盐水）时，应利用泵上的放空气阀，或预先装配的加水装置向泵内灌水（或盐水），直到放空气阀溢出水（或盐水）时为止。

（5）水泵启动后，当电机转入正常运转时，开启泵的排水阀。

（6）启动电机时，应注意电机的负荷不能超过正常的工作数值，电流表的指针应稳定。

2. 管理

（1）电机和泵的轴承温度不应超过 60～70 ℃。当轴承温度超过该限度时，应查明原因，修复后方可继续使用。

（2）泵在运转中，电流表的指针应稳定，排水管上的压力表读数应与工作扬程相适应，且指针摆动不强烈。否则，应找出原因，加以消除。

（3）泵运转时应发出较沉重的声音，无杂音，如有不正常的杂音，应停泵，查明原因。

（4）水泵填料盒控制阀和法兰处不应有漏水现象，如有漏水现象，可适当调整填料压盖螺母，或更换填料与垫片。

（5）停泵时，应先关闭泵的排水阀，再切断电源。当电机停止运转后，再关闭吸水阀。

若发现填料处有漏水现象，先拧紧压盖螺母，压紧密封器，并将停泵原因记录在工作日记上，便于以后再次启动时参考。

当气温较低，有可能使泵发生冻结时，应将管和泵内的水放净。

（三）高压设备的操作管理

高压设备主要包括油氨分离器、冷凝器、高压储液器和再冷却器，分述如下。

1. 油氨分离器的操作

油氨分离器的作用主要是把压缩机排出的润滑油和高压热氨蒸发分离出来，不让大量的油跑到冷凝器和蒸发器中而影响传热效率。油氨分离器有多种形式，在冷库中主要使用的是氨液洗涤式油氨分离器。

在正常运转中，油氨分离器的进气、出气阀和下部的供液阀是经常开启的，放油阀是关闭的。

在操作管理中，要注意保证油分离器下部一定的液面，它应高于进液管 200～250 mm。进液管是从冷凝器出液管下部接过来的，因此冷凝器的出液管必须高于油分离器进液管，安装时应注意这一点。

油分离器中油量的多少，由开车时间的长短和机器耗油量的多少来决定。放油的次数，对开车时间长的，每周 2 次较为适宜。每逢生产淡季，开车时间短，1～2 周放一次油也可。要知道油分离器中存油到底有多少，可触摸液处的底部。如果底部发热，上部发凉，说明底部已有油，再结合压缩机油量的多少，共同决定放油次数。

如果不观察、不分析具体情况，油分离器存油不多也放油，就有可能放出较多的氨液，造成浪费。如果存油过多，排出的气体不能被氨液充分洗涤，使油进入冷凝器，则影响传热的效果。因此，经常检查并及时放油是操作管理工作的中心任务。

2. 冷凝器的操作

（1）冷凝器的作用及经济分析。冷凝器的作用是将制冷剂的热量传递给周围介质（水或空气）使高温高压的氨蒸气冷凝成液体氨。

冷凝器的热交换效果取决于传热表面积、冷却介质温度、冷却介质的流量和流速、制冷剂的物性和工况（排出气体的压力、温度、流速等），但也有难以估计的因素，如管壁内油污的程度、管外壁水垢的厚薄、淋水是否均匀等。对已安装好的冷凝器，如果冷却水量不足或分布不均以及减少冷凝器的传热面积,则必然会使温度升高,使压缩机的制冷量下降,电耗增加;相反,冷却水过多,冷凝面积过大,将会增加水泵的电耗,这也是不经济的。因此,使用冷凝器时,必须根据压缩机的制冷能力、冷却水的温度等工况,确定冷凝器的工作台数和所需要的冷却水量,并确定水泵运转的台数,做到既经济合理,又安全可靠。

(2)冷凝器的操作管理。经常注意冷凝压力,最高不应超过 1.5 MPa;若超过时,应查明原因,及时排除。

检查各阀门的开、闭状态,放油阀应关闭,其他阀门均应开启。

检查分水头放置是否适当,水的分布是否均匀,水量是否足够。

根据冷凝压力、冷凝温度及水温的情况,分析是否需要放空气。

冷凝水的进、出水温差一般为 4~6 ℃。氨液的冷凝温度一般比出水温度高 3~5 ℃。使用时,要根据开车时间的长短和耗油量的多少,定期进行放油,一般每个月至少放油一次。还要检查水质情况,定期除水垢。水垢厚度不得超过 1.5 mm,一般每年除垢一次。

对使用时间较长的冷凝器,应定期化验冷凝器的出水(可将酚酞试纸放在水中,看试纸是否有变红现象,如有漏氨的地方,应及时找出漏点,进行检修),一般每月一次。

当冷凝器停止工作时,要关闭有关阀门。

对于卧式或组合式冷凝器,在冬天,应将冷却水放净,以免冻坏。

检修或更换冷凝器时,必须将氨抽空。

(3)高压储液桶的操作管理。高压储液桶在正常工作时,进液阀、出液阀、均压阀、压力表阀、液面指示器阀、安全阀上的控制阀均应打开。放油阀和放空气阀应关闭,只在放油和放空气时才开启。

如果几只高压储液桶同时使用,其液体均压阀应打开,使各桶的液面相互平衡。

在正常使用中,桶内液体量应相对稳定,保持在 40%~60% 波动为好,最多不超过 80%,最低不低于 30%。液面过高(尤其是在夏天)容易发生危险,液面过低,则不能保证正常供液。

引起液面波动过大的原因,主要是冷库的冻结间。冲霜和入库后,库房的热负荷变化大。应根据库房温度、压缩机的吸入压力和温度,及时调节总调节站上的膨胀阀(调节阀),以免供液过多,使压缩机走潮车;供液过少,则影响库房的降温。因此,应掌握储液桶的液面波动不要太大。

高压储液桶的压力和冷凝压力相同,不得超过 1.5 MPa,如果超过这个压力,应找出原因及时排除。

如果储液桶内有油或空气时,应及时放出。若液面过高,妨碍正常循环,可把液体送入冷库排管或排液桶中存放。

(四)低压设备的操作管理

直接冷却的低压设备,包括循环储液桶、排液桶、氨液分离器、液气分调节站、冷风机等设备。

1. 循环储液桶的操作管理

(1)循环储液桶用来储存低压氨液,供氨泵输液用,同时,回收和分离回气中混有的氨液,保证压缩机的正常运转,不致出现湿冲程。结构分为立式和卧式两种,冷库中大部分采用的是立式。

(2)使用前应检查循环储液桶的进气、出气阀,安全阀的控制阀,浮球阀的均压器、出液阀及进液阀油面指示器、压力表阀等是否已经开启,放油阀、排液阀是否关严。

(3)开启调节站或高压储液桶的供液阀,阀门的开度大小应根据液面的高低适当掌握,可开 1/4、1/6、1/8、1/10、1/12 圈。根据供液量需要的多少,也可再开大一点或关小一点。当桶内液面接近 1/3 时,准备启动氨泵。

(4)开启循环储液桶的进液和出液阀、氨泵的进液阀,同时打开氨泵的降压阀,将泵内气体抽出,然后关闭抽气阀,开启氨泵的出液阀,开动氨泵向系统供液。

(5)在运转过程中,桶内的液面应保持在桶高的 1/3 左右,要经常注意液面指示器的液面高度。检查浮球阀是否失灵,调节阀门的开启度是否得当。液面过高,容易使压缩机走潮车;液面过低,则使氨泵不易上液。

(6)当冷风机或排管冲霜时,应注意掌握液面。

(7)如果冻结间已开始降温或停止降温,应注意储液桶的液面高度,因为这时的热负荷变化较大。

(8)运行时间较长时应进行放油,以免影响氨泵的进液。

2. 低压储液桶的操作管理

(1)低压储液桶在使用中,降压阀、压力表阀、液面指示器阀均应是开启的,放油阀、排液阀、加压阀应当是关闭的。

(2)应经常检查桶内的液面情况,若液面增长较快,说明调节站上的膨胀阀开启过大,应关小或关闭。若冻结间开始降温,需开启回气阀时,应特别注意,因为热负荷变化较大,容易出现回液现象。

(3)若桶内液面达到 50% ~60% 时,可直接从调节站排液,也可以向排液桶排液。向排液桶排液的步骤如下:

①开启排液桶的降压阀,然后开启进液阀,做好进液准备。

②关闭低压储液桶的进液阀,停止该桶工作。

③开启加压阀进行加压,至 0.6 MPa 时,可开启排液阀,向排液桶排液。注意桶内压力不得超过 0.6 MPa,当压力过高时,可关闭加压阀。

④排液完毕后,关闭加压阀,慢慢开启降压阀(这时应注意压缩机的回气温度,以免走潮车),待桶内压力与回气总管内的压力相平衡时,开启桶的进液阀,恢复低压储液桶的正常工作。

3. 排液桶的操作管理

(1)排液桶的作用:排液桶承受热氨冲霜时从冷却排管中排回的氨液,以及其他设备中排出的多余的氨液(如低压储液桶的氨液),并在适当时机把液体排回低压系统中,起到调节氨液循环量的作用。另外,低压设备中的油也可通过该桶排放出去。

(2)排液桶使用之前,应首先检查桶内是否有液体,如有,则必须排出去。

若准备从其他设备向该桶排液时,应先打开降压阀,把桶内的压力降至蒸发压力,并开启其他设备(如低压储液桶)的出液阀和排液桶的进液阀,进行排液工作。

排液完毕后,应关闭进液阀,打开加压阀,加压至 0.6 MPa,静止 20 min 后放油。

（3）关闭从高压储液桶至总调节站或循环桶的供液阀,开启排液桶至总调节站或循环桶的供液阀,将排液桶的氨液送到低压系统中去(排液桶的压力在排液时须保持在0.6 MPa)。

（4）排液完毕后,关闭排液桶的供液阀,打开高压储液桶的供液阀,恢复系统的正常供液。

4. 氨液分离器的操作管理

氨液分离器将蒸发器或冷却排管内蒸发出来的氨气在进入压缩机吸入阀前,分离出其中所含的液氨,以保证压缩机的干压行程,并将节流所产生的无效气体分离出来,保证供给冷却排管的全部是氨液,提高冷却排管吸热的有效面积。其类型可分为立式、卧式和T形几种,一般采用立式的。

氨液分离器在投入运行前,应检查进气、出气阀、浮球阀的均压阀和进液阀、压力表阀等是否已开启,放油阀是否关闭。然后缓慢地开启调节站上各冷间的回气阀,使系统压力均衡。当回气压力正常后,再开启液体分离调节站上各冷间的供液阀,便氨液分离器处于工作状态。

正常运行中,主要掌握供液量的多少。要根据压缩机的运行情况、冷却排管和金属指示器的结霜情况,判断供液量的多少。当压缩机吸入湿蒸汽,金属水平指示器全部结霜时,说明供液量过多,应关小膨胀阀(也可能是由于浮球阀失灵造成的)。若压缩机回气过热,金属水平指示器结霜太少或不结霜,此时应开大供液调节阀,以保证满足各冷间的供液量不会因供液过多而造成压缩机的湿冲程。

压缩机运行中,操作人员必须经常检查,并正常分析判断,还应检查氨液分离器的隔热层是否良好,法兰盘接头是否漏氨。若有故障,应及时修理,只有这样才能达到以上的要求。

5. 液体、气体分调节站的操作

这个站的作用是把各冷间的供液和回气集中在一起,控制各冷间的供液降温情况,以便操作管理。

在冷库中,一般分低温冷藏、高温冷藏和结冻车间三个调节站。其中,回气分调节站上回气阀的控制,主要是保证库房冲霜后,降温、结冻间入货后的降温。开阀时要特别小心,不要把阀开得过大或过快,因为这时系统中其他房间正在进行正常的降温,如果开启过快,会使系统中的压力突然增大,各房间蒸发器内的氨液剧烈沸腾,易于形成液体、气体一同返回。如果氨液分离器内的液体较多,一时容纳不下分离下来的液体,就容易使压缩机出现湿冲程,甚至出现严重敲缸。所以,开回气阀时,应微开,待 10 min 左右,当房间内的压力与系统中的压力基本平衡后,再将回气阀全部开启。

供液分调节站将各供液阀集中在一起,这样操作起来比较方便。正常工作中,应根据冷间排管的结霜情况、冷间排管的长短及冷间降温速度的快慢、冷间出入货物量的多少等情况来决定供液阀开启度的大小,冷库投产降温时注意加强调整。调整正常后,一般就不要再动了。由于结冻间内的货物出入比较多,因此在生产中应经常调整,以保证供液量适应库内热负荷的需求。

6. 紧急泄氨器的操作

需要紧急泄氨时,可先将出水阀打开,然后打开进水阀。当水进入泄氨器后,随即打开需要泄氨的高、中、低压阀即可。应当注意,情况如果不是很紧急,严禁使用该设备,以免造成氨的损失。

四、冷风机的操作管理

冷风机多用在冷却间、急冻间和冷却货物冷藏间。冷却货物冷藏间所采用的冷风机除把冷藏间的空气进行循环降温外,尚可以把室外的空气引入,经降温后再排进冷间,以供冷间换气之用。也可以说,冷风机是一种把冷却设备和鼓风机组合在一起的热交换器。冷风机借助鼓风机,强制提高了空气的流速后,再通过冷却设备的一个装置。它提高了散热系数,将空气冷却干燥,改善热交换而降低温度,同时,促进冷间各个部位均衡降温,改善了货物与空气的热交换情况。

(一)冷风机的操作

启动冷风机前应转动鼓风机,检查电动机的传动机构是否良好、翼片与护罩是否相互有摩擦、转动是否过重、润滑情况是否良好。若发现有不正常现象,应及时加以调整、修理,然后再应用,以保证冷风机的运转安全。

使用湿式冷风机时,应注意盐水比重和盐水的供应量,以及盐水分布是否均匀,每隔3~4 h 检查一次,防止因盐水温度或盐水比重不够,引起解冻现象。

设有风道及出风口闸门的冷风系统,应根据室内空气流动的情况和风量的大小,调整出风口闸门,使空气均匀地在室内进行循环。

如果是间接制冷装置,在启动冷风机前,应先开启制冷剂回气阀和回盐水阀,后开启制冷剂供液阀或供盐水阀。在运转过程中,随时加以调整,以保证压缩机与系统的正常运转。

在运转中,干式冷风机的冷却管组表面应结有霜层,若发现结霜不好,应查明原因并加以调整。冷却管组的霜层不应太厚,霜层过厚,会减小管组之间的空隙,阻碍空气流通,减小了冷却管组的散热面积和传热系数,严重时,将使冷风机失效。所以,在运转中应经常检查结霜情况并及时进行冲霜工作。

鼓风机有离心式和轴流式两种。其中,操作和注意事项基本相同,但轴流式鼓风机作反方向运转时,仅仅改变了进出口的风向,不会改变风压和风量;离心式鼓风机不能反向运转,若反转时,不仅改变了进出口的风向,并且显著地降低风压和风量。因此,对于鼓风机和电机来说,首先应检查其转向是否符合要求。

(二)鼓风机启动前的检查工作

(1)检查鼓风机与电动机的地脚螺栓是否松动。

(2)联轴器的螺栓是否松动,橡皮垫圈是否完整。转动时,风机叶轮与叶壳是否有摩擦现象,有无过重和卡住现象,皮带松紧是否适当。

(3)检查轴承是否有足够的润滑油。

启动鼓风机时,如发现有下列情况之一时,必须停机:

①叶轮不转或转动速度较慢;

②鼓风机与电动机的运转声音不正常；

③电动机过热或闻有焦味，或发现有冒烟的现象；

④鼓风机或电动机的轴承温度过高；

⑤启动盘上的保险丝烧断。

五、盐水蒸发器的操作管理

盐水蒸发器是间接制冷的装置，盐水流经蒸发器，将热量传给制冷剂后，本身被冷却降温，经盐水泵送至冷却管组中，吸收被冷却物的热量，从而起到了制冷的作用。它的形式一般有两种：一种是管壳式盐水蒸发器，多用在冷藏机械火车上；另一种是敞开式盐水蒸发器，多与慢速制冰设备联用。

（一）盐水蒸发器的运转管理

1. 蒸发器的启动

在启动蒸发器前，应检查搅拌器或盐水泵的润滑情况，有无渗漏现象。蒸发器槽中的盐水比重与盐水量，主管式蒸发器中的盐水必须完全覆盖蒸发器的排管，并应高出上层主管 100 mm 以上。

启动盐水搅拌器，缓缓开启蒸发器的回气阀后，再开启相应的供液阀，调整供液量。当蒸发器内的盐水温度符合要求时（较冷间空气低 8 ℃），开启出、进盐水阀，启动盐水泵。

为了避免管壳式蒸发器内盐水的冻结，在蒸发器工作前，应先开启蒸发器出盐水阀，启动盐水泵后，再开启回气阀和供液阀。

2. 蒸发器工作中的注意事项

（1）首先，应根据系统的设计要求调节蒸发温度，一般条件下，氨的蒸发温度比蒸发器中盐水的温度低 5 ℃，盐水温度应比冷间空气温度低 8~10 ℃。

（2）对于立式蒸发器，应注意盐水槽的盐水液面，在必要时进行排出或补充。注意检查盐水的浓度。主管式敞开蒸发器的盐水凝固点必须比氨蒸发温度低 5 ℃，比管道式封闭蒸发器低 8~10 ℃。

（3）为了保证盐水的清洁，盐的溶解应在配制箱内进行，不得在盐水池内溶盐。此外，向盐水池内添加盐水时，必须要经过过滤装置，以免杂质混入，造成管路堵塞，影响设备效能。

（4）立式蒸发器盐水槽上的盖板表面应经常保持清洁，关闭应严密，经常检查搅拌器与电动机轴承的润滑情况。

（5）应定期从设备中放油。

（6）检查蒸发器中是否含氨。

3. 停止工作

盐水蒸发器停止工作时，应首先关闭供液阀，待蒸发压力稍稍降低后，关闭回气阀。当蒸发器中盐水温度上升 3~4 ℃时，停盐水泵，再关闭盐水进、出口阀。

蒸发器长期停用时，应降低蒸发器的压力或抽成真空，然后关闭回气阀。

（二）盐水的浓度与配制

盐水制冷系统一般使用氯化钠（NaCl）或氯化钙（CaCl$_2$）的水溶液，盐水的凝固点是配制或选用的重要依据之一。凝固点与盐水的种类和盐水的浓度有关，氯化钠盐水凝固点最低可达 -21.2 ℃（盐水比重为 1.17）；氯化钙盐水的凝固点最低可达到 -55 ℃（盐水比重为 1.26）。上面所讲的是最低凝固点（亦指共晶点），如果盐水浓度超过共晶点对应的盐水浓度时，凝固点将升高。

蒸发器中的盐水浓度应保持适中，过低时，蒸发器中会结冰；浓度过大时，增加了溶液的比重和减小其热容量。因此，要想获得既定的冷量，必须增加盐水的循环量，并增加盐水泵的动力消耗。据此，不论选用和配制何种盐水溶液，其浓度不应超过共晶点。一般盐水凝固点应比蒸发温度低 5 ℃，盐水溶液的浓度用比重计测量，测量盐水的温度以 15 ℃为标准。

配制盐水时，禁止氯化钠和氯化钙两类盐混合使用，以免发生复盐的沉淀。

六、平板结冻器的操作管理

平板结冻器是接触冻结装置，它用于冻结各种肉类和食品。其工作原理是将食品放入平板之间的空隙内，通过平板内部氨液的蒸发吸热，使食品降温冻结。该装置与结冻间相比，具有传热系数大、冻结时间短、占地面积小、食品冻结干消耗低、产品质量较好、可以在常温车间或船上进行生产、便于机械化操作与维修简便等优点。它不适于冻结形状不规则、厚度较大和不能挤压的食品。

平板结冻器有卧式和立式两种类型，都是由平板、氨系统管路和油压系统组成。下面介绍一下立式平板结冻器的操作。

根据用户的要求，该蒸发器与 -33 ℃系统连接，用氨泵供液，实行强制循环，流量在 12 倍以上，效果较好。冻结温度为 -15 ℃，其操作程序如下：

（1）运转前，首先检查液压驱动机构、固定架与活动框架等主要部位有无障碍，平板与托架是否紧密接触，同时检查氨系统有关阀门启闭是否正常，检查油泵转动是否灵活。

（2）启动油泵，当油泵运转声音正常后，开启电磁换向阀的"松开"按钮，使平板按水平方向拉开距离（两块板间最大间隙为 112.5 mm），准备装货。

（3）冻结品装入量应低于水平板上沿 3 cm，然后再启动电磁换向阀的"压紧"按钮开关，用压紧油缸的传动装置将平板压紧。

（4）缓慢打开氨系统的回气阀，防止压缩机的液压冲击，之后开启供液阀，开始正常降温。经 3.5 ~ 4 h，温度达 -15 ℃时，冻结工作完毕，关闭供液阀，开启排液阀进行排液。

（5）关闭回气阀和排液阀，打开热氨冲霜阀向平板内供热氨，待压力达到 0.6 ~ 0.8 MPa 时，打开排液阀，使热氨在平板内流通，排液工作可反复进行，直到冲霜结束。热氨的温度一般在 80 ~ 90 ℃，最好再高一些。融霜快并不影响冷冻品的质量，热氨冲霜 2 ~ 3 min 后，开启托盘的进水阀，使托板融霜。

（6）关闭冲霜和排液阀，微开回气阀，启动油泵，开启电磁换向阀的"松开"按钮，将平板拉开。然后开启升降油缸的电磁换向阀的"上升"按钮，提升平板，使其与冻结物脱离，并关闭进水阀。

（7）开启推料油缸的电磁换向按钮，将推料板冻结物推出，然后将推料油缸复位。

（8）按动升降油缸电磁换向阀的"下降"按钮，使活动框架下降，平板与托板又恢复了紧密的接触。至此完成了一次冻结工作的程序，根据需要可依次进行下去。

七、放空气操作管理

（一）空气进入系统的途径及对制冷能力的影响

制冷系统是一个密闭的系统，不允许有空气渗入，但往往因下列几方面的原因，会造成空气的渗入：

（1）制冷系统投产前，未彻底排空。原因是制冷压缩机吸空能力所致。

（2）在检修压缩机、设备与管道时，排空不彻底或没有进行排空，使空气渗入。

（3）压缩机停车后，如果曲轴箱内的压力低于 0.08 MPa（表压）时，有可能渗入空气。

（4）系统运行中，当蒸发压力低于大气压力时，空气经由机器的轴封、阀门填料等不严密处渗入系统。

（5）压缩机的气体排出温度过高，当其接近或超过润滑油的闪点时，氨油进行分解，产生部分气体。

由于空气在冷凝器的内表面形成一层气体层，对传热表面产生热阻，在冷库内的热负荷不变的条件下，将导致冷凝器传热效率的降低，从而使氨的冷凝压力和温度升高。冷凝压力的升高，会造成压缩机输气量减少，耗电量增加，因而使压缩机的制冷效率降低。同时，由于空气的绝热指数（$K = 1.44$）大于氨的绝热指数（$K = 1.28$），必然会造成氨压缩机排气温度的升高，使制冷压缩机的运转条件恶化。

由于制冷系统中存有空气，会带来一系列的不良后果。所以，应尽力防止空气渗入系统，并在发现有空气存在时，及时予以排除。

（二）空气存在的主要危害与积聚的部位

（1）氨压缩机运转中，气体排出使压力表的指针摆动剧烈。

（2）压缩机排气温度高于该压力下的正常温度（正常温度可根据压缩机的运行工况求得），这是由于空气的绝热指数大于氨的绝热指数的缘故。但应注意，要与因排气阀片损坏而导致排气温度升高这一原因相区别，前者的温度升高是相对稳定的，而后者的温度升高的速度是很快的，而且，机器发出杂音。

（3）根据氨的冷凝温度相对的冷凝压力和冷凝器的压力表所指示的压力数之差，除以冷凝器的压力表所指示的读数，可得出空气含量的百分数。例如，冷凝压力 $P_K = 1.2$ MPa，冷凝温度 $T_K = 25$ ℃，25 ℃时氨液的相对压力为 1.2 MPa。此时，系统中存有的空气的分压为 $1.2 - 1.02 = 0.18$（MPa）。空气含量为 0.18/1.2，即 15%。

据此，说明系统中存有空气。到底空气积聚在什么部位？从制冷循环的流程上来看，主要积聚在冷凝器或高压储液桶中，虽然空气绝大部分是吸入而排至冷凝器中的。由于冷凝器和高压储液桶均有液封的作用，因此空气不可能再从高压储液桶回到低压系统中去。

冷凝器在工作中，气体沿着管壁运动，当受到冷凝水的作用后，氨气逐渐被冷凝成为液体，氨含量的减少便使空气的含量相对地增加。因此，在冷凝器最冷的部位，空气的含量最多。

（三）排除空气的操作步骤

（1）排空气前应检查各阀门，除第 3 根管的回气阀是常开的外，其他阀门均应是关闭的。

（2）开启第一根管上的供液膨胀阀，使混合气体提早冷却。供液量的多少，以维持回气管上结霜达 1 mm 左右为宜。供液过多，有可能引起压缩机的湿冲程。

（3）待空气分离器发凉后，微开启空气阀，根据水中溢出气泡的情况来调整放空气阀的开度，同时也可判断氨气和空气分离情况的好坏。如果放出来的气泡在上升的过程中体积不变，水温不上升，也没有氨味，则证明放出来的气体是空气；如果排出来的气泡在上升的过程中，逐渐缩小成一组组小气泡，水呈乳白色，水温上升时有氨味，则排出来的气体中含有大量的氨气，此时应关小或全关放空气阀，待混合气体冷却好之后，再微开放气阀，放出空气。

（4）在排放空气的过程中，混合气体中的氨被冷凝成液氨，积存在第 4 条管的下部，待结霜已达管子直径的一倍时，关闭从高压储液桶来的供液膨胀阀，开启循环供液管上的供液膨胀阀，将管内冷凝的氨液排出去。待下部霜层即将融化完毕，说明冷凝的氨液已排净，关闭循环供液管上的膨胀阀，再开启从高压储液桶来的供液膨胀阀，交替供液，直到放空气工作结束。

（5）在制冷系统热负荷基本不变的情况下，冷凝压力显著下降。冷凝压力和冷凝温度基本相适应，此时，压缩机的压力表指针摆度大大减小。虽然混合气体冷却得很好，但放出的气泡仍然很小，水呈乳白色，且有氨味，此时应停止放空气。

（6）欲停止空气分离器的工作时，应关闭进液阀、放空气阀、混合气体阀。为了防止放空气器的压力升高，回气阀应经常打开。

八、冲霜排液的操作管理

（一）冲霜的必要性

当冷却排管表面的温度低于空气的霜点时，食品和空气中的水分会析出，凝结在管子的外壁上。因此，低温冷间的冷却排管在工作一段时间之后，管组外表面上必将结有一层较厚的霜。霜层的导热系数比金属小，它的存在使冷却排管的传热系数减小，这对翅片排管来讲，霜层的影响较光滑管的影响更大。根据试验，当管组两侧温度差为 10 ℃时，管组工作一个月后，其传热系数为原数值的 70% 左右。由于霜层的存在，制冷装置工作条件恶化，制冷量降低，耗电增加。因此，必须定期进行除霜工作。

（二）除霜的方法

除霜的方法大致有下列 4 种。

1. 人工除霜

由人利用专用工具进行，这种方法只适用于冷藏间和冷结间内的光滑排管或搁架式排管。翅片管和干式冷风机不能用这种方法除霜，因这种方法不能将霜层除净。

2. 热氨冲霜

热氨冲霜是把热氨蒸气通往冷却排管中，与管壁外的霜衣进行热交换，使霜衣融化后脱落,从而达到除霜的目的。这种方法不但能除掉排管外层的霜层,而且还能冲掉排管中的油和污物。所有的冷却设备都能用热氨冲霜,效果较好。但是,增加了管路阀门操作的环节,同时由于减压的原因,影响机器的产冷量,在冻结间由于库温低,冲霜时间较长,使得冻结货物的时间缩短,影响生产。

3. 水冲霜

水冲霜是利用水将蒸发器上的霜层融化,适用于结冻间、冷却间或高温库的冷风机(必须有下水道)的冲霜。

此法操作简单,效果好,冲霜时间短。根据试验,若水压保持在 0.2 MPa 左右,20 min 左右即可冲完。其缺点是增加水泵及其管路。为了不使蒸发器内的压力超过 0.6 MPa,须微开回气阀(氨泵供液的库房更应注意),蒸发器内吸热而蒸发氨的气体被压缩机吸收,影响压缩机的产冷量,且蒸发器内的油污不能冲掉。为了克服以上缺点,可改变一下操作方法,即:

(1)将该房间的供液、回气阀关闭,开启冲霜回液阀及排液桶或低压循环桶上进液阀,同时,开启气体调节站上的热氨冲霜阀(观察压力表)。

(2)打开水冲霜阀 3~5 min,观察蒸发器内的压力,当升至 0.4 MPa 时,将液体分调节站上的冲霜回液总阀慢慢开启,利用蒸发器内氨液蒸发的压力,使液体冲回至排液桶或低压循环桶。冲霜回液总阀可间断地开关,直至冲霜结束。关闭有关的阀门,停冲霜水。

这种操作的优点是:氨压缩机不再吸入用水冲霜时在蒸发器内蒸发的无效气体,从而提高了压缩机的产冷量,同时,蒸发器内的油污也能被冲回来。这样做更增加了冲霜的效果。

水冲霜的管路应向冷风机的方向升高,以便在冲霜结束时把上水管内的水迅速放掉,避免造成冰塞现象。

4. 水和蒸氨一起冲霜

用这种方法冲霜,速度快,而且排管的霜层和油污被冲得较干净。缺点是须增加操作环节。

因此,对冻结间冲霜时,第3、4种方法可交替采用。

(三)热氨冲霜的操作

1. 冲霜前的准备

(1)热氨冲霜最好用单级压缩机排出的高温气体,缩短冲霜时间。冬季冲霜时,为了提高压缩机的排气温度,可适当减少冷凝器的台数或减少冷却水。但严禁采用停止全部冷凝器的方法来提高冷凝压力,以免发生事故。

(2)冲霜最好选择在库内无货或货物很少时进行。如库内有货,应加盖帆布或油布,以免被货物弄脏或造成地墙结冰。

(3)组织扫霜人员,等霜层融化后及时扫霜,以缩短冲霜时间。

2. 冲霜操作

(1)检查排液桶的压力和液面高度。对没有排液桶、冲霜回液采用低压循环桶时,需调节低压循环桶的供液,使其液面高度不高于40%,以容纳冲霜回来的液体。

(2)适当关小总调节站上的膨胀阀,关闭其他调节站上冲霜库房的供液阀和回气阀,停止库房工作。

（3）开启液体分调节站上的排液阀及排液桶进液阀，使排管内的氨液能流入排液桶。

（4）缓缓开启气体分调节站上热氨冲霜阀，增加排管压力，但不得超过 0.6 MPa，然后用间歇开关的方法进行冲霜排液工作。冲霜时，排液桶的氨面不应超过 80%。

（5）当排管外壁霜层全部融化脱落时，可关闭排液阀及热氨冲霜阀，停止冲霜工作。

（6）恢复库房工作时，应缓慢开启分调节站回气阀，降低排管内的压力。当降至系统蒸发压力时，开启分调节站供液阀和调节总站上的膨胀阀，恢复正常工作。

排液桶的排液工作，按本章第二节的规定进行。

九、放油与回用润滑油的处理

（一）概述

经活塞式压缩机压缩后排出的气体中，必将混有一定量的润滑油。主要原因是，气体被压缩时其温度很高（一般为 70～145 ℃），在该温度下将有部分润滑油挥发为油蒸气。此外，由于气体运动的速度很大（排气速度一般为 12～30 m/s），携带了一定大小的油液微粒，这部分油蒸气和油微粒随着气体制冷剂而进入系统中。进入系统中的润滑油的数量与制冷剂的运动速度及润滑油的蒸发量有关。油的挥发又与温度成正比，试验证明，在制冷剂温度升高的情况下，油的挥发量增长很快。

混在制冷剂中的润滑油，经过油分离器以后，大部分被分离出来，沉积在油分离器的底部，但尚有一小部分随制冷剂进入了以后的设备内。当它沿管路和设备运动时，与周围介质也进行热交换，温度降低并凝结，呈薄膜状积附在设备的传热面上，或沉积在设备的底部。这种情况对制冷装置的效率是极为不利的，会产生下列后果：油污、机械杂质和油混合形成胶状物质，常积聚在截面面积小的管路和阀门中，使通道的截面面积减小或阻塞，造成系统工作不正常。油的导热系数远远小于金属，如果积附在热交换器中，必然会使传热的温差增大，传热恶化，造成冷凝温度升高、蒸发器的蒸发温度下降，致使压缩机排气温度升高。这两种后果都导致了制冷装置运行条件的不正常和工作效率的降低，使制冷量减小，耗电量增加。

上述分析证明，要减小和避免润滑油进入制冷系统，除设置性能良好的油分离器，防止压缩机曲轴箱加油过多或滴油器供油量过大外，在运转中，必须及时地从设备中排放沉积的润滑油。当发现压缩机耗油量增多，而排出的油量又小于加入油量时，应检查原因，并增加放油的次数，以免过多的润滑油进入系统。

（二）放油的基本原则

各设备的放油最好在停止工作时进行，这不仅可以提高放油效率，而且也较安全。但是，对于某些直接影响生产的设备，一般也采取不停车进行放油的方法。

设备放油都要经集油器放出，这样既减少氨的损失，又保证操作安全。

低压设备和高压设备最好各自设置一个集油器，这是因为设备的距离较远，操作不便，同时也考虑到低压设备放油比较困难，放油时间也长。这样做，放油时就不会相互影响。

放油时，操作人员应戴好橡皮手套，站在放油管的侧面，不得离开操作地点。放油完毕后,应做好放油时间和放油数量的记录。

(三)集油器的操作

(1)开启集油器的减压阀,使其处于低压状态。

(2)关闭集油器的减压阀,开启有关设备的放油阀,慢慢开启集油器上的进油阀。当器内压力升高时,可关闭进油阀,重复放油。若进油阀后面的管路上出现发潮或结霜时,可视为放油结束,关闭集油器的进油阀和有关设备的放油阀,慢慢开启集油器上的减压阀,使油内夹杂的氨液蒸发。放油时,如出现集油器内氨液过多、有结霜现象时,可向集油器外壁浇水,以加速氨液的蒸发,直至结霜融化后,关闭减压阀,静止 10 min,观察集油器的压力是否上升。若上升显著,应重新打开减压阀,直至压力上升的速率已很小时为止。关闭淋水阀,开启放油阀进行放油,待油放完后,再关闭放油阀。

(3)集油器的储油量不得超过 70%,以防止减压时器内液体被压缩机吸入,引起液压冲击。

(四)洗涤式油分的放油操作

洗涤式油分的放油次数应根据压缩机的耗油量多少而定,一般每周应不少于一次。

用手触摸使用中的油分的底部,若温度较高而进液管部位的温度却较低时,说明油分内已积有较多的润滑油,应及时放出。

油分放油时,可以不停止工作,先关闭供液阀 5～15 min(可根据油分内部液体的多少而定),待其下部温度升至 40～45 ℃时,打开放油阀向集油器放油。但应注意,停止供液的时间不应太长,以防止因容器内没有氨液洗涤,压缩机排出的高温气体,会使积油汽化而进入冷凝器,影响油分的工作。放油阀开启要小,若放油管的温度变低,证明油已放完,此时应关闭放油阀,开启油氨分离器的供液阀,恢复正常工作。

(五)冷凝器的放油操作

冷凝器的放油应保证每月进行一次。冷库制冷装置一般都设有几台冷凝器,由于放油期限较长,次数较少,可以利用热负荷小或气温较低时,停止冷凝器的工作进行放油,提高放油效率。

放油时,关闭冷凝器的进气、出气阀、出液阀和均压阀,停止冷凝器的工作(不停冷却水),待 20 min 后进行放油。油放完后,打开上述各关闭的阀,恢复正常运行。

中间冷却器、高压储液桶、排液桶的放油操作与油分离器的操作方法基本相同。

(六)低压循环储液桶、氨液分离器、盐水蒸发器的放油操作

这些容器均在低压、低温状态下工作,因而其中所含的油的黏度大,而且都在低压下放油。只有利用各容器所处位置的高度差进行放油。所以,在正常工作时,放油是很困难的。由于放油次数较少,最好当热负荷较小、容器已停止工作时,采用加压的办法放油。

(1)循环桶的放油,在房间热氨冲霜时,停止循环桶的工作(设有几个循环桶的系统可这样做),利用冲霜回液的压力(一般在 0.4 MPa 左右),及时将油放出。对只有一个循环桶,正常工作时不能停车放油的,如果油的黏度大,放不到集油器内,这时,可用橡皮管将油通向室外的油盘放油。但应注意,尽量不要放出氨液,同时,还应维持系统压力高于大气压力,以免空气进入系统。

(2)氨液分离器的放油,可在库房冲霜时停止其工作,并向其加压后放油。

(3)盐水蒸发器的放油,应首先停止其工作,使蒸发器的压力上升,再向集油器放油,为了加速蒸发压力的升高,可向蒸发器内输入热的盐水或向冰桶加水,使盐水温度升高。但要注意蒸发器内的压力不得超过 0.6 MPa。

放油的步骤与油分离器基本相同。

(七)润滑油的再生处理

润滑油使用之后,其质量已有不同程度的变化,机件磨损后的金属粉末、设备和系统内的污物以及水分都会混入润滑油中,使润滑油的质量降低,甚至失去润滑作用。只有经再生处理,方可继续使用。

处理方法有升温沉淀过滤和化学处理两种。升温沉淀过滤法所用的设备及操作都较简单,被目前的制冷企业普遍采用,但该法只能去掉油中的机械杂质、污垢及水分等,不能恢复油的酸碱度等方面的性能指标。因此,还要采用化学处理的方法。但化学处理法所用的设备和操作都较复杂,最好将油送到油脂再生厂进行处理。

升温沉淀过滤处理法装置及处理方法如下:

(1)沉淀器及加热装置。沉淀器是一个用钢板焊制的立式圆桶,上口敞开并在上端配有桶盖,桶底成圆锥形,下设控制阀,便于将沉淀的污物放出。

沉淀器内设有加热装置,其热源可用电阻丝加热或蒸汽。若采用电阻丝加热,可在木架上,装好绝缘瓷瓶,将 4 根或 6 根 800 W 的电阻丝串接好,放在桶内;若采用蒸汽,可用管从桶外引入。

油面指示器设置在桶的外侧,出油阀设置在桶的中下部,与储油器相联通。

(2)储油器及过滤器。储油器可用油桶改装,底部设有排出脏物的阀门,侧面装有油面指示器,中上部装有过滤器。

过滤器下部用圆形多孔钢板制成,钢板上铺有毛毡或多层绒布,再用铁环和钢板上焊接的螺栓拧紧。油从过滤器上面进,经过过滤器渗到桶的下部。

(3)利用齿轮油泵,将初步过滤的油从储油器输入到滤油机中进行二次过滤。

滤油机由油泵、滤纸箱体或过滤器及管路阀门组成。其功用是利用强力将脏油通过多层滤纸过滤,以恢复回用油的清洁。其规格有多种,其中有一种每小时可滤油 3 000 L,过滤面积为 12 000 cm^2。

(八)润滑油再生设备的操作步骤

(1)将收集回用的润滑油放入沉淀器内加热 2 ~ 3 h,温度保持在 80 ℃左右,然后静止沉淀约 12 h,使混入油内的部分水分蒸发。杂质及不蒸发的水分,因比重不同而沉淀,溶在容器的底部,经圆锥形桶底的截止阀放出(如需经两次加热沉淀,可依照上述方法重复进行)。

(2)加热沉淀的油,通过出油阀送到储油器内,进行初步过滤。

(3)开动齿轮油泵(保持 0.3 MPa 的压力),将初步过滤的油从储油器强行通过滤油机,进行二次过滤,以彻底清除油中的杂质。过滤后的油储存在干净的油桶内待用。

滤油机每使用 2 ~ 3 次后应进行清洗。可先松动压紧手轮,打开隔板,取出过滤纸洗净。为了尽快将过滤纸干燥,可将它放入烘箱内烘干,以备再用。

毛毡过滤器也应经常清洗,以保证过滤效果。

油加热要缓慢进行,防止因局部温度过高而使油变质。加热的脏油放出后一定要保证沉淀时间(12～24 h)。过早地放出将影响沉淀效果、相对地增加过滤器或滤油机的负担。

(九)单冻机的操作管理

随着出口肉、菜及水产品的加工温度为－35 ℃以下的要求,进口和国产单冻机的使用越来越多,而单冻机都是安装在－45 ℃的双级系统上,用氨泵供液,实行强制循环,通常要求单冻机的库内温度为－30～－40 ℃,其蒸发压力较低。因此,制冷压缩机的吸气压力很低,往往处于负压状态,致使单冻机系统因蒸发器与外界的压差增大,使空气通过各种阀门及压缩机轴封等处渗入系统的可能性增加。为此,其操作时要求:

(1)单冻机运转前,应首先检查库内风机和传送装置运转是否正常,有无障碍,同时查看氨系统有关阀门的启闭是否正常。

(2)启动传送装置,正常运转后,再启动风机,使库内通过蒸发器的风流向正常,绝对禁止涡流的产生。

(3)缓慢打开氨系统的回气阀,防止压缩机的液氨冲击。然后打开供液阀进行正常降温,当库内温度达到要求时,开始加工被冻结物。

(4)加工完毕后关闭供液阀,开启排液阀进行排液。

(5)关闭回气阀和排液阀后,打开库内应关闭传送装置并开启供水阀向库内供水冲霜,冲霜完毕后,让风机运转一段时间,将库内湿度较大的空气排出。

第六节　制冷事故案例分析

随着制冷业的发展,制冷作业的事故也越来越多。事故发生既有管理上的原因,也有技术上和操作上的原因。希望本书收集到的这些事故案例,能引起制冷设备的设计人员、管理人员和操作人员的重视,从中吸取经验教训,避免事故重演。

一、规章制度不健全,出现事故并非偶然

(一)事故经过

1988 年 9 月 26 日,辽宁省某饭店停业装修。上级决定在停业期间留守 11 人,其他职工放假。当时该饭店有冷库 3 间,存放价值 10 万元的海鲜品。饭店主管部门决定,停业期间将原来的两名制冷工放长假,让马××(该人原系操作工,但已长期没进行操作)接替操作制冷机。1988 年 10 月 9 日上午 10 时左右,马××发现雪糕机节流阀压盖漏氨,他戴上氧气呼吸器向泄氨点跑去,准备抢修。因为事先没有进行检查,戴上的氧气呼吸器实际上是早已失效的,所以马××没跑几步便窒息晕倒。因为作业现场无人监视、无人抢救,最后导致了马××缺氧死亡。由于饭店领导和有关人员不负责任,没有及时查找失踪人员,直到马××爱人第二天早上来饭店找人时,才发现马××倒在机房外,已死亡20 多个小时。

(二)事故原因及教训

(1)该饭店及其主管部门的领导对马××的工作安排不妥,让很长时间没有操作制

冷机的人员去操作,且没有安排原操作工与马××进行工作交接,介绍设备状况。

（2）从事特种设备的维修（属危险作业）没有审批与监护制度,维修制冷设备时无人监护,致使发生窒息事故时无人及时抢救。

（3）该饭店冷库的规章制度不健全,甚至连交接班记录都没有。

（4）冷库的防护器材严重缺乏,连马××使用的那个失效氧气呼吸器都是通过私人关系从外单位借来的,借来后也没有进行认真的检查,结果,导致了马××窒息死亡。

（5）死者安全知识缺乏,安全操作技能低,没有掌握氧气呼吸器的正确使用方法;使用前也没有对氧气呼吸器进行认真的检查和消毒,戴上就跑,也是事故发生的重要原因之一。

（6）借来的氧气呼吸器早已失效,超过有效期40个月,且已达报废程度。

（7）有关人员没有及时处理好设备,使有的阀门和管路漏氨。马××不熟悉设备和系统的状况,也没有及时查找到泄漏氨的原因。

（8）饭店领导在停业装修期间,对安全工作不重视,责任心不强。听到有人反映马××失踪后,也没有及时派人或亲自查找。

二、带压维修液面计,造成中毒死亡事故

（一）事故经过

1987年7月14日11时15分,辽宁省某厂生产生活服务公司冷库制冷工陈××,发现储氨罐液面计漏气,便开始检修。由于陈××在液面计阀门没有完全关闭的情况下,就拆卸液面计玻璃管上端的压紧螺帽,结果,由于内力和外力的共同作用,导致玻璃管爆破,使氨气喷出,呛入陈××的呼吸道,经抢救无效,导致中毒死亡。这起事故的直接经济损失为12 735.85元。

（二）事故原因及教训

（1）死者违章作业,没有将液面计下端阀门完全关闭,便去拆卸液面计的压紧螺帽,结果弄碎玻璃管,造成高压氨喷出,这是事故的直接原因。作为一名有6年制冷作业工龄的六级老技工,死者负有不可推卸的主要责任。

（2）陈××在检修时没按规定正确穿用防氨用具。

（3）该冷库长期只有1名操作工,抢修时既无人配合,又无监护,所以事故发生时抢救不力、不及时。

（4）冷库的安全规章制度不健全、操作规程不完善,在经济承包中对安全指标没做具体要求。

（5）工厂对职工安全教育不够,教育针对性不强,安全检查落实不力,没有及时检查出冷库存在的问题,配齐防氨用具。

三、抽真空时误操作,严重液击汽缸

1980年8月11日,山东省某蛋厂一台氨压缩机在抽真空操作中因严重液击而导致汽缸爆炸,炸死1人、重伤2人。事故原因是操作人员对系统不熟悉,心中无数。本来,对高温库抽真空时应打开高温库抽氨阀,可是由于操作工误操作,却打开了急冻库高压液体

总管的抽氨端,使 11.76×10^5 Pa 高压液体窜入压缩机汽缸,造成瞬间严重液击而引起爆炸。

这起事故应吸取的经验教训是:一定要加强安全技术培训,使操作人员熟悉系统,熟悉操作工艺规程。另外,不要让不熟悉系统和机器设备性能的人员上岗操作。

四、防氨用具失灵造成事故

1978 年 8 月 27 日,河南省某冷冻厂的操作人员,在更换氨泵压力表时,违章作业,没有关闭氨泵排液阀门就开始卸表。由于卸表时用力不当,加之管壁太薄而导致表管扭断,造成跑氨事故。事故发生后,又因为防氨面具(氧气呼吸器)失效,抢救人员惊慌失措,未能采取有效的抢救措施,所以造成死亡 1 人、伤 1 人的重大事故。这起事故给人们的教训是:

(1)防氨用具应齐备、有效,并应经常检查,使其处于完好状态。

(2)认真进行安全技术培训,进行遵章守纪的教育,防止违章事件发生。

(3)经常进行预防事故和现场救护的演习,增强对事故的应变能力。

五、超量充装,瓶炸人亡

1978 年 4 月 7 日,安徽省某禽蛋厂,从合肥市水产冷库充装了 23 瓶液氨,运回后露天放置。4 月 9 日下午 2 时,1 只氨瓶突然爆炸,将在附近操作的 1 名工人炸死,另 1 名炸伤。

(一)事故调查资料

(1)4 月 7 日装氨时气温为 9.6 ℃,4 月 9 日下午 2 时的气温为 25.2 ℃。

(2)爆炸的氨瓶是上海钢瓶厂制造的产品,容积为 67 L。1977 年 6 月在合肥化工厂以 5.88×10^5 Pa 的水压试验合格,爆炸时未超过有效期。经鉴定,爆破的钢瓶裂口状态属于塑性变形后的爆炸。母层的断面材质韧性良好,不是低应力破坏。说明爆炸与氨瓶的质量无关。

(3)爆破的氨瓶内壁光亮,也排除了腐蚀破坏的可能。

(4)查阅充装记录,发现有 3 只瓶充装量超过 40 kg。根据《气瓶安全监察规程》规定,氨充装数应不大于 0.53 kg/L。根据这一规定,容积为 67 L 的氨瓶,充装量不得超过 35.5 kg,灌氨时,显然违反了国家的规定,超量充装。超装有两种情况,一是瓶内已全部充满液体,称为满量充装,另一种是虽没充满,却超过了规定,称做过量充装。满量或过量充装都会导致瓶体的爆炸,前者更甚。假定该厂以 41 kg 和 41.85 kg 两种不同的量充液,充液量 41 kg 时,温度升到 19 ℃时就成为满量;充满量为 41.85 kg 时,充装当时就已满量。在满量或过量下温度升高,液体受热膨胀得不到气相压缩的补偿,导致瓶内压力急剧增高。液体膨胀产生的压力,加上瓶内原有的饱和压力,已大大超过允许的压力极限。

即使充装当时不是满量,而是过量,例如充液量为 41 kg,当温度升到 19 ℃时,即从过量变为满量,继续升温到 25 ℃时,温度升高 6 ℃,瓶内产生的压力仍然超过了破坏应力而使瓶体爆炸。

（二）事故原因

由于过量充装,再加上在阳光下暴晒和瓶内温度的上升,使液体上升,液体容积膨胀,导致了氨瓶爆炸事故的发生。

（三）经验教训及预防措施

(1)充装时要严格执行国家规定,不得超量充装。

(2)氨瓶不得放在阳光下暴晒,更不得接近热源与载热体。

六、辽宁省某冷冻厂油分管道爆炸事故

1976年3月31日,该厂在原机房系统中新装4台LN-150冷凝器,在对冷凝器和高压排气管道进行空气试压前,曾对油分离器等旧设备及管路进行了抽真空操作,在认为已经"无氨"后,开始用空气进行试压检漏。本来想用一根不通过旧系统的专用管道用于试压,但因该管管径较小,升压缓慢,而未采用,而是将空气直接通过油分离器、旧管路向冷凝器试压。经过半天的连续运行,当天中午便发生了油分离器出口管道的爆炸。爆炸时压力为 14.7×10^5 Pa,炸飞五段管子,其中,最长的是出口总管上一根 Φ219 mm×6 mm,长4 m的无缝钢管。炸破了一只氨阀,同时,还炸坏了低压循环储液桶和调节站上的管道,造成两处跑氨。爆炸气流震碎了设备间所有的门窗玻璃,幸亏当时设备间无人,未引起人员伤亡。

发生这次事故的原因,可作以下分析:Φ600 mm离心式油分离器内存油并未放净(放油管距桶底有一段距离),因冬季外界气温较低,容器内积存在油内的氨液变成"死氨"。试压时,进入油分离器中的空气温度很高,使"死氨"被加热蒸发,与试压空气混合成为氨、空气的混合气体。当此混合气体中的含氨量为16%~25%时,遇明火就会起爆。

事故之后,检查了被炸坏的管道、阀门以及压缩机的排气腔、排空管道,发现没有丝毫油迹,全是烧焦后的油灰,说明润滑油已燃烧炭化。究其原因,系试压用的5-200/12氨压机已经运转了十多年,排气阀片不严,活塞余隙较大,平常运转中排气温度曾达到过140℃。当介质为空气,机器连续运转(供气压试验用)时温度必然更高。当排气温度达到润滑油的闪点(170℃)时,排气腔和排气管道内的油雾闪燃出火星,随着压缩空气被带到距压缩机只有2 m的油分离器内,瞬时,使氨和空气的混合气体遇明火爆炸。破坏的部位正是油分离器的出口管路,也是强度较低的焊口和阀体的部位。

事故的责任方没把新装的制冷设备与旧设备严格分开试压,这就提醒我们,在现有冷库中装设新系统、新设备后,试压时必须与旧系统、旧设备严格分开,且单独进行。这样就能保证安全试压,又便于检查。

七、液体蒸发无处泄压,万斤肉类污染变质

1980年9月5日,陕西省某县冷库一库房内,氨蒸发排管横集管的封头爆炸,造成大量跑氨,库内5 t多肉类商品被氨熏染变质,损失3万多元。分析此次事故,操作方面的原因是,压缩机停车前未将排管内的氨液抽回储液桶,而是将氨液供入排管,且关闭了回气阀。停车后,排管内所存的大量液体继续蒸发,压力上升,无处泄压,引起横集管一端封头炸开。事后检查,横集管封头制造上也不符合要求。封头钢板应为8 mm厚,实际采用的

是 4.5 mm,而且没有采用缩口焊接,焊缝高度和宽度也不标准。

八、违章关阀冲霜,五名工人负伤

辽宁省某冷冻厂冻结间的空气冷却器上,安有 $\Phi500 \times 1\,500$ mm 的卧式氨液分离器。1975 年 11 月 10 日,当时正值生产旺季,冻结产量大。为了缩短周转时间,操作人员错误认为是空气冷却器排管上霜层不厚,可以采用外界方法除霜,于是便违章关闭了该厂冻结间所有的阀门,用大量水迅速冲霜。结果,冲霜不到 5 min,发生了氨液分离器的强烈爆炸,分离器一端封头从焊缝处断开,被炸出十多米远,约 1 t 氨液全部逸出,5 名工人受伤。库内十多吨牛肉被氨污染,停产一星期后,修复使用。

事故发生后,对于如何消除冻结间内氨气,曾试用了几种方法。最初是在库内外安装通风机向外排风,开始效果还好,后因气流短路,排氨效果并不显著。继而使用冰醋酸溶液喷雾,中和氨气,但在大量泄氨下,费用太大。最后采用大面积淋水,同时吹风,使氨不断溶解于水,并将水扫出库外,避免氨的再蒸发。这种方法可取,只是水泵的劳动力比较多。事故是由两方面原因造成的:

(1)该急冻间采用氨泵、重力两种供液方法。当时用氨泵供液,结冻结束时,空气冷却器内基本上是满液的,不经热氨冲霜排液,又关闭了该装置系统的所有阀门,骤然进行大面积的冲霜。在剧烈的热交换下(相当于用水去加热氨液),氨液大量蒸发,无处泄压,压力剧增。

(2)观察破坏的氨液分离器封头,发现封头与筒体的焊接没有按技术规定,没有采用开坡口焊,而是平焊,焊接强度不够,不能承受应有的破坏应力,成为首先产生爆炸的薄弱环节。所以,氨液分离器虽被破坏,但其他的部分完好。

九、油路堵塞,烧瓦抱轴

(一)事故经过

一天晚上,河南省某冷库值夜班的制冷工,不顾机器运转,却在酣睡。忽然被一联轴器不正常的响声惊醒,发现油压表上没有油压,他赶紧停车,但为时过晚,由于缺少润滑油,烧瓦抱轴,使一台 4AV1.2 压缩机曲轴报废。

(二)事故原因及教训

(1)机油过滤器长期不按规定清洗,严重堵塞,造成油路不通,烧损轴瓦。

(2)该机器原来装有油压保护器,但因电气线路没接通,使保护器不能投入使用。

(3)操作工缺乏责任心,在机器运转中不按规定定时检查仪表的指示状态,违章睡觉,严重违反劳动纪律和安全规程。没有及时发现机器的故障,是造成事故的重要原因。

十、中冷供液过多,损坏缸套活塞

(一)事故经过

四川省某冷库,有一个由一台 2AZ12.5 及 4AV12.5 的机器组成的串联式两级压缩系统。一天晚上,机房由一个青年工人值班,由于他向中冷供液过多,结果造成高压机严重结霜敲缸。故障发生后,这个青年工人惊慌中不知所措,由于不会处理故障,便离开现场跑回宿舍叫来正在睡觉的师傅。当他们跑回机房将机器紧急停下来时,机器已经损坏了。经检查,活塞、缸套、阀座、阀门都已敲成碎片,直径 12 mm 粗的安全弹簧被拧成了"麻花"。

(二)事故原因及教训

(1)操作不当,向中冷供液过多,且没有及时正确地处理好。

(2)让没有独立操作能力的青年工人独自上岗作业。

(3)安全技术训练不够,操作者缺乏安全教育和指导,没有处理紧急情况的能力。因此,要加强技术训练,提高工人的操作水平,使工人能熟悉本系统的情况并具有一定的处理事故的技能。

十一、防松铁丝强度不足,造成敲缸

(一)事故经过

1981 年 4 月 16 日 21 时,广东省某肉联厂冷库的一台氨压缩机,在连续运转 9 h 后,突然发出强烈的敲击声。位于机旁的操作人员闻声,立即去按电控屏上的"总控"按钮,但机器未停。他又奔回机器旁,把机器卸载为零挡,仍未见效,好在此时,一位副班长跑来,按下总控屏上的"停止"按钮,才把机器停下来。该机从发出敲击声到机器停下,历时 5 ~ 7 s,当时没有发现来霜迹象。

次日,维修班根据操作工交班记录,对机器进行合闸空转检查,发现第一组有敲击声(声音不大),随即停车。次日,进行拆卸检查,发现这台 8AS - 12.5 压缩机被严重击烂。2 号缸损坏最为严重:连杆螺栓断了两支,一支被拉断,一支被扭断。连杆断成七截,连杆大头瓦严重变形,合金已被烧坏。活塞被打成 70 多块,小头铜套被打碎,假盖裂纹,汽缸位于曲轴箱与吸入腔的间隔,靠近 2 号缸被打裂,呈"r"形裂纹,总长 153 mm。与 2、3、4 号缸连杆大头瓦亦被烧损、变形,汽缸裙部和活塞裙部被击烂,3 号连杆被撞击变形,1 号连杆有被撞痕迹。曲轴靠近轴封端的曲柄销拉花。

(二)事故原因

(1)机器没有及时维修,带病运转。事故的开始是从 2 号连杆大头一端的一支连杆螺栓被拉断而引起的。现场检查得出:所烧坏的四副连杆大头瓦,瓦面合金烧坏,拉毛处已积暗色污垢,瓦底钢背与瓦座有较长时间的径向摩擦痕迹。这说明,这四副大头瓦在本次事故前就已损坏,机器已带病运转了一段时间。

(2)由于连杆大头瓦损坏变形,机械运行不平衡,震动加剧,导致过细的连杆螺栓松动,螺栓被拉断(穿铁丝孔为 $\Phi 2.5$ mm,按规定应穿 $\Phi 2.0$ mm 的铁丝,可是该机只穿了 $\Phi 1.12$ mm 的铁丝,抗拉强度仅为规定的 1/3)。铁丝拉断后(断裂部位在两端合口拧紧处的薄弱环节),螺栓继续松动,冲击力加大,最后,导致一支连杆螺栓被拉断,接着另一边的一支又被扭断,于是 2 号连杆活塞组件失控,导致机件的撞击损坏。检查中发现,3 号连杆螺栓防松铁丝亦已断裂,螺栓已经松动。因连杆螺栓防松铁丝过细而被拉断,使连杆螺栓继续松动,遭受的冲击力加大,最后拉断连杆螺栓,导致机件互相撞击,是这起事故的直接原因。

(3)设备存在缺陷,操作人员对设备不熟悉,对异常情况的判断能力差,处理意外事故的能力较差。该机电控屏上共有"启动"、"停止"、"总控"三只按钮,"总控"按钮没有接线使用,又没有做明显标志,也没向操作人员交代。当机器发出强烈敲击声时,操作人员本想紧急停机,去按"总控"按钮,后见不起作用,再奔回机旁拨卸载手柄(此类事故,不起作用),显得手忙脚乱。幸好在另一位置上的副班长及时跑来按下"停止"按钮,但时间已经延误了 5~7 s,导致机件损坏严重。设备安装有缺陷,操作人员不熟悉设备状况,是加大事故损失的重要原因。

(4)在压缩机因严重敲击而紧急停机后,维修班仍采用合闸空转的检查方法,这是极其错误的,这样做,加重了机件上的损坏,增大了事故造成的经济损失。

习 题

一、选择题

1. 储液器上设置的熔塞是一种在_____下而熔化的安全设施。

    A. 高温   B. 高压

2. 液氨系统用压力表_____。

    A. 可以是普通压力表   B. 必须是氨用压力表

二、判断正误(正确的在括号里打√,错误的打×)

( )1. 在压缩机房,应配备二氧化碳或"干粉"等灭火器材,以备扑灭油火、制冷剂火和电火。

( )2. 在压缩机房,不能有明火,冬季严禁用明火取暖。

( )3. 当氨液溅到衣服和皮肤上,应立即把氨液溅湿的衣服脱去,用水冲洗皮肤,当解冻后,再涂上消毒后的凡士林、植物油脂或万花油。

第九章　移动式压力容器

第一节　概　述

石油气(丙烷、丙烯、丁烷、丁烯、丁二烯等及其混合物)氨、氧、氮、氩、氢、氦、天然气等在常温常压下是气体状态。为了便于储存和运输,把这些气体用增加压力或降低温度的办法,变为液体状态,常称为液化气体。随着石油化学工业和低温、超低温技术的迅速发展,液化气体已进入了各种生产部门和民用领域,也进入了千家万户,并日益显示出其经济价值和优越性。

液化气体罐车是运输液化气体的主要设备,属移动式压力容器,因为其移动范围大、路况复杂,较固定式压力容器有更大的危险性。移动式压力容器是指由压力容器罐体与走行装置或者框架采用永久性连接组成的罐式运输装备,包括铁路罐车、汽车罐车、长管拖车、罐式集装箱和管束式集装箱等。

移动式压力容器按设计温度分为以下三种,如图 9-1 所示。

(1)常温型。罐体为裸式,设计温度为 −20~50 ℃(液化石油气、液氨、丙烯等)。

(2)低温型。罐体采用堆积绝热式,设计温度为 −70~−20 ℃(液态二氧化碳等)。

(3)深冷型。罐体采用真空粉末式或真空多层绝热式,温度低于 −150 ℃(液氧、液氮、液氩等)。

移动式压力容器以铁路罐车和汽车罐车较为常见,而运送的介质则以液化气体居多。

对于单层常温的液化气体汽车和铁路罐车,其基本原理与固定式储罐基本相同。所不同的是这些罐车在运输和装卸过程中,不可避免地受到冲击、振动,有时还可能发生碰撞、倾翻,因此对罐体的设计压力、材料选用、探伤、制造检验、试验、安全附件的灵敏可靠度、规范操作等有更多更高的要求。同时,对于罐体底架的连接,整车的载重量、充装量、轴荷分配、抗侧倾,以及罐中液化气体的防波动等都有非常严格要求。

低温罐车选用的绝热形式,根据储存介质、罐体容积以及所需的绝热性能来确定。低温绝热可分为五种类型:堆积绝热、高真空绝热、真空粉末(或纤维)绝热、高真空多层绝热和高真空多屏绝热。低温储运设备在设计中选用何种绝热形式,主要取决于成本、可操作性、重量以及刚度等综合因素。

低温罐车(液氮、液氧、液氢)一般都采用真空粉末绝热或真空多层绝热。真空粉末绝热的封口真空度要求小于或等于 133.32×10^{-2} Pa;真空多层绝热的封口真空度要求小于 133.32×10^{-4} Pa。

为了适应国民经济的发展和确保液化气体罐车的安全经济运行,1994 年原国家劳动部颁发了《液化气体汽车罐车安全监察规程》。除国务院《特种设备安全监察条例》和最新颁布的《移动式压力容器安全技术监察规程》法规外,这两个规定目前仍是液化气体罐

单车固定式汽车罐车(常温型)

半拖挂式汽车罐车(常温型)

铁路罐车(常温型)

低温液体汽车罐车(深冷型)

罐式集装箱(低温型)

罐式集装箱(常温型)

图 9-1 移动式压力容器

车设计、制造、使用、运输、检验、修理、改造的法规性依据,当然还必须满足国家其他有关压力容器、铁路、运输、汽车交通等方面的强制性标准和管理规定。

第二节 常温液化气体汽车罐车

一、液化石油气介质特性

液化石油气(英文缩写 LPG)指比较容易液化,通常以液态形式运输的石油气,简单地说,就是液化了的石油气。液化石油气在常温、常压下呈气态状态,在常温加压或常压低温下很容易从气态转变为液态,便于运输及储存,故称为液化石油气。

(一)液化石油气的化学成分

液化石油气的主要成分是含有三个碳原子和四个碳原子的碳氢化合物,行业上习惯分别称为碳三和碳四。液化石油气主要组成有丙烷、丙烯、丁烷、丁烯等四种。除上述主要成分外,有的还含有少量的戊烷(通常俗称为残液的主要成分)、硫化物和水等。通常在民用液化石油气中,加入微量的甲硫醇、甲硫醚等硫化物作加臭剂。液化石油气主要来源是从炼油厂获取,其含量占原油总量的 5% ~ 15%。

(二)液化石油气的物理性质

通常所说的液化石油气都存在液、气两种形态,液、气态处于动态平衡中。它具有以下物理化学性质:

(1)液态比水轻,比重约为水的一半。

液化石油气比水轻,比重约为水的一半,为 0.50 ~ 0.60。组成一定时,液态液化石油气的比重,随着温度的上升而变小,随着温度的降低而增大。

气态液化石油气比空气重,为空气的 1.5 ~ 2 倍,密度随压力、温度升高而增加,压力不变时密度随温度升高而减少。所以,液化石油气一旦从容器或管道泄漏出来后不像比重小的可燃气体那样容易挥发和扩散,而是像水一样往低处流动和沉积,很容易达到爆炸浓度,如遇明火、火花就会发生爆炸或燃烧。

(2)易挥发性,体积膨胀系数大。

液化石油气的体积膨胀系数比水大得多,为水的 10 ~ 16 倍,且随温度升高而增大,其饱和蒸气压也随温度升高而急剧增加。温度升高 10 ℃,液化气液体体积膨胀为 3% ~ 4%。因此,液化石油气的储存、充装必须注意温度的变化。不论是槽车、储罐或是钢瓶,在充装时都绝对不能充满,而应留有足够的气相空间,最大充装重量一般按充装系数 0.425 kg/L,体积充装系数一般为 85%。

通常灌装时,容器内应留有一定的气相空间供温度升高时液态液化石油气膨胀用。所以,严禁超装是液化石油气生产、储存、运输、使用液化石油气的过程中必须严格遵守的要求。

(3)饱和蒸气压随温度升高而增大。

由于液化石油气具有这个特点,槽罐车、储罐及钢瓶严禁超温使用,以免压力超过容器的设计压力而使容器胀破,造成事故。

(4)气化潜热大。

液化石油气液态变为气态体积增加 250 ~ 300 倍,并吸收大量的热量,所以液化石油气容易冻伤人。

(5)沸点低。

液化石油气沸点很低,通常都很容易自然汽化使用,有时家庭用的瓶装液化石油气在冬天使用时出现冷凝或结冰现象,很难汽化,这时千万不能用火烧、开水烫钢瓶,因为钢瓶内液化石油气受热膨胀,很可能会将钢瓶内空间充满,导致钢瓶胀裂发生爆炸。

二、液化气体汽车罐车结构特点

最常见的液化气体汽车罐车是液氨罐车和液化石油气罐车。其基本结构包括底盘(承载行驶部分)、罐体(储运容器)、装卸系统与安全附件等,如图 9-2 所示。

(一)底盘

目前,国内罐车制造厂多从现有的国产或进口的通用载重汽车底盘中选择。汽车底盘的技术性能,如牵引和载重能力、制动和转弯性能、轴距和重心位置,直接影响罐车的技术性能,同时决定了罐车的安全性和经济性。

《移动式压力容器安全技术监察规程》规定,单车汽车底盘,应当选用国务院有关部

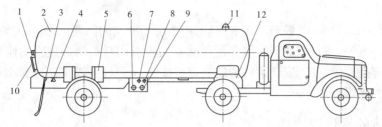

1—液位计;2—罐体;3—导静电带;4—排污口;5—后支座;6—液相阀;
7—压力表;8—温度计;9—气相阀;10—人孔;11—安全阀;12—前支座

图9-2　常温液化气体汽车罐车

门认可并且符合环保排放要求的定型产品,其制造单位应当向订购单位提供相应的技术资料和产品合格证等质量证明文件。

（二）罐体

罐体是一个承受内压的卧式圆筒形钢制焊接压力容器,能够在规定的设计温度及相应的设计压力下储运液化气体,并保证安全可靠。在罐体上设有液相和气相进出口,并配置操作阀门,可以进行正常装卸作业。罐体上设置了紧急切断装置、安全阀、压力表、液位计、温度计等, 以保证罐车的运输、装卸作业的安全可靠和正常运行。常温液化气体汽车罐车罐体如图9-3 所示。

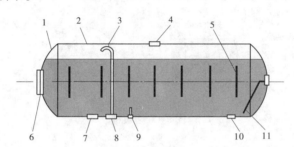

1—封头;2—筒体;3—气相管;4—安全阀凸缘;5—防冲板;6—人孔凸缘;
7—液相凸缘;8—气相凸缘;9—温度计凸缘;10—排污孔凸缘;11—液位计

图9-3　常温液化气体汽车罐车罐体

罐体上还设有人孔,以便于制造和检修过程中人员的出入。罐体内部设置防波隔板(防冲板),以减轻运行过程中液体介质对罐体的冲击,增加罐体运行的稳定性。大型罐车罐体上还设置有排污孔。

（三）装卸系统

装卸系统包括装卸阀门(即液相及气相进、出阀门)、放散阀、快速接头及装卸软管、阀门箱及手摇油泵等。

（四）安全附件

为了保证装卸作业与运行安全,常温液化气体汽车罐车上除紧急切断装置、安全阀、压力表、液位计、温度计等外,还设置了消除静电装置及消防器材等安全附件。

移动式压力容器的安全附件包括安全泄放装置(内置全启式安全阀、爆破片装置、易熔塞、带易熔塞的爆破片装置等)、紧急切断装置、液面指示装置、导静电装置、温度计和压力表等。

安全附件中的安全阀、爆破片等泄放装置、紧急切断阀的制造单位应当持有相应的特种设备制造许可证,并且按照规定接受特种设备检验机构对其制造过程的监督检验。安全附件实行定期检验制度,安全附件的定期检验按照《压力容器定期检验规则》及有关安全技术规范的规定进行。

三、罐体的设计制造要求

(1)罐体与底盘的连接结构和固定装置必须牢固可靠,必须满足运输要求,并能承受震动和惯性冲击,罐体纵向中心平面与底盘纵向中心平面应重合。

(2)筒体纵向接头、筒节与筒节(封头)连接的环向接头、封头的拼接接头,应当采用全截面焊透的对接接头形式;接管(凸缘)与罐体之间的接头、夹套拼接接头、夹套与罐体之间的接头应当采用全焊透结构。

(3)罐体人孔的开设位置、数量和尺寸等应当满足进行内部检验的需要;按照规定可以不设置人孔的罐体,设计单位应当提出具体技术措施,例如对设备使用中定期检验的重点检验项目、方法等提出要求。

移动式压力容器应规定设置防波板,如图9-4所示。防波板与罐体的连接结构应当牢固可靠,并且具有防止防波板及其连接件脱落的措施。

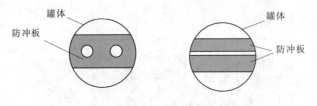

图9-4 防波板

(4)设计压力是指设定的罐体顶部的最高压力,与相应的设计温度一起作为罐体设计载荷条件。罐体的设计压力应当大于或者等于以下任一工况中工作压力(MPa)的最大值,并且无保温或者保冷结构的充装液化气体介质罐体的设计压力不得小于 0.7 MPa:①充装、卸料工况的工作压力;②设计温度下由介质的饱和蒸气压确定的工作压力;③正常运输使用中,罐体内采用不溶性气体保护时,由介质在设计温度下的饱和蒸气压与罐体内顶部气相空间不溶性气体(如氮气或其他惰性气体等)分压力之和确定的工作压力。

(5)对于有均匀腐蚀的罐体,腐蚀裕量根据罐体设计使用年限和介质对材料的腐蚀速率确定。

(6)充装液化气体和液体介质的罐体最大允许充装量按照介质在设计温度下罐体内留有 5% 气相空间确定。

$$W = \Phi V$$

式中:W 为汽车罐车最大充装量,t;Φ 为单位容积充装量,t/m³(充装系数);V 为罐体实测容积,m³。

常见无保温或者保冷结构充装液化气体的罐体的主要设计参数见表9-1的规定。

表 9-1　常见无保温或者保冷结构充装液化气体的罐体的主要设计参数

GB 12268 编号	名称		类别和项别/次要危险性	设计压力（MPa）	腐蚀裕量（mm）	单位容积充装量（t/m³）	液面以下开口
1005	无水氨		2.3/8	≥1.91	≥2	≤0.53	允许
1017	氯		2.3/8	≥1.34	≥4	≤1.25	不允许
1079	二氧化硫		2.3/8	≥0.73	≥4	≤1.23	不允许
1077	丙烯		2.1	≥1.95	≥1	≤0.43	允许
1978	丙烷		2.1	≥1.61	≥1	≤0.42	允许
1075	混合液化石油气	$P_b > 1.60$ MPa	2.1	≥1.95	≥1	≤0.43	允许
		0.58 MPa $< P_b$ $≤1.60$ MPa	2.1	≥1.61	≥1	≤0.42	允许
		$P_b ≤0.58$ MPa	2.1	≥0.70	≥1	≤0.49	允许
1011	丁烷		2.1	≥0.70	≥1	≤0.51	允许
1969	异丁烷		2.1	≥0.70	≥1	≤0.49	允许
1055	异丁烯		2.1	≥0.70	≥1	≤0.52	允许
1012	丁烯		2.1	≥0.70	≥1	≤0.53	允许
1010	丁二烯,稳定的		2.1	≥0.70	≥1	≤0.55	允许

四、常温汽车罐车安全装置

汽车罐车安全装置包括紧急切断装置、安全阀、液面计、压力表、温度计、导静电装置等。

（一）紧急切断装置

罐体上液相管、气相管接口处分别装设有内置式紧急切断装置。该装置一般包括紧急切断阀、远程控制系统、过流控制阀以及易熔合金塞自动切断装置。紧急切断装置应当动作灵活、性能可靠、便于检修,紧急切断阀阀体不得采用铸铁或者非金属材料制造。紧急切断装置的作用主要有以下几点:

（1）球阀发生故障时,关闭止漏;

（2）出现意外事故,通过远控操纵系统关闭紧急切断阀,制止继续泄漏;

（3）系统中易熔断关闭装置在发生火灾时熔断关闭;

（4）管路和阀门严重损坏（如撞击或交通事故）发生瞬间大量液化气外流,过流切断装置在高速液流的作用下,能自动关闭通路止泄。

根据内置式紧急切断阀结构和功能的不同,紧急切断阀可分为有过流关闭功能的紧急切断阀和无过流关闭功能的紧急切断阀两种。

根据操作系统牵引方式的不同,紧急切断阀又可分为机械牵引式(见图9-5)、油压操纵式(见图9-6)、气压式和电动式四种。

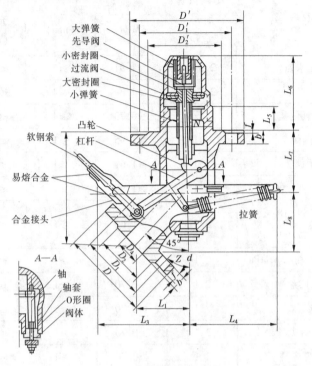

图9-5 机械牵引式紧急切断阀

紧急切断阀应有足够的强度、密封性和良好的使用性能。其动作时间检验要求自开始给出关闭指令起,在10 s内确实闭止。对于带过流阀的紧急切断阀,应进行过流性能试验。易熔金属熔断试验时确保在(70±5) ℃范围内熔断。

(二)安全阀

罐体顶部应当装设安全泄放装置,安全泄放装置中的安全阀应当采用全启式弹簧安全阀。

罐体安全泄放装置单独采用安全阀时,安全阀的整定压力应当为罐体设计压力的1.05~1.10倍,额定排放压力不得大于罐体设计压力的1.20倍,回座压力(密封压力)不得小于整定压力的0.90倍。

目前,国产汽车罐车上所采用的内置全启式安全阀,其结构形式大致有两类,一类为上导向式,一类为下导向式。

上导向式安全阀,其特点是阀瓣以外的各元件均设置在阀瓣密封件以上,避免了介质、介质内水分及杂质对元件的腐蚀作用,延长了使用寿命。但结构较复杂,且阀体与导向件的加工精度要求较高。由于结构原因,在排气过程中导向件对安全阀的排气会形成阻滞,如设计结构上不另采取疏导措施,安全阀排放时可能出现较大背压。

下导向式安全阀结构比较简单且加工容易,在排气通道上无阻滞,背压小。下导向式安全阀的问题是阀杆、弹簧,调整装置等元件均在阀瓣之下,与介质相接触,要采取防腐蚀

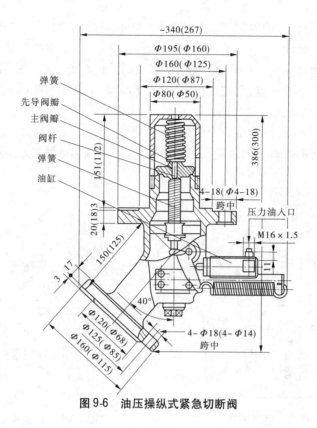

图 9-6　油压操纵式紧急切断阀

措施。

安全阀实行定期检验制度,安全附件的定期检验按照《压力容器定期检验规则》及有关安全技术规范的规定进行。

（三）液面计

液位测量装置仅是罐体充装量的辅助测量装置,罐体的最大允许充装量以衡器称重为准。液面计的主要作用是控制罐车的充装量(容积、液面高度或充装量)以保证罐车不超装、超载。如前所述,液化气体充装时是绝不允许充满全部容积的。而要留出液相膨胀用的容积空间,否则会因温升、液体膨胀力过大而破裂。所以,罐车在充装液化石油气时必须严格控制充装量。

充装量可以用称量法或流量计控制,也可以用液面计直接观测控制。

除充装毒性程度为极度或者高度危害类介质,并且必须通过称重来控制最大允许充装量的罐式集装箱外,其他罐体均应当设置一个或者多个液位测量装置。

液位计应当设置在便于观察和操作的位置,其允许的最高安全液位应当有明显的标记;充装易燃、易爆介质罐体上的液位计,应当设置防止泄漏的密封式保护装置。

液面计主要有以下几种类型。

1. 滑管式液面计

滑管式液面计如图 9-7 所示。这种液面计结构简单、紧凑,显示准确、直观,结构牢固、耐震动,不怕颠簸冲击。缺点是必须安装在罐车顶部,因此罐车需备有梯子、平台。每次操作、观测时都要爬到车顶部,不太方便,且测量精确度受滑管移动速度和喷出时间的影响。另外,对水分较多的液化气,在严寒的冬季,极易冻结滑管。

2. 旋转管式液面计

旋转管式液面计如图 9-8 所示。旋转管式液面计也有类似滑管式液面计的动作过快和喷出时间存在误差等缺点,但它结构牢固,显示准确、直观而且操作观测方便,因此在罐车上得到了广泛的应用。

使用注意事项:①经气密试验合格后,连接部位不准随意拆卸,以免液体流出造成事故;②操作时不要面对排放管,以免伤人;③装卸完毕将阀芯旋紧,以不漏气为准。

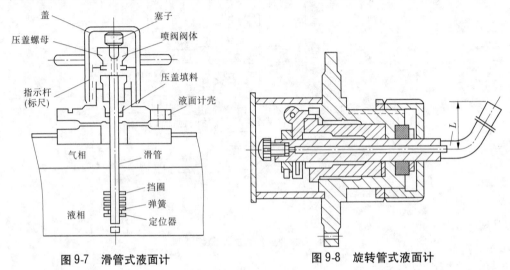

图 9-7　滑管式液面计　　　　图 9-8　旋转管式液面计

3. 浮筒磁力式液位计

浮筒磁力式液位计如图 9-9 所示。该种形式液位计不怕震动,结构上使指示表头与被测液体互相隔离,克服了一般直接指示式液位仪表易渗漏及密封结构复杂的缺点,因此很适合各类液化气罐车使用。

浮筒磁力式液位计具有密封好、结构牢固、示值直观、使用安全性好等优点。即使表盘偶尔受到外部损伤,也不会影响液面计的密封性能。其缺点是结构较复杂,对材料磁性有一定的要求,此外精度受到一定的限制。

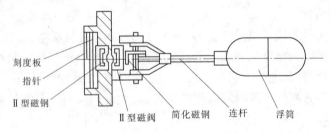

图 9-9　浮筒磁力式液位计

(四)压力表和温度计

罐体至少装设一套压力测量装置,用以显示罐体内的压力范围。汽车罐车压力表和温度计一般装设在阀门箱内。

1. 压力表

《移动式压力容器安全技术监察规程》要求汽车罐车罐体上选用的压力表,应当与罐体内的介质相适应,应当选用符合相应国家标准或者行业标准要求的抗震压力表,压力表精度不得低于1.6级,压力表盘刻度极限值应当为工作压力的1.5~3.0倍。

压力表必须安装在从罐体顶部气相空间引出的管子上或气相管上,以测量气相的压力。压力表应选用弹簧管式。压力表接管应煨成蛇盘状,避免在压力变化时指针运动受到冲撞。压力表的前方应装设阀门。

压力表的校验和维护应当符合国家计量部门的有关规定,压力表安装前应当进行校验,在刻度盘上划出指示最高工作压力的红线,注明下次校验日期。压力表校验后应当加铅封。

2. 温度计

温度测量装置的设置应当符合设计图样的规定,测温仪表(或者温度计)的测量范围应当与充装介质的工作温度相适应。

罐车用温度计经常选用压力式温度计以及双金属温度计。温度计的感温部分应与罐内液体相通,以测量液相温度,并应能耐受罐体水压试验的压力。温度计应经过计量部门校验、铅封,并须经常检查,失灵或损坏者不得继续使用。

(五)导静电装置

充装易燃、易爆介质的移动式压力容器(铁路罐车除外),必须装设可靠的导静电接地装置。罐车的导静电装置,应保证罐体、法兰、管道和阀门等各部分接地良好,严禁使用铁链、铁线等金属替代接地装置。法兰之间的连接应加导电片(采用金属缠绕垫片时可不加);罐车罐体与底盘应以螺栓连接而不应绝缘,底盘上应装设静电接地带与地面接触,罐体与接地导线末端之间的电阻值应当符合相关标准的规定。

第三节　常温液化气体铁路罐车

与汽车罐车相比,铁路罐车具有运输能力大、运费较低的优点。但铁路罐车运输的调动管理比较复杂,还受到铁轨和铁路专用线条件的限制。

一、铁路罐车的一般结构

铁路罐车一般由底架、罐体、装卸阀件、紧急切断装置、安全阀以及遮阳罩、操作台、支座等附件组成(见图9-10)。

铁路罐车设计、制造和验收应符合《移动式压力容器安全技术监察规程》、GB 150—2011《压力容器》等有关规定。在结构设计和材料选用方面,铁路罐车与液化气体汽车罐车相近。结构方面一个大的不同点是铁路罐车采用上装上卸方式,全部装卸阀件及检测仪表应当集中设置,并且设置保护罩进行保护(见图9-11)。保护罩应当具有防止被意外打开的功能,其周围设有操作平台及扶梯。罐体上不得设置充装介质的充装泵。

二、铁路罐车安全装置

铁路罐车的安全装置包括紧急切断装置,安全阀、液面计,压力表、温度计等,其原理和结构可参见汽车罐车安全装置的有关内容。

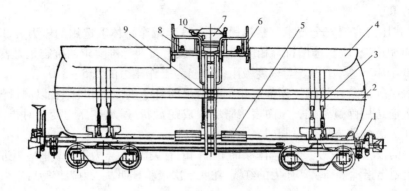

1—底架;2—罐体;3—拉紧带;4—遮阳罩;5—中间托板;6—操作台;
7—阀门箱;8—安全阀;9—外梯;10—拉阀

图 9-10　HG60 - 2 型液化气体铁路罐车

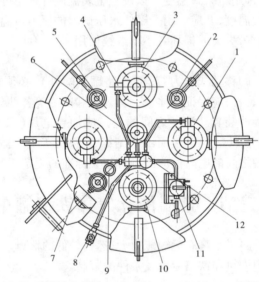

1—液相阀;2—排净检查阀;3—气相阀;4—工作油缸;5—最高液面阀;
6—皮囊蓄能器;7—压力表;8—拉阀;9—温度计;10—滑管液位计;11—手摇泵;12—控制阀

图 9-11　铁路罐车阀件及检测仪表布置

　　罐体安全阀、紧急切断装置应当具有良好的抗震动性能,其型式试验项目应当包括符合相应标准要求的典型机械振动试验。安全附件与罐体连接的接口,不得采用螺纹连接。液化气体铁路罐车应当采用磁力浮球式液位计,并且符合相应国家标准或者行业标准的规定。

　　一般铁路罐车在装卸管路上设置了紧急切断装置。该装置由紧急切断阀及液压控制系统组成(见图 9-12)。

　　系统中设有四个易熔塞,分别装在三个紧急切断阀及拉阀上。易熔塞工作温度为(70 ± 5)℃。当发生火灾时,易熔塞被火焰烧烤熔化,系统卸压,紧急切断阀关闭。系统中还装有手拉阀,该阀设在人孔罩外边,其控制手柄设在罐车梯子的中下部。当发生意外时,拉动手柄,使油路系统卸压,关闭紧急切断阀。

　　铁路罐车在人孔盖上设有滑管液位计。测量液面时,将滑管拔出至气液分界面上,通

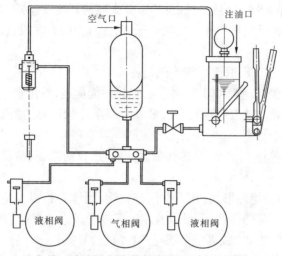

图 9-12　铁路罐车紧急切断阀及液压控制系统

过排液(气)检测液面高度。人孔盖上还设有压力表和温度计。

在人孔罩上装有最高液位控制阀和排净检查阀。最高液位控制阀的附管长度,按罐体容积满装量的90%确定,其排出管通过人孔罩可将液化气体向外排出,排净检查阀的附管距罐底30 mm,高于液相管底10 mm,以便洗罐时检查排净残留液体的情况。

此外,在罐上还装有两个内装弹簧全启式安全阀。

第四节　低温液化气体汽车罐车

通常所说的"液化气体",例如氟利昂、硫化氢、氨、石油气沸点都在123 K以上。而一些"永久气体",例如氦、氢、氖、氮、氧,以及天然气的沸点都在123 K以下。在低温工程中,把低于123 K(−150 ℃)的温度范围划为低温领域,因此所谓低温液化气体罐车,即指工作温度在123 K以下,储存介质为上述永久气体的罐车。

低温移动式压力容器的质量和性能的关键在于特定的结构设计和绝热性能。尤其目前应用日益广泛的长距离液化天然气的运输,良好的绝热性能是保证其长时间无损耗储存的关键。

低温绝热形式可分为五种:堆积绝热、高真空绝热、真空粉末(或纤维)绝热、高真空多层绝热和高真空多屏绝热。低温储运设备在设计中选用何种绝热形式,主要取决于成本、可操作性、重量以及刚度等综合因素。

各种绝热方法在低温系统中都有广泛应用,其优缺点概括如下。

(1)堆积绝热。有泡沫型和粉末式纤维型两种。前者优点:成本低,有一定的机械强度,不需真空罩;缺点:热膨胀率大,热导率会随时间变化。后者优点:成本低,易用于不规则形状,不会燃烧;缺点:需防潮层,粉末沉降易造成热导率增大。

液态乙烯、液态二氧化碳通常采用该种方式。

(2)高真空绝热。优点:易于对形状复杂的表面绝热,预冷损失小真空夹层可做得很小也不致影响绝热性能。缺点:需持久的高真空,边界表面的辐射率要小。

(3)真空粉末(或纤维)绝热。优点:不需要太高的真空度,易于对形状复杂的表面绝热。缺点:振动负荷和反复热循环后易沉降压实,抽真空时必须设置滤网以防粉末进入抽真空系统。

真空粉末绝热简称CF,真空纤维绝热简称CB。

(4)高真空多层绝热(简称CD)。优点:绝热性能优越,重量轻,与粉末绝热比相对预冷损失小,稳定性能好。缺点:费用较大,难以对复杂形状绝热,抽成高真空不易,抽真空工艺较复杂。

(5)高真空多屏绝热。优点:绝热性最优。缺点:仅对液氦、液氢罐体有显著的效果,结构复杂,成本较高。

低温罐车选用何种绝热形式,要根据储存介质、罐体容积以及绝热要求来确定,此外设计时还须考虑成本、可操作性、重量以及刚度等多个因素。目前的低温罐车多采用真空粉末绝热(液氮、液氧、液氩)或真空多层绝热(液氢、液氦)。

堆积绝热和真空粉末绝热是传统的绝热形式,该方式的缺点是运输过程中受道路颠簸的影响,绝热层中填充材料易发生沉降而使容器的绝热性能下降。而高真空多层绝热形式,既解决了绝热层沉降的问题,又使容器的绝热性能大大提高。目前,国内已掌握高真空多层绝热技术,如多层材料的制作及包扎工艺等,该技术在低温罐车上的应用日益增多。

一、结构特点

低温液体罐车基本结构与常温罐车相同,罐体也是由内胆、外壳、绝热层、支架、加强圈、抽气管、吸附剂、压力表、安全阀、真空阀、进液阀、放空阀、爆破片等构成的。目前常见的低温液体罐车,大多是罐体工作压力不大于1.6 MPa的液氮、液氧等介质的罐车。罐体由双层壳体构成,内容多用不锈钢(或铝合金)制成,外壳多用碳钢或低合金钢制成,绝热形式多采用真空粉末和高真空多层缠绕。图9-13为低温液体罐车罐体结构示意图。

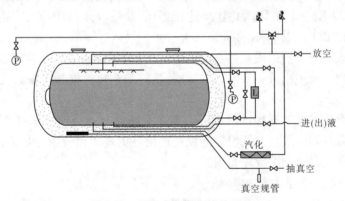

放空

进(出)液

汽化

抽真空

真空规管

图9-13　低温液体罐车罐体结构

二、设计制造技术要求

目前,低温移动式压力容器设计制造主要依据《移动式压力容器安全技术监察规程》、GB 150—2011《压力容器》和JB/T 4783—2007《低温液体汽车罐车》。

（1）内容器的设计压力（内压）应不低于最高工作压力，必要时应进行 0.1 MPa 外压校核。外壳设计压力（内压）不低于 0.2 MPa，外压为 0.1 MPa。

（2）低温液体汽车罐车盛装易燃介质时，其额定充满率应不大于 90%；盛装非易燃介质时，其额定充满率应不大于 95%。

（3）低温型汽车罐车的罐体允许不开设人孔和不设置防波板，罐体一端的封头与筒节连接的环向接头可采取永久性垫板。罐体内应设置防波板，每个防波板的有效面积应大于罐体横截面面积的 40%，防波板的安装位置，应使上部弓形面积小于罐体横截面面积的 20%。容积不大于 25 m³ 的罐体，各个防波段容积一般不大于 3 m³，容积大于 25 m³ 的罐体，各个防波段容积一般不大于 7 m³。

（4）真空夹层中冷侧放置的低温吸附剂应采用在真空、低温状态下吸附性能良好的吸附剂。其吸附量应满足 5 年真空寿命的要求。夹层封口真空度的要求见表 9-2。

表 9-2　夹层封口真空度

有效容积（m³）	真空度（Pa）	
	高真空多层绝热	真空粉末绝热
1 ≤ V ≤ 10	≤ 5 × 10⁻²	≤ 2
10 < V ≤ 50	≤ 1 × 10⁻¹	≤ 3

（5）罐体纵焊缝不宜布置在筒体横截面中心与最低点连接半径的左右两侧各 20° 范围内；封头的拼接焊缝一般不应超过两条。

（6）罐体组装前，外壳的内表面、内容器的外表面、真空夹层内的管路等零部件表面应脱脂处理。

（7）内容器、外壳制造完毕，内容器与外壳套装完毕后，应进行氦质谱检漏。如发现有泄漏的地方，修补完成后应重新进行氦质谱检漏。

三、安全装置

（一）安全泄放装置

低温罐车至少设置两个安全泄放装置（组合装置）。安全阀的开启压力应大于容器的最高工作压力，而不得超过内罐的设计压力。安全阀的开启压力应为罐体设计压力的 1.05～1.1 倍，当压力等于设计压力的 1.2 倍时，安全阀应完全开启，回座压力不低于开启压力的 0.9 倍。

安全阀的最大泄放量，应不小于汽化器的最大汽化能力。安全阀必须具有自动和手动开启的功能，手动机构应便于操作。

安全阀应铅直安装在罐体的排气管路上，并应便于检查和维修。当采用安全阀与爆破片并联组合时，爆破片的爆破压力应大于安全阀的开启压力。

外壳应设置爆破装置，其爆破压力应不大于 0.1 MPa，其排放能力足以使夹层的压力限制在不超过 0.05 MPa，其排放面积一般不小于内容器容积与 340 mm²/m² 的乘积，且在任何情况下不超过 5 000 mm²；爆破装置应能耐大气腐蚀，材料与环境温度相适应；爆破装置应防止绝热材料的堵塞。

（二）紧急切断装置

易燃介质和毒性中度以上危害介质的罐车应设置紧急切断阀。紧急切断装置一般由紧急切断阀、过流控制、远程控制、易熔塞自动切断装置组成。

（三）气体排放管

罐体必须设置用于紧急泄压的气体排放管。连接安全阀及爆破片装置的管路,其通径面积应不小于爆破片的进口面积。若罐车上装有数个爆破片,则此管路通径面积应不小于数个爆破片的进口面积之和。易燃介质罐车的排放管末端设置阻火器和防雨、防雪装置。

（四）压力表

罐车至少要设置一套压力监测装置。压力表精度等级应不低于 2.5 级,压力表盘的刻度极限值应为罐体最高工作压力的 1.5～3.0 倍。表盘直径应不小于 100 mm,并在罐体设计压力和运输时允许最高压力处,涂以红色标记。

（五）液位计

罐体至少要设置一套抗震性能好、安全可靠的液面指示装置。液面指示装置的安装应便于操作人员观察。液面指示装置的最高安全液位和最低指示液位,应做出明显的标记。

（六）导静电接地装置

罐体应设置导静电接地装置。对易燃介质,其电阻值不应超过 5 Ω,对其他介质,其电阻值不应超过 10 Ω。

第五节　液化气体罐车的使用管理

要保证液化气体罐车的安全运行,除选择合理的结构,严格控制制造质量,采用可靠的安全装置外,还必须根据其使用特点,采取科学的方法进行使用和管理。

罐车的充装、使用、运输和检验单位,应根据国务院《特种设备安全监察条例》、《危险品运输条例》、《液化气体铁路罐车安全管理规定》、《移动式压力容器安全技术监察规程》等法规及技监、公安、铁路、交通部门的有关规定,结合本单位的具体情况,制定相应的安全操作规程和管理制度,从设备、人员、充装、使用、运输、日常维护和定期检验等环节进行严格控制。

一、基本要求

新出厂的罐车,使用单位应持罐车的出厂文件到省级特种设备安全监察机构办理罐车使用登记手续和领取《液化气体罐车使用证》(IC 卡),到铁道或交通部门领取《运输许可证》、到安全生产管理部门办理《危险品运输许可证》。

罐车的出厂文件有产品合格证、产品质量证明书、使用说明书、产品竣工总图和主要部件图、强度计算书、产品备附件清单、产品监督检验报告。

液化气体罐车是储运易燃易爆危险品的专用车辆,使用单位应配备专人管理、专人驾驶、专人押运。上述人员必须经过培训,应熟练地掌握罐车的技术性能;掌握液化气体的基本知识和对罐车的一般操作;能紧急处理事故或故障;会使用车上的各种消防器材。

罐车的使用单位,应建立健全严格的安全管理制度,制定操作规程。

管理制度包括罐车的维护保养、定期送检制度；证件的管理、罐车的建档和运行记录制度；管理人员、驾驶员、押运员的岗位责任制；交接班制度等。

操作规程至少包括以下内容：操作工艺参数；岗位操作方法；运行中应当重点检查的项目和部位，运行中可能出现的异常现象和防止措施，紧急情况的处置和报告程序；车辆安全要求。

二、安全使用要求

充装易燃、易爆介质的移动式压力容器，在新制造或者检修后首次充装前，必须按照使用说明书的要求对罐内气体进行处理和分析；采用抽真空处理时，真空度不得低于 -0.086 MPa；采用氮气置换处理时，罐内气体含氧量不得大于 3%。

充装的介质对含水量有特别要求的移动式压力容器，在新制造或者检修后首次充装前，必须按使用说明书的要求对罐内含水量进行处理和分析。

罐车到达卸载站点后，具备卸载条件的，必须及时卸载；卸载不得把介质完全排净，并且罐体内余压不低于 0.05 MPa；卸载作业应当满足规程的相关安全要求，采用压差方式卸载时，接受卸载的固定式压力容器应当设置压力保护装置或者防止压力上升的有效措施。

禁止移动式压力容器相互之间的装卸作业，禁止移动式压力容器直接向气瓶进行充装；禁止使用明火直接烘烤或者采用高强度加热的办法对移动式压力容器进行升压或者对冰冻的阀门、仪表和管接头等进行解冻。

三、罐车的装卸

从事移动式压力容器充装的单位（以下简称充装单位），应当取得省级质量技术监督部门颁发的《移动式压力容器充装许可证》，并且在有效期内按照批准的范围从事移动式压力容器的充装工作。

罐车在充装前，充装站必须要检验所携带随车证件和文件资料是否齐全并登记入档。以上资料齐全才能开到指定位置停好，进行充装作业。

罐车随车必带的文件和资料包括：《液化气体罐车使用证》、铁路运输证或汽车危险品运输许可证、机动车驾驶执照和行驶证、罐车定期检验报告复印件、液面计指示刻度与容积的对应关系表；在不同温度下，介质密度、压力、体积对照表；运行检查记录本；罐车装卸记录。

（一）常温液化气体罐车

新罐车或检修后首次充装的罐车，严禁直接充装。常温罐车应作抽真空或充氮置换处理。按照规定，真空度不得低于 650 mm 汞柱（-0.086 MPa），或罐内气体氧含量不得大于 3%。罐车卸液后，罐内应留有一定的剩余压力，要求罐体内余压不低于 0.05 MPa。

（二）低温液化气体罐车

液氧、液氢、液氮低温罐车严禁向空罐车直接充装或转注低温液体，必须进行吹除置换，达到合格指标并经预冷后方可充装或转注。连续使用一年的罐车，必须回升温度后再进行吹除置换，达到合格指标后，再经预冷后才能充装或转注低温液体。

四、罐车最大充装重量限制

为了保证液化气体罐车的安全使用,应采用液位计、流量计、称重法相结合控制最大充装重量。规定罐车最大充装重量不得超过下式计算值:

$$W = \Phi V$$

式中:W 为汽车罐车最大充装重量,t;Φ 为单位容积充装重量,t/m³;V 为罐体实测容积,m³。

对常温液化气体罐车,应至少保留 5% 的气相空间,即 $\Phi = 0.95\rho$(ρ 为介质在设计温度下的密度,t/m)。对低温液化气体罐车,应至少保留 10% 的气相空间,即 $\Phi = 0.9\rho$。

五、罐车运输介质的变更

罐车是根据所充装的介质特性而进行设计和制造,一般是专车专用,不得任意改变罐车的使用条件(介质、温度、压力、用途等)。若要改变使用条件,由使用单位提出申请,经省级以上(含省级)特种设备安全监察机关同意后,由有资格的单位更换安全附件、重新涂漆和标志。经检验单位内、外部检验合格后,由使用单位按有关规定办理罐车使用证。

第六节　液化气体汽车罐车的定期检验

定期检验是指移动式压力容器停运时由检验机构进行的检验和安全状况等级评定,其中汽车罐车、铁路罐车和罐式集装箱的定期检验分为年度检验和全面检验。

使用单位应当于移动式压力容器定期检验有效期届满前 1 个月向检验机构提出定期检验要求,检验机构接到定期检验要求后,应当及时进行检验。移动式压力容器走行装置的定期检验按国务院有关部门的规定执行。

一、定期检验的分类

《压力容器定期检验规则》的"移动式压力容器定期检验附加要求"一章中规定,在用罐车的定期检验分为年度检验、全面检验和耐压试验。

年度检验:每年至少一次。

全面检验:罐车按下表规定的周期内至少进行一次全面检验。有下列情况之一的罐车,亦应做全面检验:

(1)新罐车使用一年后的首次检验;

(2)罐车发生重大事故或停用一年后重新投用的;

(3)罐体经重大修理或改造的。

耐压试验:每 6 年至少进行一次。

二、罐车定期检验项目

(一)常温型(裸式)罐车年度检验的内容

(1)罐体技术档案资料审查;

(2)罐体表面漆色、铭牌和标志检查;

（3）罐体内外表面,有无裂纹、腐蚀、划痕、凹坑、泄漏、损伤等缺陷检查;

（4）安全阀、爆破片装置、紧急切断装置、液面计、压力表、温度计、导静电装置、装卸软管和其他附件的检查或校验;

（5）罐体与底盘(车架或框架)、遮阳罩、操作台、连接紧固件等;

（6）罐内防波板与罐体连接结构形式,以及防波板与罐体、气相管与罐体连接处的裂纹、脱落等;

（7）排污疏水装置;

（8）气密性试验。

（二）常温型(裸式)罐车全面检验的内容

（1）罐体年度检验的全部内容;

（2）罐体外表面除锈喷漆;

（3）测定罐体壁厚;

（4）无损检测;

（5）强度校核。

（三）低温、深冷型罐车罐体年度检验

1. 保温层式设有人孔的低温罐车的年度检验的内容

（1）常温罐车罐体年度检验的全部内容;

（2）保温层的损坏、松脱、潮湿、跑冷等。

2. 绝热层式不设人孔的低温深冷型罐车年度检验的内容

（1）罐车技术档案资料;

（2）罐体表面漆色、铭牌和标志;

（3）用户使用情况,运行记录(装卸频率、异常情况),外壳的结霜、冒汗;

（4）真空度测试,见表9-3;

（5）安全阀、爆破片装置、压力表、液面计、温度计、导静电装置、装卸软管和其他附件;

（6）管路系统和阀门;

（7）气密性试验。

绝热层式不设人孔的低温深冷型罐车的全面检验可不进行壁厚测定及无损检测。

表9-3　真空度测试(常温下)

类　　型	夹层真空度	结　　论
真空多层	≤1.33 Pa	继续使用
	>1.33 Pa	重抽真空
真空粉末	≤13.3 Pa	继续使用

（四）耐压试验

一般采用液压试验,液压试验压力为罐体设计压力的1.5倍。液压试验时,罐体的薄膜应力不得超过试验压力温度下材料屈服点的90%。

由于结构或介质原因,不允许向罐内充灌液体或运行条件不允许残留试验液体的罐体,可以按照图样要求采用气压试验,气压试验压力为罐体设计压力的1.15倍。气压试验时,罐体的薄膜应力不得超过试验温度下材料屈服点的80%。

具体试验方法详见 TSG R7001－2004《压力容器定期检验规则》第四章耐压试验。

习　题

一、选择题

1. 液化石油气在充装时应留有足够的气相空间,最大充装重量一般按充装系数为 _____ kg/L。

　　A.0.53　　　　　　B.0.425　　　　　　C.1.25

2. 以下_____不属于液化气体汽车罐车安全附件。

　　A. 安全阀　　　　B. 爆破片　　　　C. 装卸球阀　　　　D. 紧急切断阀

3. 液化气体汽车罐车罐体顶部应当装设安全泄放装置,安全泄放装置中的安全阀应当采用 _____。

　　A. 全启式弹簧安全阀　　　　　　　B. 微启式弹簧安全阀

　　C. 杠杆式安全阀　　　　　　　　　D. 重锤式安全阀

4.《移动式压力容器安全技术监察规程》要求汽车罐车罐体上选用的压力表精度不得低于_____级,压力表盘刻度极限值应当为工作压力的_____倍。

　　A.1.5　　　B.1.6　　　C.2.5　　　D.1.0～2.0　　　E.1.5～3.0

5. 充装易燃、易爆介质的移动式压力容器,在新制造或者检修后首次充装前,必须按照使用说明书的要求对罐内气体进行处理和分析;采用抽真空处理时,真空度不得低于_____ MPa。

　　A. －0.086　　　B. －0.05　　　C. －0.1　　　D －0.01

6. 新罐车使用一年后的首次检验应是_____。

　　A.年度检验　　　B.全面检验　　　C.耐压试验

二、判断题(正确的在括号里打√,错误的打×)

(　　)1. 移动式压力容器是指由压力容器罐体与走行装置或者框架采用永久性连接组成的罐式运输装备,包括铁路罐车、汽车罐车、长管拖车、罐式集装箱和气瓶等。

(　　)2. 液化气体汽车罐车罐体必须开设人孔,人孔的开设位置、数量和尺寸等应当满足进行内部检验的需要。

(　　)3. 低温罐车安全阀的开启压力应大于容器的最高工作压力,而不得超过内罐的设计压力。

(　　)4. 液化气体罐车是储运易燃易爆危险品的专用车辆,使用单位应配备专人管理、专人驾驶、专人押运。

(　　)5. 液化气体汽车罐车全面检验后应进行耐压试验。

(　　)6. 液化气体罐车耐压试验一般采用液压试验,液压试验压力为罐体设计压力的 1.25 倍。

第十章　蒸压釜

第一节　概　述

一、简　介

蒸压釜是用途十分广泛的一种体积庞大、重量较大的大型压力容器。它是制造灰砂砖等硅酸盐建筑制品的主要设备,同时,也广泛用于橡胶硫化、重金属冶炼、耐火砖浸油渗碳、复合玻璃蒸养、木材干燥和防腐处理、化纤产品高压处理、食品罐头高温高压处理、纸浆蒸煮、电缆硫化以及航空航天工业等。蒸压釜的工作压力虽然不高(一般小于1.3 MPa),但由于容积大(一般超过45 m³),因而压力和容积的乘积大,一旦发生事故,将释放很大的能量,造成的危害较大,因此其安全使用问题应引起人们的高度重视。本章主要介绍用于硅酸盐建筑制品蒸压釜的基本知识和安全生产要求。

用于硅酸盐建筑制品蒸压釜的规格大部分为直径Φ1 650 mm系列、Φ2 000 mm系列和Φ2 850 mm系列,快开门式结构(多为双门贯通式),开门方式均为手动、侧开门,设计压力一般小于1.6 MPa。

蒸压釜的安全管理必须执行国家质量监督检验检疫总局颁发的《固定式压力容器安全技术监察规程》和国家建材工业局制定的《硅酸盐制品蒸压釜安全生产规程》,以及有关的标准、规程、规定。

二、蒸压釜的主要部件

应用于各行业的蒸压釜的结构大致相同,但也存在不同程度的区别。用于建筑材料工业的蒸压釜有以下主要部件。

(一)釜体装置

釜体装置主要由筒体和釜体法兰焊接而成,是主要受压元件,法兰内圆周上均布若干个与釜盖法兰相啮合的牙齿;釜体底部铺设供蒸养小车行走的轨道,外侧布置若干个用于进汽、排汽、排水以及安装仪表、阀门的管座和接管。如图10-1所示。

由于蒸压釜工作介质多采用饱和蒸汽,所以为了尽量减少釜体不均匀受热而产生的变形,对于较长的蒸压釜不宜采用集中进汽方式,而应该在釜内沿釜长度方向设置蒸汽分配管,蒸汽从进汽口进入后沿分配管分配到釜内各处,使整个釜体均匀受热。蒸压釜在升压时,釜体底部有冷凝水,底部温度比上部温度低。在不影响操作和小车行走等因素时,分配管尽量靠近釜体底部。

蒸压釜内蒸养车用钢轨与釜体应采用活动连接方式。因为蒸压釜进汽加压受热后膨胀,排汽降压冷却后收缩,釜体与钢轨的膨胀率和收缩率均不相等,若采用直接焊接,将会

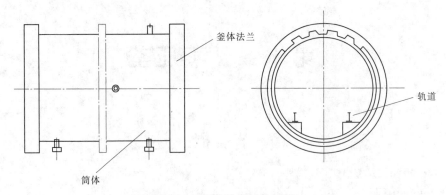

图 10-1 筒体装置结构简图

在釜体与轨道焊接处产生较高应力,导致裂纹,发生事故,国外曾有此类事故发生。

（二）釜盖装置

釜盖装置主要由釜盖法兰和封头焊接而成,是主要受压元件。通过吊柄和销轴悬吊于摆动装置的拉杆上。釜盖既能随摆动装置一起摆动,也可绕自己中心轴自由转动。釜盖法兰外圆周上的牙齿与釜体法兰上的牙齿相啮合,起开、关蒸压釜作用。釜盖装置结构简图如图 10-2 所示。

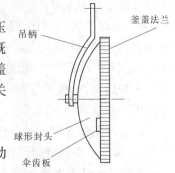

图 10-2 釜盖装置结构简图

（三）摆动装置

摆动装置由主轴、悬臂梁、支承板等组成,起悬吊和摆动釜盖装置的作用。

（四）手摇减速器

手摇减速器固定于釜体法兰侧面,通过伞齿轴与釜盖法兰上的伞齿板啮合,带动釜盖绕其中心轴回转,使釜体法兰和釜盖法兰上牙齿啮合或脱开。

（五）支座

支座用于支承釜体。每个蒸压釜有一个固定支座和若干个活动支座。一般蒸压釜筒体比较长,固定支座设在筒体中部,其余两边均为活动支座。这是因为蒸压釜受热后,釜体在长度方向膨胀量较大,为了保证蒸压釜的自由膨胀,减少附加应力,只允许有一个固定支座,其余均为活动支座,可随釜体在膨胀方向移动。

如果蒸压釜只有两个支座,一般采用靠近釜门的支座固定,另一个为活动支座。固定支座直接用地脚螺栓固定在基础上。活动支座的支座架与用地脚螺栓固定在基础上的底板间有 2~3 个滚柱,使支座架能随釜体移动自如。支承釜体法兰的活动支座的支承圆弧板应与釜体法兰间断焊接。

（六）保温层

保温层由保温材料、骨架和护板等组成,防止蒸压釜使用中的热量散失和改善劳动条件。

（七）安全装置

蒸压釜的安全附件有安全阀、压力表、温度计、釜盖开启关闭安全连锁装置、阻汽排水装置、冷凝水液位计等。

· 186 ·

(1)根据《固定式压力容器安全技术监察规程》第49条,快开门式压力容器的快开门(盖)应设计安全连锁装置并应具有以下功能:①当快开门达到预定关闭部位方能升压运行的连锁控制功能;②当压力容器的内部压力完全释放,安全连锁装置脱开后,方能打开快开门的连锁联动功能;③具有与上述动作同步的报警功能。釜盖开启关闭的安全连锁装置由安全手柄、安全圆盘、接杆、球阀等组成。安装于釜体装置侧面,起关盖与进汽、排放余汽与开盖的安全连锁作用,防止关盖不到位就送汽升压及余汽未排净就开盖的恶性事故发生。1988年国内发生的一起釜盖爆炸事故就是因为没有釜盖开启关闭安全连锁装置、釜盖关闭不到位就送汽升压而造成的。国外也曾发生过类似事故。

釜盖开启关闭安全连锁装置的工作原理:

如图10-3(a)所示,当釜盖完全关闭时,把安全手柄由垂直位置转向水平位置,安全圆盘上圆弧部分与釜盖上限位块缺口处吻合,锁死釜盖无法打开。由于安全手柄转动了90°,其接杆转动了安装在釜体上的球阀,使球阀安全关闭,此时方可送汽升压。如果釜盖没有关闭到位,则安全手柄无法转向水平位置,此时球阀处于打开状态,如若送汽升压,蒸汽可通过球阀从弯管喷出,向操作人员发出警告。

如图10-3(b)所示,需要打开釜盖时,必须先把安全手柄由水平位置转向垂直位置,球阀随之打开,排放余汽。此时,安全圆盘上弓形缺口处于垂直位置,釜盖上的限位块方可通过,釜盖才能开启。

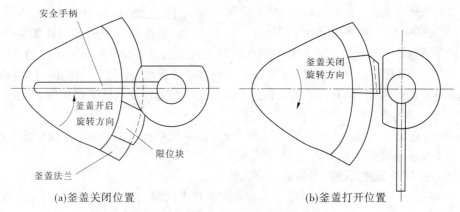

(a)釜盖关闭位置　　　　　　　　　　　(b)釜盖打开位置

图10-3　釜盖开启关闭安全连锁装置

(2)阻汽排水装置起排放冷凝水作用。蒸压釜在运行过程中产生大量的冷凝水,这些冷凝水如不及时排放,将使釜体上下部温差加大,产生较大的热应力,以致上拱变形。随着蒸压釜频繁的启闭,这种附加应力周期性出现,给蒸压釜运行增加了不安全因素。因此,阻汽排水装置是蒸压釜必不可少的安全附件。

(3)安全阀、压力表、温度计等安全附件的作用在安全附件一章已介绍过,在此不再重复。其使用、检验等要求应符合有关的标准规定。安全阀每年至少检验一次,压力表每6个月至少检验一次。

(4)冷凝水液位计起测量冷凝水液位高度的作用。因为冷凝水位过高,将使筒体产生温差应力,筒体上拱。

（八）电控箱

电控箱包括压力记录仪、温度记录仪、压力报警装置和水位报警装置等,保证蒸压釜的安全使用。

三、安装及验收要求

（一）蒸压釜安装过程中应注意的主要问题

(1)蒸压釜安装前应按有关规定办理报装手续。

(2)安装工作必须按照设计图纸和安装使用说明书等有关技术要求和规定进行。安装施工单位在施工时不得修改和变更原设计。如确实需要时,必须征得原设计单位同意并取得证明文件后,方可修改和变更,同时将修改或变更部分作详细记录,并存入技术档案。

(3)在安装现场拼接的蒸压釜,拼接组装工作必须由持有质量技术监督部门颁发的许可证的单位承担。拼接前应用米字撑将筒体撑圆(或采用其他方法将筒体撑圆),拼接后将米字撑拆除。现场拼接的釜体环向焊缝在水压试验前进行100%表面无损探伤检验,水压试验后对焊缝再做不小于20%的表面探伤检验。

(4)禁止在蒸压釜受压元件上焊接临时吊耳和拉筋板等。

(5)保温层应按照图纸要求安装,但必须在水压试验和其他安装质量检验合格后进行。

(6)多台蒸压釜一起安装时,两台釜的间距应大于两台中较大一台的悬臂梁有效长度,以免釜盖开启时碰坏另一台的安全附件(压力表、釜盖开启关闭安全连锁装置等)。釜前位置不得小于摆动装置悬臂梁有效长度与釜内轨道顶平面的弦长一半之和。

(7)为了保证釜门开关灵活,在安装釜盖和摆动装置前,应用千斤顶和撑杆将釜体法兰在垂直方向撑大2~3 mm,待摆动装置及端部支座与釜体法兰间断焊接后,再拆除千斤顶和顶杆。

(8)注意安全手柄的正确位置。球阀全开时,手柄应处于垂直位置;球阀全关时,手柄应处于水平位置。

（二）蒸压釜安装完毕后应做的主要工作

(1)安装完毕后,应按《固定式压力容器安全技术监察规程》的规定要求,对蒸压釜进行水压试验。

(2)安装工作全部竣工后,施工单位应将竣工图、技术资料及安装质量证明书等移交给使用单位,使用单位应组织有关单位并邀请上级主管部门和当地质量技术监督部门对安装质量进行验收。

(3)试车必须按操作程序进行。试车前必须严格检查各管道连接是否可靠,安全附件是否完好,支座活动是否灵敏,排水系统是否正常等。

(4)压力容器的使用单位在压力容器投入使用前或投入使用后30日内,应按《特种设备安全监察条例》的要求,到安全监察机构逐台办理使用登记手续。

四、使用管理

蒸压釜使用单位的主要技术负责人(厂长或总工程师)必须对蒸压釜的安全技术管

理负责,并指定专职安全技术人员负责蒸压釜的安全技术管理工作。

蒸压釜使用单位的安全管理工作主要包括以下内容:

(1)贯彻执行国家正式颁布的有关压力容器安全技术监察规程。

(2)参加蒸压釜的安装、验收和试车工作。

(3)根据生产工艺要求和蒸压釜的技术性能,制定蒸压釜的安全管理规章制度及安全操作规程,并严格监督执行。不得采用超过原设计允许的工艺条件,严禁超温、超压运行。

(4)对蒸压釜的运行、维护和安全附件进行校验。

(5)根据本单位生产的特点,制定蒸压釜出现紧急状况时的处置措施、报告办法和程序,对已出现的异常危险情况应及时妥善处理。

(6)根据定期检验周期,组织编制年检计划并负责组织贯彻执行。

(7)负责组织制定蒸压釜的维修、检验、修理、改造及报废等技术工作。

(8)负责蒸压釜的登记、建档及技术资料管理和统计上报工作。

(9)参加蒸压釜事故的调查分析,并按规定上报。

(10)向主管部门和当地安全监察机构报送当年压力容器数量和变动情况的统计报表、压力容器定期检验计划的实施情况、存在的主要问题及处理情况等。

(11)负责组织检验人员、焊接人员、操作人员进行安全技术培训和技术考核。

(12)负责蒸压釜使用登记及技术资料的管理。

五、运行中应注意事项

(一)应注意检查釜盖开启关闭安全连锁装置是否灵敏可靠

釜盖开启关闭安全连锁装置是蒸压釜重要的安全附件之一,若不安全可靠,将会引起烫伤事故,甚至会发生爆炸事故。使用时应注意以下问题:

(1)开启关闭釜盖,安全手柄要转动到位。

(2)定期检查,确保灵敏可靠,损坏和不起作用的安全装置应及时检修或更换。

(3)定期检查球阀是否与安全手柄接杆同步转动。

(4)不可随便拆卸安全装置,没有安全装置的蒸压釜不可运行。

(二)应保证阻汽排水装置排水畅通

目前,国产蒸压釜和进口蒸压釜所使用的阻汽排水装置多为一排水罐。该罐与蒸压釜底部接管连接,罐上装有疏水器、排污阀、水位警报装置等。这种阻汽排水装置在使用与管理时应注意以下问题:

(1)阻汽排水装置既是一个安全附件,又是一个独立的压力容器,应该按照《固定式压力容器安全技术监察规程》的有关规定进行登记,建档管理。

(2)定期检查阻汽排水装置的水位警报器是否灵敏可靠,排污阀、疏水器是否能正常工作,保温是否完好等。疏水器容易堵塞,一旦堵塞,则失去阻汽排水作用,要每月清洗一次。

(3)阻汽排水装置的定期检验应与蒸压釜定期检验同时进行。由于无法进行内部检验,因而每三年必须进行一次耐压试验,每年进行一次壁厚测定。

(4)注意观察蒸压釜在运行中冷凝水排放是否通畅。当发生冷凝水排放受阻、釜内上下温度差大于40℃、蒸压釜严重上拱变形时,应采取紧急措施排放冷凝水,如措施无效,应立即停釜。

（三）应经常检查支承支座

应经常检查支承支座,保证活动支座能自由活动,以便于釜体能自由膨胀。

（四）注意检查安全阀动作的灵敏性

注意检查安全阀动作的灵敏性,以保证蒸压釜超压时能自动起跳、排汽、报警。安全阀一般应每月进行一次排放试验。

六、对操作工人的要求

蒸压釜操作人员必须经质量技术监督部门的培训,考试合格发证后,方可独立操作,操作中应注意下列事项:

(1)蒸压釜运行时,操作人员应认真执行有关蒸压釜安全运行的规章制度,做好运行值班记录和交接班记录,严格遵守劳动纪律,不得擅离职守。

(2)蒸压釜有严重缺陷,难以保证安全运行时,操作人员应及时向单位负责人报告,单位负责人如不及时作出处理,操作人员有权越级上报。

(3)操作人员有权拒绝危及安全的违章指挥。

七、蒸压釜安全操作规程

蒸压釜操作规程的基本内容:

(1)操作方法、开关釜盖的操作程序和安全注意事项;

(2)抽真空、升压、恒压和降压程序等;

(3)运行中应重点检查的项目和部位、运行中可能出现的异常现象和防止处置措施,以及报告办法和程序;

(4)运行中冷凝水排放和停釜时对釜内料渣清理的要求;

(5)蒸压釜停用时的封存和保养办法。

八、异常现象的处理

蒸压釜发生下列异常现象之一时,操作人员有权立即采取紧急措施停釜排汽降压,并及时报告有关部门:

(1)釜内工作压力、温度超过许用值,采用各种措施仍不能使之下降。

(2)釜盖、釜体、蒸汽管道发生裂纹、鼓包、变形、泄漏等缺陷危及安全。

(3)安全附件(包括安全阀、压力表、温度计、釜盖开启关闭安全连锁装置、阻汽排水装置和冷凝水液位计等)失效,釜盖关闭不正,紧固件损坏,难以保证安全运行。

九、蒸压釜常见故障、原因及修理方法

（一）釜盖关不上

操作时,如釜盖关不上,要先分析故障原因,然后再着手修理。通常釜盖关不上的原

因及修理方法如下:

(1)由于釜体法兰变形失圆,水平方向直径大于垂直方向直径。遇到这种情况时,先检查釜体法兰与支承板、端部支座在安装时是否进行了间断焊。如没有间断焊,先将釜盖用支架悬空,使其重量不再压在釜体法兰上。然后用千斤顶、撑杆、垫板在釜体法兰垂直方向加力撑大。根据釜体直径大小不同,使垂直方向直径大于水平方向直径2~4 mm。在不松支撑的情况下,按安装总图要求将支承板、端部支座和釜体法兰间断焊牢,最后撤去支撑、重新吊上釜盖。如果支承板、端部支座和釜体法兰已间断焊,则应先割去焊疤,然后再按上述方法修理。

釜体法兰失圆的另一种原因是端部支座受载偏重。此时,应调整端部支座和相邻活动支座下的垫板,减少端部支座的承载重量。

(2)由于啮合齿碰毛。这种情况只需用机械方法将碰毛部分修磨平滑,恢复原来尺寸。

(3)由于密封圈太厚或没塞到槽底。此时只需要换尺寸合适的密封圈或重新安装密封圈。

(4)由于釜盖水平高低没调好。遇到这种情况时,需将吊柄上的螺母重新调整,使釜盖水平高低适中、釜盖法兰与釜体法兰上下间隙均匀。

(二)没有外力时,釜盖会自动向外或向里摆动,使釜盖开关费力

修理方法为:首先应检查安装情况,釜体法兰端面应处于垂直位置。如果釜体法兰端面已处于垂直位置,问题仍得不到解决,则应调整摆动装置立轴垂直度。调整的方法是除去支承板焊疤,调整支承板的前后倾斜度,使焊在支承板上的立轴垂直度小于1 mm。然后再调整釜盖上调整螺杆的螺母,使釜盖法兰端面的下部向外倾斜2~3 mm。

(三)造成釜盖旋转费力的原因和修理方法

操作过程中,有时会遇到釜盖旋转费力的情况,以致手摇减速器损坏或齿板与釜盖焊缝断裂。产生这种现象的原因和修理方法如下:

(1)由于啮合齿的齿面碰伤、拉毛。这种情况只需采用机械方法将碰伤或拉毛部位打磨光滑,恢复至原尺寸。

(2)由于釜盖上滑套的钢球严重磨损,导致滑套金属面与吊柄金属面直接摩擦。遇到这种情况时,应立即换上新钢球,保证滚动摩擦。

(3)由于密封圈尺寸不对或安装不当。这种情况应更换合格的密封圈,安装到位,并经常涂石墨粉或其他润滑剂。

(4)由于釜盖上伞齿板变形或损坏。这种情况是因为关门不注意,手摇减速器上的伞齿轮轴撞击伞齿板而产生的。除更换或修复伞齿板外,每次关釜盖时都要小心轻关。

(5)釜内余汽未排尽时,旋转釜盖也很费力。此时应立即排放余汽,然后再旋转釜盖。严禁带压开盖。

(四)蒸压釜的漏汽原因及解决办法

蒸压釜的漏汽原因及解决办法如下:

(1)密封圈老化。更换新密封圈即可解决。

(2)密封圈外表面质量差。在这种情况下,可修整密封圈的接合面,并着手定制高质量密封圈。

（3）釜盖密封面产生刻痕或沟槽。可采用填补磨平或其他方法消除刻痕和沟槽。

（4）密封处存在杂物。只需在关闭釜盖时检查两接触面，并清除杂物。

第二节　典型事故

一、由设计结构不合理、制造缺陷引起的蒸压釜爆炸事故

1982 年 10 月 29 日，北京市某烟灰制砖厂发生蒸压釜爆炸事故，死亡 6 人，伤 10 人，直接经济损失 34 万元。

（一）事故经过

北京市某烟灰制砖厂制砖车间于 1976 年试生产，1977 年正式投产。设计能力为年产 7 500 万块蒸压粉煤灰砖，实际达到 8 300 万块。该车间有 5 台蒸压釜，系富拉尔基第一重型机器厂制造。釜的规格为 $\Phi 2.85\ m \times 25.6\ m$，设计工作压力为 1.0 MPa，实际使用压力为 0.8 MPa，釜的容积为 170 m^3，发生爆炸的是一号釜。

砖的蒸压时间为 8.5 h，其中升压 2 h（压力从 0 缓慢地升到 0.8 MPa），恒压 5 h（维持 0.8 MPa），降压 1.5 h（压力从 0.8 MPa 逐渐降到 0）。一号釜爆炸发生在 10 月 29 日 17 时 5 分，正是早、中班交接班的时间，爆炸是在交班后 5 min 发生的，事前，工人们没有发现异常现象。一声巨响，车间一片烟雾热汽，釜体前 20 ~ 50 m 范围内的 6 名职工当场死亡，10 名职工受伤。

蒸压釜爆炸后，设备和设施破坏十分严重。蒸压釜釜盖的无折边封头与釜圈焊接的一圈焊缝全部断裂，一吨重的封头飞出 24 m，将厂房屋面板打碎成一个 18 m^2 的透天洞，封头落到 5 t 天车大梁上，将天车大梁砸弯。釜盖上 828 kg 重的支架飞出 25 m 远，爆炸后使总重量为 155 t、直径 2.85 m、长 25.6 m 的釜体（包括釜体自重，釜内蒸压的 2.4 万块砖、8 个釜车和保温层的重量）后移 4 ~ 5 m。釜车上的坯板有 17 块被推出釜外，车间停放的 8 辆釜车被气浪推出，最远达 72 m。釜体内 1/3 的砖块飞出釜外，最远达 189.5 m。7 000 m^2 的主厂房上窗框和玻璃全被震碎，厂房部分盖板位移。临近厂房的办公楼和周围房屋部分玻璃震碎。直接经济损失 34 万元。伤亡人数之多、破坏威力之大、后果之严重，是至今硅酸盐建筑制品行业发生的最大一次爆炸事故。

（二）事故原因分析

1. 蒸压釜设计上的问题

该釜是东北工业建筑设计院与富拉尔基第一重型机器厂联合设计的。据分析，主要存在如下 5 个方面的问题：

（1）该釜釜盖设计，采用的是无折边球形封头焊接结构。因为这种结构会引起很大的复杂的局部应力，故在国内外有关规范中都不采用。

（2）设计规定，无折边球形封头一定要采用焊透结构，而该一号釜采用的是未焊透的角焊结构，这在设计上是不允许的，如图 10-4、图 10-5 所示。

（3）无折边球形封头和釜盖圈应该采用同种钢材。而设计时，釜的封头用 16Mn 钢，

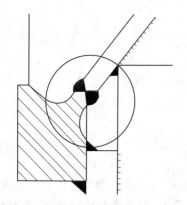 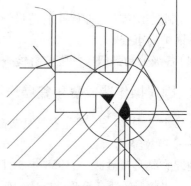

图 10-4　未焊透的角焊结构（1）　　　　　图 10-5　未焊透的角焊结构（2）

釜盖圈用 35 号锻钢。两种异种材料焊接，又没有提出任何焊接工艺保证措施。规程规定：含碳量大于 0.24% 的材料，不得用于焊制容器，因此 35 号锻钢是不允许用在釜上的。

（4）作为压力容器的设计，没有强度计算书，设计缺乏依据。

（5）图纸上没有提出焊接质量应遵照的规范标准。没有射线探伤比例和焊缝系数的要求，甚至没有焊缝尺寸要求。图纸中错误地规定制造单位不做水压试验。

2. 蒸压釜的制造质量存在的问题

（1）焊接质量低劣。焊缝中有连续气孔、夹渣、密集气孔等缺陷存在。

（2）焊接加强高低于母材，有咬边现象，有的焊缝未连接上。

（3）母材有严重的重皮现象。制造中已发现，但未处理。

（4）封头与釜盖圈焊缝几乎全部未焊透（有极为明显的气割痕迹），大大减弱焊缝强度。

（5）经现场观察分析，制造厂对 16Mn 钢和 35 号锻钢两种异种材质焊接没有采取合理措施，如进行工艺评定等，因而焊接质量低劣。

（6）产品出厂不做水压试验，未经全面严格检查。

（7）随产品出厂的技术资料除图纸外，没有合乎要求的合格证，没有材质化验合格证，没有焊缝探伤报告，没有强度核算书，没有水压试验报告，没有使用说明书。

由于整个焊缝加强高都未达到设计的高度；内壁焊缝的焊道宽度有的只有 1～2 mm；35 号锻钢和 16Mn 钢板两种不同材料的焊接，未做焊接工艺评定；整个焊缝断口裂纹、夹渣、密集性气孔、未焊透等焊接缺陷都明显存在。由于焊接制造时产生的原始裂纹，在设备运行低周疲劳的作用下，逐渐扩展，加上设计本身的原因，导致焊缝断裂，发生爆炸。

3. 操作上的问题

操作不认真，在运行中未进行疏水处理，造成釜内积水，形成上下温差应力，而且应力是交变的，造成疲劳破坏。

（三）事故教训

（1）使用蒸压釜的单位应立即对蒸压釜内部的所有焊缝进行检查，着重检查釜盖的焊缝和筒体与筒圈焊接的环焊缝，如发现有裂纹缺陷，应立即停用，妥善处理。

（2）设计单位应修改原设计，报主管部门组织审查，报劳动部锅炉压力容器安全监察局备案。

（3）制造单位应立即停止制造设计不合理的蒸压釜，并将修订后的图纸、资料报主管部门和锅炉局审查。

（4）各级劳动部门应加强监督检查，防止同类事故再次发生。

二、因误操作造成蒸压釜爆炸

1988 年 5 月 19 日，湖北省某县灰砂砖厂发生蒸压釜爆炸事故。

（一）事故经过

湖北省某县灰砂砖厂，1988 年 5 月 19 日下午 4 时 45 分，生产灰砂砖的蒸压釜发生爆炸事故。事故当天下午 2 时，由工人陈、邓二人合釜门盖，邓未经专门培训，系临时顶班，在陈"摇不动为止"的指令下进行操作，事后未对釜门盖齿扣是否完全咬合进行检查，便到锅炉房开阀向蒸压釜送汽，至下午 4 时 40 分左右，陈到外面看压力表时听见响了一下，但未发现漏汽，釜体上压力表指示为 0.59 MPa。回到锅炉房约 4 min，突然听到外面"轰隆"一声闷响，蒸压釜南头 2 t 多重的门盖从齿扣空当处脱落飞出 26 m，总重约 100 t 的蒸压釜后退 2.7 m，釜内 17 辆小平板车和 2 万多砖坯被强大汽浪喷出，摧毁一台制砖机，并将蒸压釜侧前方的一栋二层楼房和压砖车间的前面全部冲垮。

（二）事故原因分析

该蒸压釜从 1982 年投入运行。釜体是卧式圆筒形，釜体长 21 m，内径 2 m，两端各有一面圆形盖，为了加速装料和卸料，在两端均装设快开门盖。釜体和釜盖通过 40 对咬合齿联接，每对咬合齿接触面为 75 mm × 55 mm。要求 40 对咬合齿完全对齐才能正常运行。

爆炸后经检查发现，南头釜盖每对齿扣同一方向因局部压缩塑性变形形成斜坡，实际只接触咬合了约 20 mm × 55 mm 齿扣面积，由于相对齿扣的中心线错位，在对接处将形成一个转动力。釜盖在旋转力和附加力矩的共同作用下，使釜盖逐步滑移至两齿间空当处脱位飞出。

（三）事故教训

1. 进行技术培训，遵守操作规程

快开门盖装置的失稳多是由不合适的操作和维护不当两个原因结合而产生的。操作人员必须经质量技术监督部门的培训、考核合格、取得操作证后，才能持证上岗进行操作，操作工应充分认识事故的危险性和作用在釜盖上巨大的压力，应了解门盖的操作控制和连锁装置的功能以及安全装置失灵的潜在危险。根据制造厂提供的使用说明书，建立安全、正确的操作规程，并应正确操作，防止蒸压釜在装料时损坏门盖凸齿及垫圈，凸齿表面和垫圈要清洁，不准有任何夹杂脏物。操作人员遇有紧固不妥或配合不好时，应检查出缺陷部位并进行改正，不得强力使用门盖和锁紧装置就位，在停釜时应使釜泄压至零，在未肯定压力已消失前，不要企图去打开门盖，操作人员要精心工作。

2. 强化定期检验，确保良好状态

必须由当地锅炉压力容器检验所的持证检验员对蒸压釜进行定期检验（或由质量技术监督部门授权单位的持证检验员进行检验），门盖组件的活动部分和安全装置每月检查一次,对蒸压釜每年应进行仔细的内、外部检查,必要时应进行无损探伤。检查承压表面有无过度磨损和腐蚀;检查垫圈有无损坏和泄漏;检查门盖铰链装置的同心度;检查釜体和门盖的咬合齿有无裂纹和磨损;检查门盖关闭时是否充分接合;检查釜体环和门盖环重叠部位有无变形;检查和试验门盖的安全闭锁是否良好;检查咬合齿在移动时是否受牵制和卡住,注意咬合齿能否重叠正位,这对整个锁紧环的正确位置非常重要。

3. 釜盖的设计、制造必须符合安全、可靠的要求

釜盖的闭锁、定位元件的布置,要做到用外观检查能够确定釜盖处于完全闭合标志位置。蒸压釜快开门装置应按《固定式压力容器安全技术监察规程》装设快开门连锁保护装置,并保证装置灵敏、可靠。

习 题

一、选择题

1. 为了保证蒸压釜的自由膨胀,减少附加应力,只允许有_____固定支座,其余均为活动支座,可随釜体在膨胀方向移动。
   A. 一个　　　　　　　B. 二个
2. 蒸压釜的安全附件有安全阀、压力表、温度计、釜盖开启关闭的_____。
   A. 安全连锁装置　　B. 阻汽排水装置　　C. 爆破片　　D. 冷凝水液面计
3. 快开门式压力容器的快开门(盖)应设计安全连锁装置,并应具有_____功能。
   A. 当快开门达到预定关闭部位,方能升压运行的连锁控制功能
   B. 当压力容器的内部压力完全释放,安全连锁装置脱开后,方能打开快开门的连锁联动功能
   C. 具有与上述动作同步的报警功能

二、判断正误(正确的在括号里打√,错误的打×)

(　　)1. 由于蒸压釜的 PV 乘积大,因此,虽然工作压力并不高,但造成的危害较大。
(　　)2. 对于较长的蒸压釜不宜采用集中进汽的方式,应设置蒸汽分气管。
(　　)3. 现场组装焊接的压力容器,在耐压试验前后,应按有关标准规定进行局部表面无损检测。
(　　)4. 没有安全连锁装置的蒸压釜,可以运行。
(　　)5. 多台蒸压釜安装时,应充分考虑悬臂梁的有效长度。

第十一章　空压机

第一节　概　述

空气压缩机系统(简称空压系统)是生产压缩空气,并具有一定压力的传动设备和静设备的组合体。它由空气压缩机(简称空压机)及附属设备组成。随着现代科学技术的不断发展,空压机在化工、石油、矿山、冶金、机械以及国防工业中已成为必不可少的关键设备。本章重点介绍空气压缩机的基本知识。

一、空气压缩机的分类及工作原理

(一)空气压缩机的分类

(1)按照能量转换方式和工作原理,将空压机分为两类,即容积式压缩机和速度式压缩机。

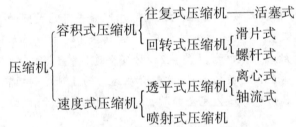

(2)按排气压力 P_d 分为：低压压缩机 $0.2\ \mathrm{MPa} < P_d \leqslant 0.98\ \mathrm{MPa}$

　　　　　　　　　　　中压压缩机 $0.98\ \mathrm{MPa} < P_d \leqslant 9.8\ \mathrm{MPa}$

　　　　　　　　　　　高压压缩机 $9.8\ \mathrm{MPa} < P_d \leqslant 98\ \mathrm{MPa}$

　　　　　　　　　　　超高压压缩机 $P_d > 98\ \mathrm{MPa}$

(3)按排气量 V_d 分为：微型空压机 $V_d \leqslant 1\ \mathrm{m^3/min}$

　　　　　　　　　　小型空压机 $1\ \mathrm{m^3/min} < V_d \leqslant 10\ \mathrm{m^3/min}$

　　　　　　　　　　中型空压机 $10\ \mathrm{m^3/min} < V_d \leqslant 100\ \mathrm{m^3/min}$

　　　　　　　　　　大型空压机 $V_d > 100\ \mathrm{m^3/min}$

(4)按加压级数分为：单级、双级、三级和多级。

(5)按安装方式分为：固定式和移动式。

(二)容积式压缩机

容积式压缩机的工作原理是依靠气缸工作容积周期性的变化来压缩气体,以达到提高其压力的目的。按其运动特点不同,又可分为以下两种：

(1)往复式压缩机。最典型的往复式压缩机是活塞式压缩机。它是依靠气缸内活塞往复运动来压缩气体的。根据所需压力的高低,它可以做成单级或多级;为了使机器受载均衡,它还可做成单列或多列。目前,工业上凡是需要高压的场合多采用活塞式压缩机。

（2）回转式压缩机。回转式压缩机内无往复运动件,它依靠机内转子回转时产生容积变化而实现气体的压缩。按照结构形式的不同,又可分为滑片式和螺杆式两种。

滑片式压缩机,机内转子偏心装在机壳内,转子上开有若干径向滑槽,槽内装有滑片,当转子转动时,滑片与机壳内壁间所形成的压缩腔容积不断缩小,从而使气体受到压缩。这类压缩机排气压力不高。滑片式压缩机主要机件由三部分组成:缸体、转子和滑片。滑片式压缩机的结构如图 11-1 所示。

1—排气口;2—机壳;3—滑片;
4—转子;5—压缩腔;6—吸气口
图 11-1　滑片式压缩机

螺杆式压缩机,机壳内置有两个转子——阴、阳螺杆,由同步齿轮带动。工作时,依靠螺杆表面的凹槽与机壳内壁间所形成的压缩腔容积不断变化,从而实现气体的吸入、压缩及排出。螺杆式压缩机的主要零部件有:一对转子、机体、轴承、同步齿轮(有时还有增进齿轮)以及密封组件等。螺杆式压缩机的结构如图 11-2 所示。

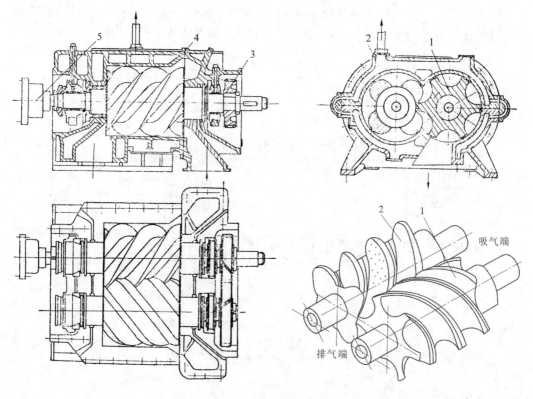

吸气端

排气端

1—阴螺杆;2—阳螺杆;3—啮合齿轮;4—机壳;5—联轴节
图 11-2　螺杆式压缩机

(三)速度式压缩机

速度式压缩机的工作原理与容积式的截然不同,它是靠机内作高速旋转的叶轮,使吸进的气流能量头提高,并通过扩压元件把气流的动能头转换成所需的压力能量头。根据气流方向的不同,这类压缩机可分为离心式和轴流式两种。

(1)离心式压缩机:图11-3 为一台五级离心式压缩机的结构简图。机壳内主轴上装有五个叶轮,每个叶轮与其相配合的固定元件构成一个级。工作时气体被吸入,逐级沿叶轮上的流道流动,在提高了气流能量头后,进入扩压器(静止件),进一步把速度能量头转换成所需的压力能量头,最后由排出口排出。

(2)轴流式压缩机:它是靠转动的叶片对气流做功,不过它的气体流动方向与主轴的轴线平行。主要组成部分有动、静叶片,转鼓及机壳。这类压缩机级中气流路程较短,阻力损失较小,效率比离心式高,排气量也较大。轴流式压缩机结构见图11-4。

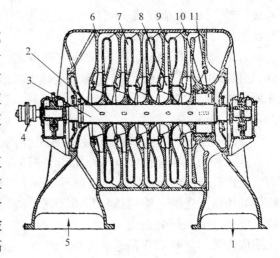

1—排出口;2—定位键;3—轴;4—联轴节;
5—吸入口;6—机壳;7—隔板;8—叶轮;
9—扩压器;10—平衡盘密封;11—平衡盘

图11-3 离心式压缩机

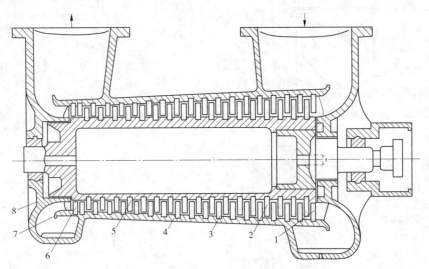

1—进口导流叶片;2—动叶片;3—静叶片;4—机壳;
5—转鼓;6—整流叶片;7—出口扩压器;8—密封

图11-4 轴流式压缩机

二、空气压缩机的主要技术参数

空气压缩机的主要技术参数有排气压力、排气温度、排气量。

（1）排气压力：指空气压缩机排出压缩气体的压力。该压力为表压力，单位是 MPa。

（2）排气温度：指压缩气体排出时的气体温度。单位是℃。

由于吸入的气体在气缸中被压缩后温度将有所升高，为了保证安全运行和提高压缩机的效率，压缩机的排气温度必须控制在一定范围内。压缩机的排气温度根据介质的不同，温度控制也不同，一般情况，小型移动式活塞压缩机的排气温度不得超过 180 ℃，固定式活塞压缩机排气温度不得超过 160 ℃。在气缸内用油润滑的压缩机，排气温度应低于润滑油的闪点 30～35 ℃，以保证安全。

压缩机排气温度过高的危害：①排气温度过高，会降低压缩机的效率。根据热力学原理，等温压缩可以提高压缩机的效率；对于多级压缩，降低每级的吸气温度，也可以提高压缩机的功效。②排气温度过高，降低润滑油的黏度，会破坏气缸内润滑油的润滑作用，并容易造成积炭，不利于压缩机的安全运转，常常使阀片和活塞环卡死、断裂，甚至造成燃烧、爆炸等严重事故。对任何一台压缩机，都必须严格控制排气温度。

（3）排气量：指单位时间内，压缩机排出的气体经换算到最初吸气状态下的气体体积量。单位是 m³/h，m³/min。

排气量是压缩机的重要性能参数之一。它不但是工艺生产上的重要指标，而且也是确定机器驱动功率以及机器参数、结构形式和尺寸的重要依据。

三、气体的状态方程

（一）气体的热力状态参数

描述空气在压缩过程中的某些宏观状况的参数称为气体的状态参数。其中，温度（T）、压力（P）、比容（v）称为气体热力状态的基本参数。

1. 压力（P）

垂直作用在物体单位面积上的力称为压强，在工程中习惯将压强称为压力。在热力学中，压力采用的是绝对压力。绝对压力是以真空为计量压力起点的压力值。表压力是指压力表所测得的压力值，即以大气压作为零的指示压力值。表压力和绝对压力值的关系按式（11-1）计算：

$$绝对压力 = 表压力 + 大气压力（MPa，一般工程中通常取为 0.1 MPa） \quad (11-1)$$

2. 温度（T）

温度是表示物体冷热程度的物理量，也可以说，温度是物质分子热运动强弱程度的表现。在热力学中，温度采用的是绝对温度（即开氏温度）。开氏温度和摄氏温度值的关系按式（11-2）计算：

$$开氏温度 = 摄氏温度 + 273 \quad （K） \quad (11-2)$$

3. 比容（v）

比容是单位质量的气体所占有的容积。即：

$$v = V/G \quad （m³/kg） \quad (11-3)$$

式中：V 为气体体积，m³；G 为气体质量，kg。

（二）理想气体的状态方程

理想气体是一种假想气体，实际上并不存在，它假想气体分子不占有体积，分子之间

没有相互作用力。对于理想气体,其压力、比容、温度之间存在着如下关系:

$$Pv = RT \tag{11-4}$$

式中:P 为理想气体的绝对压力,MPa;v 为理想气体的比容,m^3/kg;T 为理想气体的绝对温度,K;R 为气体状态常数,$R = 848/\mu$,μ 为压缩气体的分子量,$kgf \cdot m/(kg \cdot K)$。

(三)实际气体状态方程

理想气体忽略了气体分子之间的作用力和气体分子本身所占有的体积。由于自然界并不存在真正的理想气体,考虑到气体分子间的相互作用力和分子本身所占有的体积,对理想气体方程进行修正,用式(11-5)表示:

$$(P + a/v^2)(v - b) = RT \tag{11-5}$$

式中:a 为考虑了气体分子作用力大小的修正值;b 为考虑了气体分子本身占有容积的修正值;R 为气体常数,$kgf \cdot m/(kg \cdot K)$;v 为气体比容,m^3/kg;T 为气体温度,K。

式(11-5)是描述实际气体的状态方程,气体在活塞式压缩机中压缩的过程也遵循实际气体状态方程。因此,此方程是活塞式压缩机设计的依据。

第二节　活塞式压缩机

一、活塞式压缩机的特点

活塞式压缩机的主要优点是:

(1)适用压力范围广。当排气压力波动时,排气量比较稳定。活塞式压缩机可设计成超高压、高压、中压或低压。而在相似工作范围及等转速下,当排气压力波动时,活塞式压缩机的排气量基本保持不变,而离心式压缩机随压力变化则有较大幅度的波动。轴流式压缩机则介于两者之间。

(2)压缩效率较高。一般活塞式压缩机压缩气体的过程属封闭系统,其压缩效率较高,大型的绝热效率可达80%以上。至于回转式压缩机,虽属容积式,但由于内漏和流动阻力损失较大,故其效率不如活塞式压缩机。

(3)适应性较强。活塞式压缩机排气量范围较广,特别当排气量较小时,如做成离心式难度就较大。此外,气体密度对压缩机性能的影响也不如离心式那样显著,所以对同一规格的活塞式压缩机,往往只要稍加改造,就可适用于压缩其他的气体介质。

(4)容易制造。在一般压力范围内,活塞式压缩机的制造精度不如速度式压缩机的制造精度高。

活塞式压缩机的主要缺点是:

(1)气体带油污。特别在化工生产上,若对气体质量要求较高时,压缩后气体的净化任务繁重。

(2)因受往复运动惯性力的限制,转速不能过高,对于排气量较大的,外形尺寸及其基础都较大。

(3)排气不连续,气体压力有波动,严重时往往因气流脉动共振,造成管网或机件的损坏。

(4)易损件较多,维修量较大。

二、活塞式压缩机的基本构造

活塞式压缩机的结构形式虽然繁多,但其主要组成部分基本相同。一台完整的压缩机组包括两大部分:一为主机,二为辅机。前者包括机身、中体、传动部件、气缸组件、活塞组件、气阀、密封组件以及驱动机等;后者包括润滑系统、冷却系统以及气路系统和各种部件及其附属设备、安全附件等。

三、活塞式压缩机型号编制

1. 机型命名

活塞式压缩机的机型及结构见表11-1。

表11-1　活塞式压缩机的机型及结构

机型代号	结构简介	机型代号	结构简介
L	气缸排列呈 L 形(立、卧式结合)	P	气缸水平排列(即 π 形排列)
V	气缸排列呈 V 形(角式)	M	M 形对称平衡式(卧式、电机位于气缸的一侧)
W	气缸排列呈 W 形(角式)	H	H 形对称平衡式(卧式、电机位于气缸之间)
Z	气缸竖式排列	D	对置或对称平衡式

(1)L 形压缩机,在机型代号前冠以数字,分别表示 L 系列的顺序号,如 3L、4L、5L 等。

(2)V、W 形压缩机,在机型代号前用数字表示气缸列数,如是单缸则可省去"1"。

(3)Z、P、M、H、D 形压缩机,在机型代号前均用数字表示气缸列数。机型代号后用数字表示该机型活塞力(吨力)。

2. 标注方法

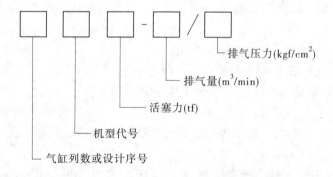

例如:4L−20/8,表示该机气缸排列呈 L 形,排气量为 20 m^3/min,排气压力 0.8 MPa,该机是 L 系列第 4 种基本产品。

4M12−45/210,表示该机为 4 列,M 形对称平衡式,活塞力为 12 tf,排气量为 45 m^3/min,排气压力为 21 MPa。

H22−165/320,表示该机气缸排列为 H 形对称平衡式,活塞力为 22 tf,排气量为 165 m^3/min,排气压力为 32 MPa。

四、活塞式压缩机的结构形式

活塞式压缩机的结构形式主要从两方面来区分：①按气缸在空间的位置可分为立式、卧式、角度式三大类；②按传动机构的特点可分为有十字头与无十字头两种。这些形式各有其特点与适用场合。

(一)立式压缩机

立式压缩机的气缸中心线与基础水平面垂直布置。其主要优点是：

(1)因活塞重量不作用在气缸镜面上，故活塞环与气缸镜面沿圆周的磨损均匀而且较小，活塞杆与填料的磨损也较小；

(2)往复运动部件的惯性力垂直作用在基础上，而地基抗垂直振动的能力较强，基础尺寸可较小；

(3)机身承受的是垂直的拉压载荷，受力情况比较有利，机身较简单、轻巧；

(4)沿气缸中心线方向可以自由热膨胀及弹性变形，不需要卧式压缩机那样的支承装置；

(5)结构紧凑、占地面积小；

(6)立式压缩机在列数较多时，若曲拐错角考虑得当，还可获得良好的动力平衡性。

其缺点是：气缸间距小，气阀与级间管道布置困难，产品不易变形，气量大或多级串联的压缩机，机器很高，维修不便；为了吊装活塞、气缸等部件，需增加厂房高度。

因此，立式压缩机主要用于中小排气量与级数不太多的场合，若设计得当(如机身一楼，气缸在二楼)也可制成大型压缩机。

立式压缩机转速可以较高，一般为 300 ~ 750 r/min，某些无十字头的小型压缩机可达 1 500 r/min 以上。对于无油润滑压缩机采用有十字头的立式结构较为合理。

(二)卧式压缩机

卧式压缩机的气缸水平布置，有一般卧式、对称平衡及对置式之分。传动机构都有十字头。

1. 一般卧式压缩机

这种压缩机气缸都在曲轴一侧。其主要优点是：

(1)整个机器都处于操作者视线范围内，管理维修方便；

(2)配管方便，整齐美观；

(3)列数不超过两列，运动部件和填料的数量较少，机身、曲轴的结构也比较简单；

(4)厂房比立式低。

主要缺点是：往复惯性力平衡性差，转速较低，一般为 100 ~ 300 r/min，致使机器、驱动机和基础的重量较大。此外，当采用多级压缩时，只能多缸串联，因而气缸、活塞的结构复杂，特别是大型压缩机，由于活塞重，容易磨损。

因此，这种形式的压缩机在气量较大的场合下已趋于淘汰，仅在小型高压的场合被采用。

2. 对称平衡型压缩机

对称平衡型压缩机的气缸分布在曲轴两侧，相对两列气缸曲拐错角为 180°，如图11-5

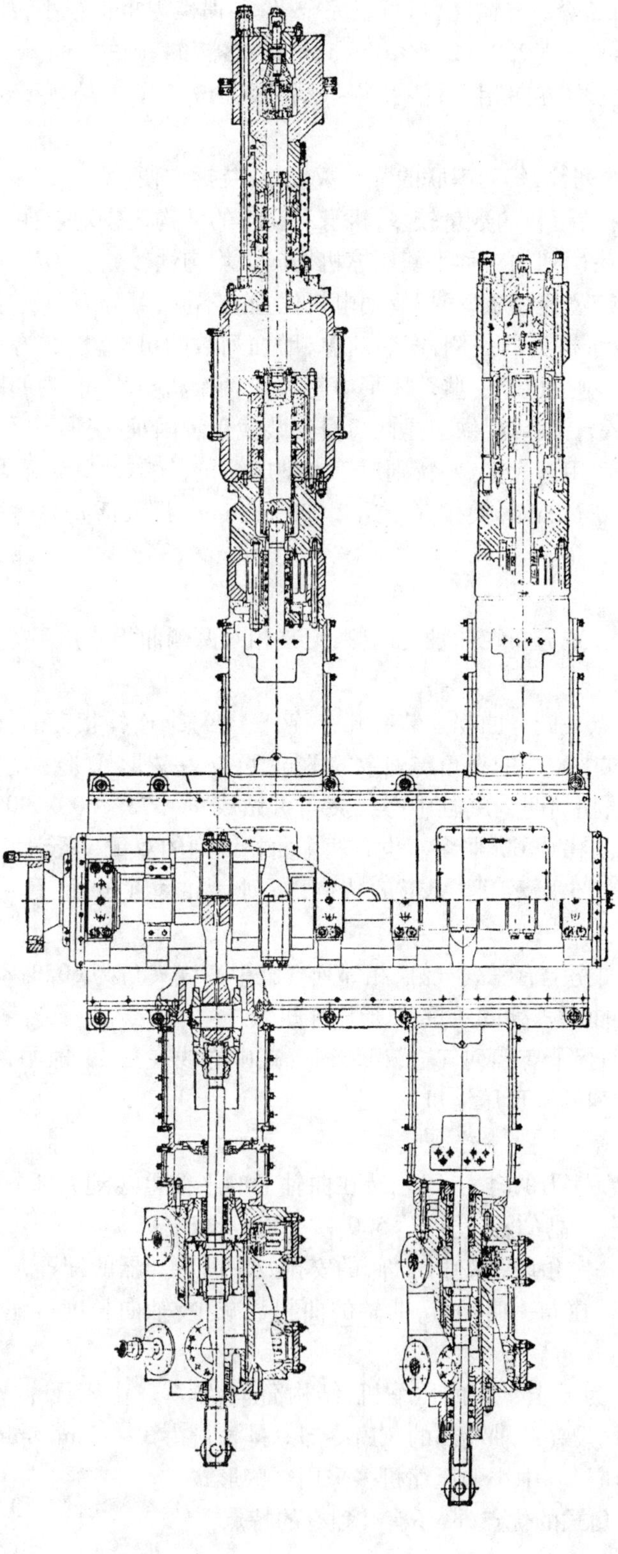

图 11-5　4M 对称平衡型压缩机

所示。其主要优点为:

(1)惯性力(一阶和二阶往复惯性力)可以完全平衡,惯性力矩也很小,甚至为零。因此,机器转速可大大提高,可达 250 ~ 1 000 r/min,这样机器和基础的尺寸小、重量轻。

(2)相对两列的活塞力方向相反,能互相抵消,因而改善了主轴颈受力情况,减少磨损。

(3)可以采用较多的列数,每列串联的气缸数较小,装拆方便。

其缺点是:运动部件与填料的数量较多,机身和曲轴的结构比较复杂;由于转速高,气阀、填料的工作条件不好;两列的对称平衡压缩机切向力均匀性较差。

四列以上的对称平衡型压缩机,根据驱动电机位置的不同,可分为 M 形和 H 形两种。M 形(见图 11-5)电机位于机身的一侧,安装简单,增加列数的可能性大,有利于变形,但机身与曲轴制造较困难,刚性也差一些。H 形电机位于两个机身之间,列间距较大,便于操作检修,机身与曲轴制造较容易,缺点是两机身安装找正较困难,变形不及 M 形方便。

对称平衡型压缩机适用于大中型,特别对于大型压缩机,优越性更为显著。这类压缩机最高排出压力可达 100 MPa,最大排气量达 2 000 m³/min,最大活塞力达 60 tf,最大功率达 14 000 kW。

3. 对置式压缩机

对置式压缩机虽然气缸分布在曲轴的两侧,但是相对两侧曲拐错角不等于 180°。

(三)角度式压缩机

角度式压缩机的特点是同一曲拐上装有几个连杆,与每个连杆相应的气缸中心线间具有一定的夹角,按气缸中心线的夹角与列数的不同,可分为 V 形、L 形、W 形、扇形等。

V 形压缩机,同一曲拐的两列气缸中心线夹角可做成 90°、75°、60°。90° 时平衡性最佳,但为了结构紧凑起见,做成 60° 居多。也有两个曲拐四列的双重 V 形压缩机。

L 形压缩机,如图 11-6 所示,是 V 形的特例,一列气缸垂直布置,另一列气缸水平布置。

W 形压缩机,同一曲拐上有三列气缸,相邻列气缸中心线夹角为 60° 时动力平衡性最佳。这种结构也有两个曲拐六列的双重 W 形压缩机。

扇形压缩机,同一曲拐上有四列气缸,相邻列气缸中心线夹角 45° 时平衡性最佳。这种结构也有做成双重八列的扇形压缩机。

角式压缩机的优点是:

(1)各列一阶往复惯性力的合力,可用装在曲轴上的平衡重达到大部分或完全平衡,动力平衡性好,机器可取较高的转速,可达 500 ~ 2 200 r/min;

(2)气缸彼此错开一定角度,有利于气阀的安排及中间冷却器的配置,结构紧凑;

(3)若干列的连杆接在同一曲拐上,曲轴的曲拐数减少,轴向长度可缩短,主轴颈有可能采用滚动轴承。

V 形、W 形、扇形多为无十字头的压缩机,结构简单、紧凑。由于无十字头压缩机的气缸靠近曲轴,所以可用设在曲轴端部的风扇冷却。排气量为 3 ~ 12 m³/min,压力为 0.8 MPa 的移动式、风冷空压机和中小型压缩机多采用这些形式。

L 形压缩机除具有角式的优点外,还有其独有的特点:

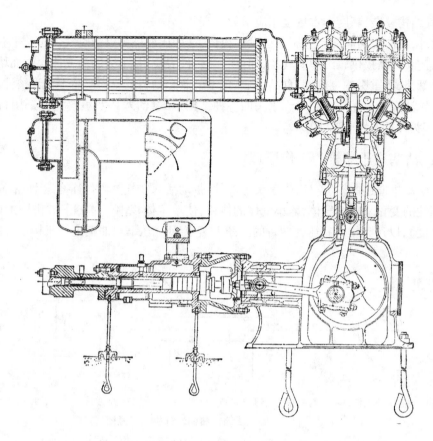

图 11-6 L 形空气压缩机

（1）当两列往复运动质量相等时,二阶往复惯性力始终作用在与水平线成 45°夹角的方向,机器运转比 V 形还要平稳;

（2）大直径气缸垂直布置,小气缸水平布置,可避免较重的活塞对气缸磨损的影响;

（3）机身受力情况比其他角式有利,中间冷却器直接安装在机器上的条件更好。

因此,L 形压缩机特别适宜作动力用的固定式两级空压机,也可作化工厂用的中型压缩机。

（四）无十字头压缩机

这类压缩机大多为小功率、小排气量,其结构简单,安装方便,操作与维修也容易,机器紧凑,重量轻,不需要专门润滑结构。但是无十字头的压缩机只能做成单作用的,气缸容积的利用不充分(因为活塞与气缸之间只在活塞的一侧形成工作腔),气体的泄漏量也较大,气缸工作表面所受的侧向力也较大,因而活塞、气缸容易磨损。另外,气缸中的润滑油量也难以控制。所以,大中型压缩机均不采用这种结构。

（五）带十字头压缩机

这类压缩机大多为大功率、大排气量的大型及中型压缩机。由于带有十字头,气缸工作表面不承受连杆传来的侧压力,所以气缸与活塞间的摩擦较小,充分利用了气缸容积,润滑油易于控制,气体的泄漏量较小。但这种压缩机增多了十字头、活塞杆及填料等部件,使其结构复杂,高度和重量也相应增加。

另外,目前无油润滑空气压缩机发展很快,这种压缩机可以给对气体含油量有限制的某些工艺和产品提供较纯净的气源,如供气动式仪表使用,不会因为气体含油而堵塞细小的仪表管路,严重影响灵敏度;食品工业、化学工业和制药工业的产品不允许被油污染等。常见的无油润滑压缩机多为带十字头的各种结构形式,活塞环及填料元件都用自润滑材料(大多为聚四氟乙烯)制作。

五、活塞式压缩机的工作原理

由电动机通过曲轴、连杆、十字头等部件,带动活塞在气缸内作往复运动,依靠气缸容积周期性的变化来压缩气体,缩小气体的体积,使单位体积内气体分子数目增加(即增加气体密度),以达到提高其压力的目的。图11-7为卧式压缩机曲柄连杆机构示意图。

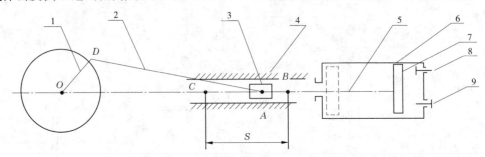

1—曲柄;2—连杆;3—十字头;4—十字头滑道;5—活塞杆;6—气缸;7—活塞;8—进气阀;9—排气阀

图11-7 卧式压缩机曲柄连杆机构示意图

活塞式压缩机的工作过程分为膨胀、吸气、压缩、排气四个阶段。

(1)膨胀。当活塞向左边移动时,气缸的容积逐渐增大,压力下降,原先残留在气缸内的余气不断膨胀。

(2)吸气。当压力降到低于进气阀的开启压力时,进气管中气体便顶开进气阀进入气缸。随着活塞继续向左移动,气体继续进入缸内,直到活塞至左边末端(C点)为止。

(3)压缩。当活塞调整方向向右边移动时,气缸的容积逐渐缩小,这样便开始了压缩气体的过程,由于进气阀有止逆作用,气缸内气体压力又低于排气阀的开启压力,因此气缸内气体量保持一定,只是活塞继续向右移动,缩小了气缸的容积空间,使气体的压力不断提高。

(4)排气。随着活塞右移,压缩气体的压力升高到稍大于排气阀的开启压力时,气体便顶开排气阀的弹簧而进入出口管中,并不断排出,直到活塞移至右边末端B点为止。

如上所述,曲柄旋转一周,活塞往返一次,完成膨胀—吸气—压缩—排气四个过程,称为一个循环。活塞在气缸内不断往复运动,循环周而复始地发生,以获得所需要的压缩气体。

六、活塞式压缩机的主要零部件

(一)气缸

1. 气缸的作用和要求

气缸是构成压缩容积实现气体压缩的主要部件。为了能承受气体压力,应有足够的强度;由于活塞在其中运动,内壁承受摩擦,应有良好的润滑及耐磨性;为了逸散气缸中进行功热转换时所产生的热量,应有良好的冷却措施;为了减少气流阻力,提高效率,吸、排气阀要合理布置。总之,气缸结构复杂,材质和加工要求较高。

2. 气缸的结构形式

气缸的结构形式有:风冷气缸、水冷气缸、双作用气缸、单作用气缸、级差式气缸等。不同的压缩机有不同的气缸结构,应根据具体情况来选用。

3. 气缸的材料

气缸的材料是根据压缩气体的性质和承受的压力来选择的。对于空气压缩机气缸,一般地,工作压力低于 6 MPa,采用灰铸铁制造;工作压力 6～20 MPa,采用球墨铸铁或铸钢制造;工作压力 20～50 MPa 时,采用锻钢或合金钢制造;无油润滑的气缸采用合金铸铁制造。

(二)活塞

1. 活塞的作用和要求

活塞在气缸中作往复运动,与气缸组成压缩容积,起压缩气体的作用。活塞承受气体的压力,并通过活塞杆传递给曲柄连杆机构。因此,要求活塞有足够的强度和刚度,较轻的重量和较好的密封性。

2. 活塞的结构形式及材料

活塞的结构形式很多,如筒形、盘形、级差式、组合式和柱塞等。

(1)筒形活塞。图 11-8 所示为一筒形活塞,用于无十字头的单作用低压压缩机。这种活塞通过活塞销与连杆小头连接。在压缩机工作时,

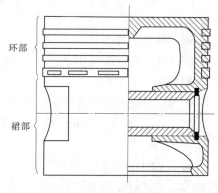

图 11-8　筒形活塞

允许活塞销在销座中作相对转动(即所谓的浮动销),但为了防止轴向窜动,销子两端装有弹簧圈卡牢。

筒形活塞靠飞溅润滑,油量不易控制,若过多的润滑油进入压缩容积,不仅增加润滑油耗量,而且不利于正常操作(如形成积炭、使气阀启闭不灵等)。因此,活塞上除装有活塞环外,还有刮油环,把过多的油刮下来,通过活塞上的回油孔流回曲轴箱,这是筒形活塞的一个特点。

筒形活塞的下部,一般称为裙部,它与气缸壁紧贴,起导向作用,同时承受连杆力的侧向分力,所以裙部是导向承压的表面,加工粗糙度为 0.2～0.8 μm。

筒形活塞一般采用铸铝和铸铁制造。

(2)盘形活塞,如图 11-9 所示。多用于有十字头的双作用气缸。为了减轻其重量,常做成中空结构,两端面用加强筋连结,以增加刚性。卧式压缩机的盘形活塞,其下半部接触面承受活塞组重量,为减少气缸与活塞的摩擦、磨损,一般用轴承合金做出承压表面。

常见的盘形活塞有整体式和焊接式两种。焊接式多用于大直径的气缸,采用钢板焊制而成。整体式采用铸铁或铸铝制造。

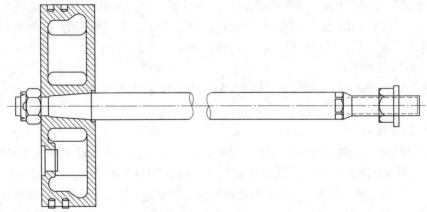

图 11-9   盘形活塞

（三）活塞环、密封器和刮油环

活塞与气缸壁之间、活塞杆与气缸壁之间在压缩机工作时都做相对运动,都留有一定的间隙,为了防止气体从这些间隙泄漏,必须采取密封措施。活塞环和密封器(又称填料函)就是用于密封的部件。而刮油环则是为了防止气缸内的润滑油与十字头的润滑油沿活塞杆相互混淆。对于无油润滑压缩机,刮油环起阻止十字头方向的润滑油沿活塞杆带入密封器或进入气缸的作用。

（四）气阀

气阀的作用是控制气体及时吸入与排出气缸。压缩机运行时,气阀频繁地启闭,其工作的好坏,直接关系到压缩机运转的经济性与可靠性。因此,气阀是压缩机中重要而又易损的部件之一。

压缩机上的气阀都是自动阀,即气阀的启闭不是强制机构而是靠气阀两边的压力差来实现的。对气阀的基本要求为:

（1）阀片启闭要及时、可靠。若开启不及时,将增加压力损失,增加功耗,降低压力系数,对吸气量也有影响;若关闭不及时,将使气体倒流,不仅影响排气量,而且阀片对阀座的撞击大,影响阀片寿命。影响阀片及时启闭的因素很多,除设计、制造原因外,使用中的油污与积炭都会影响阀片的正常运动。

（2）气阀的阻力要小。由于气阀的节流作用所引起的功耗较大,有时达到指示功率的 15%~20%。所以,对于长期运转的压缩机,为减少动力消耗,提高效率,应尽量减少气阀阻力。

（3）气阀使用寿命要长。由于频繁的开启,气阀极易发生疲劳破坏,其中最易损坏的元件是阀片与弹簧。所以,使用中要特别注意延长阀片与弹簧的寿命。

（4）气阀关闭时要严密不漏。为使气阀关闭时严密不漏,密封元件应具有较高的加工精度。阀片应平整,不翘曲,阀片与阀座的密封口应完全贴合。两密封面应在淬火后进行研磨,表面粗糙度上限值为 9 μm。装配后用煤油试漏。从阀座侧注入煤油,在 5 min 内只允许有少量的滴状渗漏。

（五）曲轴

曲轴是压缩机中重要的运动件,它的工作负荷极大。其主要作用是:将电动机的旋转运动通过连杆变为活塞的往复直线运动,并传递电动机所产生的扭转力矩,同时还要承受连杆方向传来的周期性变化的气体力和惯性力。因此,要求曲轴不仅有足够的强度、刚度,而且要有耐疲劳、耐摩擦的特点。

曲轴主要由主轴颈、曲柄销、曲柄等组成。曲轴搁置在机体轴承座上的部分,称为主轴颈;与连杆连接的部分称为曲柄销;把主轴颈与曲柄销连接起来的部分称为曲柄。曲柄与曲柄销组合在一起称为曲拐。为了平衡曲轴上惯性力及力矩,有时在曲柄销的对面设置平衡铁。

(六)连杆

连杆是连接曲轴与十字头(或活塞)的部件,它将曲轴的旋转运动转换成活塞的往复运动,并将外界输入的功率传给活塞组件。机器运行时,连杆组件作平面运动,其中与曲柄销相连的大头作旋转运动,与十字头销(或活塞销)相连的小头作往复运动,连杆体作摆动。

(七)十字头

十字头是用来连接作往复运动的活塞和作摇摆运动的连杆的机件。它被限制在十字头滑道内作往复运动,将连杆的动力传给活塞杆。因此,要求十字头有良好的耐磨性和足够的强度。为了减小往复惯性力,应尽量减轻十字头的重量。

七、活塞式压缩机的润滑

(一)润滑的目的

压缩机属于动力设备,为了减少零件相互运动的摩擦,降低功耗,延长零件寿命,因此,在各运动部位,如活塞与气缸、填料与活塞杆、主轴承、连杆大头瓦、连杆小头衬套以及十字头滑道等处,都要注入润滑剂进行润滑。对压缩机润滑可以达到以下目的:

(1)减少摩擦功率,降低压缩机的功率消耗;

(2)减少滑动部件的磨损,延长零件寿命;

(3)在运动部件之间,形成油膜,起到油膜密封的作用;

(4)防止零件生锈;

(5)可导走摩擦热,降低零件的温度,从而保证滑动部位的运转间隙,防止滑动部位咬死。

(二)润滑的方式

空气压缩机的润滑,按其供油方式,一般可以分为飞溅润滑和压力润滑两种。

1. 飞溅润滑

曲轴在旋转时,装在连杆上的打油杆自曲轴箱中带起润滑油,溅入气缸工作面上或轴承上进行润滑。这种方法最简单,但它无法控制和调节供油量的大小,耗油量较大,而且气缸和运动机构只能采用同一种润滑油。因此,只适用于小型无十字头空气压缩机。

2. 压力润滑

压力润滑方式往往分为两个独立的系统:气缸及填料函部分靠注油器供油润滑;传动部分靠齿轮油泵供油润滑。压力润滑常用于大、中型压缩机中。另外,对于用活塞密封环密封的超高压压缩机气缸,为了避免在气缸缸体上开孔,常采用在吸气阀前注油,由气体把油带到气缸中去的方法,称为喷润法。

(三)气缸及填料函的润滑

无十字头的压缩机,气缸的一面与曲轴箱直接相通,可采用简单的飞溅润滑方式,即由连杆上的打油杆击打油面,使润滑油飞溅到气缸壁面上。图 11-10 所示为带有打油杆的连杆,打油杆为管状,一部分油从管心通到连杆大头孔润滑连杆瓦。也有把打油杆做成实心杆的。应当注意,在飞溅润滑压缩机中,机身中的最高油面不能碰到连杆与平衡铁,否则将引起附加的功率消耗。

带十字头的压缩机,普遍采用压力润滑。压力润滑中气缸及填料函处的润滑油是靠注油器来提供的。国内目前多采用单柱塞真空滴油器,如图 11-11 所示。

目前真空滴油单柱塞式注油器已经标准化,按压力分为两挡:压力在 16 MPa 以下为中压注油器;压力在 16 ~ 32 MPa 为高压注油器。

(四)传动机构的润滑

空气压缩机传动机构的润滑对象主要是主轴承和主轴颈、连杆大头瓦和曲柄销、活塞销或十字头销、连杆小头铜套,以及十字头和滑道等摩擦面。润滑的方式也有两种,即飞溅润滑和压力润滑。飞溅润滑原理同上,压力润滑依靠油泵将润滑油输送至摩擦面。

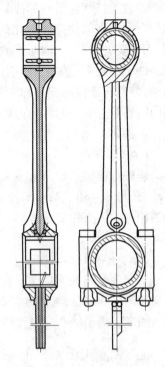

图 11-10 带打油杆的连杆

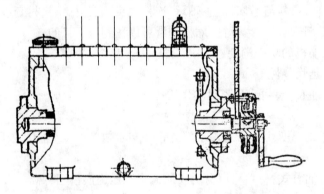 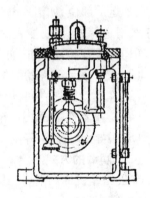

图 11-11 单柱塞真空滴油器

(五)润滑油(脂)的性能指标

为了确保各种类型压缩机使用润滑油的不同要求,必须正确合理地选择和使用润滑油。润滑油的主要技术指标是:

(1)黏度。润滑油的黏度是表示在一定温度下,使 200 mL 润滑油流过恩格尔黏度计下端成型孔的时间,与同体积 20 ℃蒸馏水流过该孔的时间的比值。

(2)闪点和燃点。闪点是指介质蒸汽与空气形成混合气体时,用火点燃混合气,使其闪火的温度。燃点是指点燃发生闪火时间超过 5 s 的温度。闪点和燃点过低的润滑油在压缩机中是禁止使用的。

（3）水分。水分是指润滑油内含水的百分数。水分过多会腐蚀机件，影响润滑性能，且促使油的氧化，常用压缩机气缸油的水分不得高于 0.05％。

（4）其他技术指标。如机械杂质、酸值、灰分、抗腐蚀性能等都有一定要求，由于使用条件不同而有所侧重。

（六）对润滑油（脂）选用的基本要求

润滑油应满足下述条件：

（1）在工作温度下具有足够的黏度，能够形成一定温度的油膜，达到润滑效果和保持各密封间隙的密封能力。

（2）具有良好的化学稳定性，在工作压力和温度下，不与气体发生明显的化学反应。否则，将产生积炭现象，即降低润滑性能，还会产生爆炸事故。

（3）具有一定的闪点，其闪点比排气温度高 20～25 ℃ 即可。因为闪点过高，润滑油黏度也高，易形成积炭，摩擦时会产生火花引起爆炸；闪点与压缩机气体温度接近，会引起爆炸事故。

（4）不应与水形成乳化物，否则降低润滑性能。

应按压缩机的说明书要求选用润滑油的型号和生产厂家，若无特殊说明，一般按下述型号选用：

（1）对气缸等部件：冬季选用 13 号压缩机油，夏季选用 19 号压缩机油。

（2）曲轴、连杆、十字头等部件：冬季用 30 号机油，夏季用 40 号机油。

（3）对滚动轴承、盘车装置以及气缸支撑等处，应用最广泛的是钙基润滑脂。

（七）润滑油（脂）使用中应注意的问题

在使用中，一定要注意按压缩机使用说明书的要求选购合适的型号，并在使用中注意润滑油的过滤。

压缩机的润滑油一般都是循环利用的，润滑油在使用中不可避免地要被磨屑、尘埃以及和空气接触时产生的氧化胶状物所污染，这些杂质如不及时滤出会使零件出现早期磨损或堵塞油道。滤油器就是为达到这个目的而设置的一个装置。良好的润滑油滤油器应该具有较高的过滤效果和较小的流动阻力，同时要求尺寸小、重量轻。

在完善的循环油路中，应设有粗滤器、细滤器和精滤器，经过三次过滤，达到把油中的杂质、细小微粒过滤干净，使润滑油保持清洁的目的。

八、活塞式压缩机的冷却

（一）冷却目的

空气压缩机冷却越好，越接近等温压缩，效率越高；若冷却不好，则各部件温度增高，接近绝热压缩，因而气阀与阀片温度较高，润滑油容易在阀室结焦，降低气阀的使用寿命，且影响气阀的严密性，活塞环上的润滑油易分解，烧坏活塞环，情况严重时，则可引起爆炸事故。所以，为了减少其能量消耗，保证压缩机的安全运行，必须对压缩机进行冷却。

（二）冷却方式

冷却的方式分为风冷和水冷，风冷只限于移动式空压机或小型空压机，其他都采用水冷却系统。

活塞式空压机的水冷却系统由中间冷却器、气缸和填料的水套冷却、润滑油冷却器、后冷却器、水管路及其他附件组成。

各种冷却器属于换热容器,形式有列管式换热器和套管式换热器等。

在空压机的高低压气缸周围和缸座盖上,均布置有水套,通入冷却水使之循环,用以吸收气缸和填料中的热量,降低温度。

(三)对冷却水质的要求

冷却器的传热系数和表面积垢有关,表面积垢愈厚,传热系数就愈小。通常积垢厚度不允许超过 2 mm,否则冷却表面必须清理。冷却水的性质和温度直接影响到积垢厚度的增长,因此必须选择使用清洁无杂物、中性软质的水供空气压缩机冷却器用,具体规定如下:

(1)冷却水应接近于中性,即氢离子浓度 pH 值在 6.5~9.5 范围内。

(2)有机物质和悬浮机械杂质均小于等于 25 mg/L,含油量小于等于 5 mg/L。

(3)暂时硬度小于等于 10°。

上述要求达不到时,应采取沉淀池、过滤池进行净化处理,并用回收器进行脱油,以改善水质,也可利用磁水器处理冷却水,此法简单,一般装到总入水管即可。

九、辅属设备和安全附件

为了保证空压机能安全运转和稳定均衡供气,在空压机系统中还应设置空气滤清器、冷却器、储气罐、缓冲罐等设备,以及压力表、安全阀、温度计等安全附件。

(一)空气滤清器

空气滤清器是保证进入空压机空气洁净的装置。根据空压机型号及排气量大小的不同,所选用的空气滤清器的形式也不同。滤清器主要由壳体和滤芯组成。滤清器按滤芯取用材料不同而区别为纸质的、织物的(麻布、绒布、毛毡)、陶瓷的、泡沫塑料的、金属的(金属丝网、金属屑)等。其中,采用最普遍的是纸质滤清器和金属滤清器。

(二)储气罐(或缓冲罐)

在空压机系统中设置储气罐主要有三个目的:

(1)稳定管道的压力。因活塞式压缩机排出的气体其压力流量是不连续的,呈脉动状态,若直接输送到管道中,将会引起管网振动。

(2)储存一定量的气体,维持供需气量之间的平衡。因为储气罐的容积较大,可以储备一定量的气体。当生产需气量低于压缩机供气量时,则多余的气体就在储气罐中储存起来,并弥补供气高峰需气时气量的不足,故储气罐除具有稳定管道压力的作用外,还有维持供需气量之间平衡的作用。

(3)储气罐还具有油、水分离的作用。

储气罐属于压力容器设备,它的使用、管理、检验等应遵守《固定式压力容器安全技术监察规程》。

(三)冷却器

冷却器的作用是为了冷却空气,降低压缩气体的温度,保证空压机安全运行。

冷却器属于换热压力容器,其设计、制造、使用、检验等环节应遵守《固定式压力容器安全技术监察规程》和 GB 151 及有关的标准。

(四)安全阀、压力表、温度计等

安全阀、压力表、温度计等安全附件应遵守《固定式压力容器安全技术监察规程》的要求。具体内容前面已介绍过。

第三节　空压机的使用管理

一、办理使用证

空压机系统中的辅助设备,如冷却器、储气罐等压力容器设备应按有关规定在使用之前或使用后 30 日内进行注册登记。其安全附件应按有关规定进行定期校验。

二、制定操作规程

使用单位应根据设备制造技术条件、出厂使用说明书和生产工艺制定安全操作规程,操作工艺参数应满足设备安全性能要求,其内容至少应包括:

(1)空压机试运行的内容及程序;

(2)空压机正常运行时,开停车的操作程序和注意事项,以及各级排气压力和排气温度的要求;

(3)空压机运行中应重点检查的项目和部位,运行中可能出现的异常现象和防止措施,以及紧急情况的处置和报告程序;

(4)附属设备的要求,如储气罐的排污时间和空气滤清器的清洗周期。

三、对操作工的要求

空压机是一种特殊的动力设备。按有关规定,操作工必须经过国家质量技术监督部门的培训学习,考核合格,取得上岗操作证后方可上岗操作。操作工必须严格遵守操作规程,严格执行国家的有关规程、规定。操作人员要严格遵守安全操作规程,掌握好本岗位操作程序和操作方法及对一般故障的排除技能,并做到认真填写操作运行记录或生产工艺记录,应注意观察压力、温度情况,加强对设备的巡回检查和维护保养,注意倾听设备和管路运行声音。通过仪表和声音判断设备的运行情况,若有异常,应采取紧急措施处理。杜绝违章操作,特别是超温超压。严禁无空压机操作证的人员管理空压机。

四、空压机的试运行

新安装或经过大修后的空压机开车,称为试运转,也称试车。试运转是对空压机的设计、制造、安装和修理等方面质量的总检查,通过试运转,能使各运动件更好地磨合,能够暴露隐患,从而找出存在的各方面缺陷,使空压机系统趋于完善,以保证其运转时的安全、可靠、经济,避免发生事故。通过试运转,空压机系统的操作、管理人员能初步了解、熟悉其性能,为以后的运行操作、设备管理打下基础。

空压机根据其规格、型号的不同,试运转的步骤也不同。试运转应按空压机出厂时随机所带的使用说明书中所规定的操作程序进行。一般来说,空压机的试运转应包括以下内容:①冷却水系统的通水试验;②润滑油系统的试运转;③电动机单独试运转;④空压机无负荷试运转;⑤空压机及附属设备、管线的吹洗;⑥空压机的负荷试运转;⑦负荷试运转后的检查和再运转。

五、空压机的操作规程

一般由单位技术部门依据国家有关规定和设备的使用说明及设备型号、用途来制定,空压机系统的操作规程一般应包括以下几个方面。

(一)开车前准备

(1)各连接件、紧固件的检查,检查是否牢固可靠;

(2)空压机和电机的外观检查,清理杂物和工具,安全防护装置是否完好;

(3)润滑系统检查,包括油压、油位以及润滑油的选用是否正确,注油器是否正常供油;

(4)冷却系统检查,启动冷却水泵,观察冷却管路是否畅通;

(5)打开放空阀,关闭负荷调节器,使空压机处于空负荷启动状态;

(6)人工盘车数转,应运行灵活,运动机构应无卡阻、撞击现象。

(二)启动

(1)启动前的准备工作完成后,启动空压机进行无负荷试车 5 min,检查各部位运转情况:①润滑系统是否正常,油压应小于 0.3 MPa,曲轴箱油温是否正常;②各运动部件的声音是否正常,各连接部分紧固件有无松动;③冷却水流量是否均匀,不得有间歇性排气和冒气泡现象,冷却水温是否正常。

(2)各部位有不正常情况应停机检查处理。

(3)打开进气管阀门,关闭放空阀,并打开负荷调节器,使空压机带负荷运行。

(4)有些空压机配有自动启动装置,可执行下述步骤:①将“手动—停—自动”转换开关拧到“自动”挡位,“控制电源”灯亮;②按“启动”按钮,“启动”灯亮,“控制电源灯”灭;③无异常现象,将“卸载/负荷”开关移到“负荷”位置。

(三)运行

(1)空压机的运转状况必须符合技术参数中所列的参数范围(由单位技术负责人根据设备和使用情况制定)。它应包括以下几个方面:

①电机的运转情况,电机的温度、电流表指示应符合正常指示数值;②润滑系统,油面高度、油温、油压;③冷却水系统,进出口水温、水压;④压缩气体管路及设备上的压力表、温度计的指示读数是否在正常范围,每级的排气压力是否正常。一般要求:润滑油的压力为 0.1～0.2 MPa;各级排气温度不超过 160 ℃;机身内油温不超过 60 ℃;冷却水进水温度不大于 30 ℃,排水温度不大于 40 ℃;电机温度不得超过环境温度 70 ℃。

(2)仔细倾听机器的运转声音,不得有不正常的声音。

(3)分离器、储气罐、冷却器排污(排水)每班不少于 2 次。

(4)经常检查各级吸气阀是否有过热现象,用手触摸感觉轴承及油泵外壳是否有过热现象。

(5)经常检查压缩机的皮带轮罩或防护设备是否牢固,压缩机房应有消防用品。

(6)当储气罐压力达到规定值时,应检查安全阀及压力调整器动作是否灵敏可靠。

(7)做好运转记录。

(四)停车

(1)空压机必须在无负荷状态下停车,停车前应将冷却器、储气罐放空阀打开,待压缩机降压后停车;带有压力调整器的空压机,应将其转换至"卸载"位置。

(2)停车5~10 min,使空压机各部位温度降下来,再关闭冷却泵,冷却水停止供给。

(3)在冬季低温的情况下(环境温度低于5 ℃),应将各级水路、中间冷却器、油冷却器、气缸水套内的存水放尽,以免发生冻裂现象。

(4)长期停车时做好防锈、油封维护工作。

(五)紧急停车

(1)空压机、电机突然有不正常的响声。

(2)各部气温、水温及油温异常升高。

(3)电流、电压表读数突然增大。

(4)冷却水突然中断供水。

(5)润滑油压力下降或突然中断。

(6)压缩机发生严重漏气或漏水。

(7)安全阀连续起跳。

(8)某级排气压力突然变动很大,采取措施不能复原。

(9)电动机过热或滑环冒火,以及空气压缩机有损坏。

(六)维护与保养

(1)安全阀每月至少进行手动排气试验一次,每年至少校验一次;压力表每半年至少校验一次。

(2)每半年更换一次润滑油。

(3)每天排放2~3次储气罐内的油水沉淀物。

(4)制定空压机定期检验制度,有计划地进行大、中、小修。时间间隔应依据空压机的使用说明书和实际使用情况。

六、空气压缩机的事故

空气压缩机如果制造质量不良、安装不符合要求和操作不当,都会发生事故。一旦气缸或气罐发生爆炸,不但直接影响生产,而且会使厂房遭到破坏,并给操作人员带来伤亡。

空气压缩机发生事故一般有下列原因:

(1)空气压缩机气缸的润滑油质不符合要求,闪点过低,接近压缩空气排气的温度,形成混合性爆炸气体而自燃爆炸。

(2)由于活塞密封性差,曲轴箱内润滑油大量进入气缸,导致气缸内润滑油闪点下降,并形成积炭。

(3)由于空气压缩机冷却系统不良,气缸散热差,缸内压缩空气温度超过规定,接近润滑油闪点。

（4）排气阀漏气，空气压缩机吸气时，排气管道中的压缩空气返回气缸，造成反复压缩，导致气缸和气缸内空气温度升高。

（5）吸入的空气不干净，含有一些可燃性气体（例如乙炔和氢等），形成混合性易爆炸气体而进入气缸进行压缩，导致爆炸。

（6）冷却不良，润滑油耗量大，致使中间冷却器、油水分离器、储气罐积存大量油垢和碳化物，且未及时清理，因而发生燃烧爆炸。

（7）安全附件不全、失灵或安装不符合要求，安全阀不能动作或压力表指示不准确，造成超压而爆炸。

（8）空气压缩机安装时，某些运动部件或零件没有采用防震措施，例如漏装开口销、防震垫圈以及在运动中开口销折断，气阀固定螺栓脱出而掉进缸内，造成顶缸事故。

（9）空气压缩机进气和排气管道通过墙壁或在支架上安装时采用了刚性固定，以致不能自由伸缩，引起气缸破裂。

（10）冬季气温低，停车时未将冷却水放尽，致使气缸破裂；或者再次启动时，未能发现冷却水进入气缸，因而产生冲缸爆炸。

（11）冷却水中断，气缸温度猛升，没有停止空气压缩机运行，相反还猛开进水阀进水，造成气缸爆炸或裂纹。

（12）检修空气压缩机时，用汽油清洗气缸、活塞，汽油挥发，在气缸内形成爆炸气体，在运行时燃烧，导致气缸爆炸。

（13）在检修过程中，缸内残留有工具、小零件和杂物，造成顶缸事故。

习　题

一、选择题

1. 按照能量转换方式和工作原理，将空压机分为两类，即_____和_____。
   A. 透平式压缩机　　　　　　　B. 回转式压缩机
   C. 容积式压缩机　　　　　　　D. 速度式压缩机

2. 压缩机在出现_____情况下，应紧急停车。
   A. 冷却水突然中断供水　　　　B. 各部气温水温及油温异常升高
   C. 安全阀连续起跳　　　　　　D. 空压机、电机突然有不正常的响声

二、判断正误（正确的在括号里打√，错误的打×）

（　）1. 空气压缩机的主要技术参数有排气压力、排气温度、排气量。

（　）2. 压缩机排气温度过高时会降低压缩机的效率，不利于压缩机的安全运行。

（　）3. 活塞式压缩机的特点是适用压力范围广、压缩效率高，但制造困难、气体带油污。

附录　各章习题参考答案

第一章　压力容器基础知识
　　一、1. A　2. B　3. ABD　4. C　5. A
　　二、1. √　2. ×　3. ×　4. √

第二章　压力容器结构
　　一、1. AB　2. B　3. A　4. A　5. B
　　二、1. ×　2. ×　3. √　4. √　5. ×

第三章　安全附件
　　一、1. ABCDE　2. A　3. B　4. DC　5. ABC
　　二、1. √　2. ×　3. ×　4. ×　5. √

第四章　压力容器的使用管理
　　一、1. ABC　2. B　3. AC　4. ADC　5. C　6. ABCD　7. ABD
　　二、1. ×　2. √　3. √　4. ×　5. √　6. √

第五章　压力容器事故危害及事故分析
　　一、1. AB　2. ABCD　3. A　4. B　5. D
　　二、1. √　2. √　3. ×　4. ×　5. √

第六章　换热器
　　一、1. A　2. ACD　3. ABCD　4. ABC　5. ABC
　　二、1. √　2. ×　3. √

第七章　烘筒
　　1. ABD　2. B　3. A　4. D

第八章　制冷系统
　　一、1. A　2. B
　　二、1. √　2. √　3. √

第九章　移动式压力容器
　　一、1. B　2. C　3. A　4. BE　5. A　6. B
　　二、1. ×　2. ×　3. √　4. √　5. ×　6. ×

第十章　蒸压釜
　　一、1. A　2. ABD　3. ABC
　　二、1. √　2. √　3. ×　4. ×　5. √

第十一章　空压机
　　一、1. CD　2. ABCD
　　二、1. √　2. √　3. ×

参 考 文 献

[1] 国家质量监督检验检疫总局. 固定式压力容器安全技术监察规程(修订本)[M]. 北京:新华出版社,2010 年.

[2] 范希元,施润青. 制冷空调原理及安装技术[M]. 大连:大连出版社,1997.

[3] 华东化工学院,浙江大学. 化工容器设计[M]. 武汉:湖北科学技术出版社,1985.

[4] 吴粤孤. 压力容器安全技术[M]. 北京:机械工业出版社,1999.

[5] 国家质量技术监督局. 气瓶安全监察规程[M]. 北京:中国劳动社会保障出版社,2000.

[6] 钱逸,吕忠良. 压力容器安全技术基础[M]. 北京:中国劳动出版社,1990.

[7] 国家质量技术监督局. GB 151—1999 管壳式换热器[M]. 北京:学苑出版社,1990.

[8] 宋鸿铭,高永新. 压力容器安全技术 560 题[M]. 北京:北京科学技术出版社,1990.

[9] 浙江大学,北京化工学院等. 化工机器[M]. 北京:化学工业出版社,1991.

[10] 张新建,张兆杰. 气体充装安全技术(修订本)[M]. 郑州:黄河水利出版社,2008.

[11] 中华人民共和国国务院令第 549 号. 特种设备安全监察条例. 2009.

[12] 国家质量监督检验检疫总局. 锅炉压力容器使用登记管理办法(国质检锅[2003]207 号).

[13] 国家质量监督检验检疫总局. 特种设备事故报告和调查处理规定[M]. 北京:中国劳动出版社,2002.

[14] 国家质量监督检验检疫总局令第 46 号. 气瓶安全监察规定. 2003.

[15] 国家质量监督检验检疫总局. 压力容器定期检验规则(TSG R7001—2004).

[16] 国家质量监督检验检疫总局.移动式压力容器安全技术监察规程(TSG R0005—2011).